Spring Cloud 微服务架构实战

陈韶健 著

電子工業出版社
Publishing House of Electronics Industry
北京•BEIJING

内 容 简 介

本书从架构设计、程序开发和运维部署三个层面，深入浅出地介绍了如何开发一个大型电商平台。本书不仅详细介绍了如何使用 Spring Cloud 工具套件进行微服务应用的开发，还介绍了如何与 Consul、Docker、Kubernetes 和 Jenkins 等结合使用，将开发的微服务应用以可扩展的方式在云端发布。通过对本书的系统学习，读者可快速将所掌握的知识应用于实际工作中，提高自身的职业竞争力。

本书的读者对象为广大 Java 开发者、系统架构师和系统运维人员。本书特别适合使用过 Spring 开源框架或具有一定 Spring 框架基础知识的读者阅读。

图书在版编目（CIP）数据

Spring Cloud 微服务架构实战 / 陈韶健著. —北京：电子工业出版社，2020.3
ISBN 978-7-121-38286-4

Ⅰ. ①S… Ⅱ. ①陈… Ⅲ. ①互联网络－网络服务器 Ⅳ. ①TP368.5

中国版本图书馆 CIP 数据核字(2020)第 021606 号

责任编辑：安　娜
印　　刷：北京盛通商印快线网络科技有限公司
装　　订：北京盛通商印快线网络科技有限公司
出版发行：电子工业出版社
　　　　　北京市海淀区万寿路 173 信箱　　邮编：100036
开　　本：787×980　1/16　　印张：20.5　　字数：403.4 千字
版　　次：2020 年 3 月第 1 版
印　　次：2020 年 7 月第 2 次印刷
定　　价：99.00 元

凡所购买电子工业出版社图书有缺损问题，请向购买书店调换。若书店售缺，请与本社发行部联系，联系及邮购电话：（010）88254888，88258888。

质量投诉请发邮件至 zlts@phei.com.cn，盗版侵权举报请发邮件至 dbqq@phei.com.cn。

本书咨询联系方式：010-51260888-809，faq@phei.com.cn。

写在前面的话

两年前，我与我的一些同事谈起微服务时，有很多人对微服务还不甚了解，而部分有所了解的人对其持观望的态度，现在，微服务架构已经成为一家公司技术是否先进、是否具有规模发展的标杆配置。

在这个到处充满着云计算、大数据、AI 智能的时代，如果开发的应用不能容易地上云，那必定是落后的。云原生，是当前技术的一个流行语，简单来说，就是面向云的应用设计和开发。微服务不但是云原生的一个基本内容，也是实现云原生的一个“得力干将”。可以这么说，谈起云原生，没有微服务是不行的。当然，云原生不仅仅指微服务。微服务这种分布式的架构设计，正是建设云原生体系的基础。

其实说到底，所有这些很“新潮”的概念中，分布式占据着很大的份量，但它并不是一个新概念。区块链之所以能够发展神速并得到大家的推祟，其本质之一就是使用了分布式存储技术。

有人认为微服务也不是一个新东西，它其实就是一种分布式的架构设计。确实，微服务就是一种分布式架构的设计方法。但是，在微服务概念还没有出现之前，为什么分布式这个概念并不能引起人们的强烈关注呢？甚至现在也一样，如果说自己擅长分布式架构设计，可能没有多少人理你，但如果说自己精于微服务架构设计，情况那就大不一样了。

微服务可以缓解程序员的压力，提高开发效率，加速迭代的过程，是最适合敏捷开发的方法。另外，微服务能够快速响应需求的变化、能够分布式发布，最适合于云计算部署、实现弹性伸缩控制，以及满足无限扩展的业务需求，所以，微服务能够创建一个“打不垮”的系统。

微服务虽然有很多实现技术，如 Service Comb、Service Mesh，等等，但是，Spring Cloud 还是独占鳌头、独领风骚。因为 Spring Cloud 提供了服务治理、负载均衡、动态路由、轻量调用、降级调用和故障转移等一系列机制，使微服务从开发到运维管理都变得更加容易管控和实现。而且，Spring Cloud 及其整个框架体系，如 Spring MVC、Spring Boot 等都是开放式的开源框架，所以其第三方支持也相当丰富，这是一个庞大的微服务技术生态体系。因此，微服务使用 Docker 引擎，使用 Kubernetes 部署工具，使用 Jenkins 自动构建工具，也就得心应手，水到渠成了。而使用微服务架构设计的系统，在进行 CI/CD，即持续交付与持续集成的过程中，在 DevOps 的管理机制中，均能发挥它的独特优势。

想想看，在我们按产品需求进行一系列的设计和开发，或者说由市场部门提出了一个新的需求或变更之后，开发人员只需完成代码的实施与验证并提交，接下来的测试和部署流程就可以全部实现自动管理，这是一件多么激动人心的事情啊！

再说服务器压力，微服务不但有服务降级机制，还有自动负载均衡管理机制。更为甚者，如果我们的服务器资源充足，还可以设定自动弹性伸缩管理机制，由访问压力自动控制微服务部署的规模。

所以，我是带着一种非常喜悦的心情完成《Spring Cloud 微服务架构实战》这本书写作的。我与众多读者一样，期待这本书能够早日出版，让我们一起在未来的设计和开发工作中，更加愉快地工作，创造更加激动人心的未来。

陈韶健

2019/12/30

于深圳罗湖图书馆

前　言

越来越多的企业使用 Spring Cloud 实现微服务架构设计。我们可以看到这样一种现象：不管是全新开发，还是系统重构，大家似乎都在争先恐后地使用微服务。对于一个 Java 开发人员来说，学习微服务相关知识大有裨益。

两年前，我写了《Spring Cloud 与 Docker 高并发微服务架构设计实施》一书，于 2018 年 6 月出版，得到了许多读者的认可。随着 Spring Cloud 的版本更新和技术升级，我对原书的内容进行了更新和升级。因为原书名太长，所以本次改版将以一个全新的书名面世，于是就诞生了这本新书《Spring Cloud 微服务架构实战》，读者不妨把本书当作对原书的一次改版。

本书的内容和结构将在保持原书风格的基础上进行全面的更新和升级，主要体现在以下三个方面。

- 本书仍以电商平台作为案例，但使用的代码已经根据官方版本进行全面升级，并且对项目结构进行了全面的精简化处理，使其更适合实际的开发习惯。
- 在数据库使用方面，从原来单一化使用 JPA 和 MySQL，转变为多样化的设计，以适应不同业务场景的需求。同时，增加了 MyBatis 开发框架的使用和 MongoDB 的开发案例等章节。
- 在运维部署部分中，不仅增加了使用公有云的设计，而且对于部署工具，在使用 Docker 容器引擎的基础上，介绍了一些高级工具，如 Docker Swarm 部署工具、Kubernetes 工具的使用案例。

期望通过本书，我能与读者一起，共同经历一次愉悦的微服务构建之旅。

本书的读者对象

本书的读者对象为广大的 Java 开发者、系统架构师和系统运维人员。本书特别适合使用过 Spring 开源框架或具有一定 Spring 框架基础知识的读者阅读。

本书结构

本书由三部分组成，结构如下所示：

第一部分　架构设计

第 1 章　微服务架构与 Spring Cloud

第 2 章　高并发微服务架构设计

第 3 章　大型电商平台设计实例

第二部分　程序开发

第 4 章　开发环境准备

第 5 章　微服务治理

第 6 章　类目管理微服务开发

第 7 章　库存管理与分布式文件系统

第 8 章　海量订单系统微服务开发

第 9 章　移动商城的设计和开发

第 10 章　商家管理后台与 SSO 设计

第 11 章　平台管理后台与商家菜单资源管理

第三部分　运维部署

第 12 章　云服务环境与 Docker 部署工具

第 13 章　可扩展分布式数据库集群的搭建

第 14 章　高可用分布式文件系统的组建

第 15 章　使用 Jenkins 实现自动化构建

实例代码

本书的实例代码存放在开源中国的码云代码仓库中，读者可以通过下列链接打开各个项目工程进行下载或使用 Git 检出。

```
https://gitee.com/chenshaojian/projects
```

检出项目后，请获取本书实例的分支 V2.1。以后如有代码更新，将会使用新的分支发布，请读者留意。

勘误与反馈

在阅读本书过程中，遇到任何问题都可以通过如下链接发起话题与笔者交流。在本书出版后，如有勘误，也会在这里发布：

```
https://gitee.com/chenshaojian/SpringCloud/issues
```

致谢

感谢一直以来给予我无限支持的朋友们，包括出版社的编辑及其相关工作人员、广大的读者，以及我所有的同事和家人。你们的支持和鼓励，让我感到无比幸福，同时充满奋斗的激情。感谢曾经与我一起进行过微服务设计和开发的伙伴，正是我们共同成长的经历，才让先进的技术在实践中得以呈现。

如果书中有任何不对的地方或者纰漏，敬请读者不吝赐教，我将感激不尽。

目　录

第一部分　架构

第二部分 程序开发

第三部分 运维部署

第一部分　架构设计

第 1 章　微服务架构与 Spring Cloud

第 2 章　高并发微服务架构设计

第 3 章　大型电商平台设计实例

本部分首先阐述了微服务架构设计的观念及发展历程，介绍了 Spring Cloud 工具套件中一些常用的主要组件的功能。其次以 Spring Cloud 工具套件为基础，介绍如何在微服务架构设计中进行权衡与提炼，构建微服务架构的最佳设计。最后通过一个电商平台设计实例，实现高并发的微服务架构设计。

第1章 微服务架构与Spring Cloud

近几年大家都在谈论云原生和微服务，例如：

◎ 云原生技术能够帮助公司和机构在私有云、公有云和混有云等新型动态环境中，构建和运行可弹性扩展的应用。

◎ 微服务架构是一项在云端部署应用和服务的新技术。

诸如此类，不一而足。

而在实际中，我们也同样可以看到，越来越多的企业和机构都使用了基于 Spring Cloud 框架的技术开发微服务，组建基于云端服务器的应用平台。

那么对于一个企业、一个系统架师，或者从事 IT 行业的人员来说，对这些技术应该如何选择，架构设计应该如何定位，才能顺应技术潮流，处于技术的领先水平。

在这些新概念、新技术“满天飞”的环境中，我们需要厘清思维，才能确定方向，从而在我们的企业应用开发中发挥更好的效能。

1.1 微服务架构的特点

在介绍微服务架构之前，我们先来看看云原生的概念。

云原生的概念，最早由 Pivotal 团队的 Matt Stine 于 2013 年提出。这个概念提出之后，在各大社区掀起了讨论的热潮，并得到了社区的不断完善。顾名思义，云原生是指专门为云平台部署和运行而设计的应用。云原生包含的内容非常多，包括 DevOps（开发运维一体化）、持续交付、微服务、敏捷基础设施和 12 要素等几大主题。

2015 年，Linux 基金会领头成立了云原生应用基金会（Cloud Native Computing Foundation，CNCF），它致力于云原生技术的普及和可持续发展。CNCF 认为云原生系统必须包含的属性有：容器化封装、自动化管理和面向微服务。

现在我们来看看微服务架构的概念。

据说早在 2011 年 5 月，在威尼斯附近的一个软件架构师研讨会上，就有人提出了微服务架构设计的概念，用它来描述与会者所看见的一种通用的架构设计风格。时隔一年之后，在同一个研讨会上，大家决定将这种架构设计风格用微服务架构来表示。

刚开始，对于微服务架构是没有一个完整的描述的，其可以看到的主要特征就是小型化、细粒度，以及使用轻量的 HTTP 通信等。

2014 年 3 月，在 James Lewis 和 Martin Fowler 发表的一篇博客文章中，总结了微服务架构设计的一些共同特点。下面摘录的一段描述，被普遍认为可以作为微服务架构的定义：

“简而言之，微服务架构是将单个应用程序作为一组小型服务开发的方法，每个服务程序都在自己的进程中运行，并与轻量级机制（通常是 HTTP 资源 API）进行通信。这些服务是围绕业务功能构建的，可以通过全自动部署机器独立部署。这些服务可能用不同的编程语言编写，使用不同的数据存储技术，并尽量不用集中式方式进行管理。”

上面提到的单个应用程序是指传统设计中的一个应用系统，或者一个大型应用，现在大家流行把它叫作单体应用。

可以看出，微服务架构是将一个大型系统使用小型化分割的方法，按业务功能拆分成各种独立的小应用。在各个小应用之间，可以使用轻量机制，即基于 RESTful 的 HTTP 进行通信，并以这种通信方式替换原来在程序之间直接调用的方式。微服务就是通过这种架构设计方法拆分出来的一个个独立的小型应用。

将一个大型系统分割成一些小型应用，而小型应用之间通过 HTTP 进行整合，这就是微服务架构的精髓所在。我们可以用一句通俗易懂的话来概括，那就是“分而治之，合而用之”。

从上面微服务架构的描述中，我们可以概括出微服务架构的几个显著特点。

1．小型化

微服务架构的突出之处就是小型化应用设计，最显著的特点就是应用程序变小了，以小为美。小型化的方式，使每个程序只负责完成一定范围内的业务功能，可以更加专一地做好一件事情。这是我们日常解决复杂问题的常用手法，即“大事化小，小事化无”。

2. 自治化

每个微服务都是一个独立的应用，独立使用数据库，独立部署，独立运行。这种独立性符合高内聚松耦合的设计原则。在微服务开发和维护过程中，每个微服务都是独立自治的，一个服务的更新和迭代不会依赖于其他服务，同时也可以尽可能做到不对其他服务造成影响，或者可以将这种影响降到最小。

3. 扁平化

去中心化的扁平化管理，可以更加自由地发挥每一个微服务的优势。但是这种自由并不是随意的混搭和组合，而是使用智能化的服务治理，让更多的微服务在发挥个性优势的同时，处在一种杂而不乱的有序可控的范围之内。虽然从整体上微服务已经没有集中管理的概念，但是微服务可以从全局范围出发，发挥更佳的性能优势。

4. 轻量级设计

微服务小型化的特点，就是轻量级设计方法的最好体现。这种轻量级的设计同样体现在微服务的通信设计之中。微服务之间的常用通信方式有两种，一种是使用轻量的 REST 协议进行 API 式的同步通信，另一种是使用轻量的异步消息通信。

5. 渐进式设计

一个产品从成型到成熟是要经历一个过程的，这个过程是渐进式设计的。由于微服务小型而独立的特点，使得微服务设计可以以业务驱动的方式进行快速迭代，从而不断修正和调整，使产品趋于成熟。所以，微服务非常适合敏捷开发。

1.2 微服务架构与整体式架构的区别

如果是一个小型项目，则使用整体式（单体式）架构设计，其好处非常明显，因为它的设计和开发，以及测试和部署，都可以在一个项目上完成。

如果一个业务复杂的大型项目也使用整体式架构设计，就会存在很多问题。可能刚开始的时候，还感觉不到什么，但是随着时间的推移，加入的功能越来越多，一个项目就变成了一块巨大的石头，笨重而丑陋。

面对一个巨大的项目，开发人员想要弄清楚它的代码逻辑，就必须花费很多的时间。而针对某一项功能的更改，极有可能“牵一发而动全身”，这会让实施人员变得举步维艰。所以这种项目将会变得越来越难以维护，越来越不便更新。

整体式架构的稳定性也不能得到有效的保障，如果其中的一个模块出现问题，将会影响整个系统的正常运行，甚至造成整个系统的崩溃。而在对问题进行跟踪时，因为系统庞大，往往难上加难。

另外，一个巨大的项目，也不方便进行持续开发，它不能适应需求的快速变更，无法使用快速迭代的敏捷开发方法，也不便在某些方面进行新技术的更替，所以这样的项目最终就变成了业务发展的绊脚石。

相比之下，大型项目使用微服务架构的优势非常明显。

微服务架构设计，就是把复杂事情进行简单化处理。它将一个复杂的系统，拆分成一些小型的应用来开发，首先就将问题进行了分层和简化。因为小型而变得简单，代码的逻辑会变得更加清晰，这无疑解放了程序员繁重的劳动；因为简单，所以能够专注，能够将每一件事情都做好，做到极致。

微服务架构中独立的小型应用，非常适合使用敏捷开发方法，即快速响应需求的变化，进行快速的更新、迭代。

因为每个微服务都是独立自治的，即一个服务的故障不会影响全局系统的正常运行，或者说可以将这种影响降到最低。并且，微服务架构的容错设计，可以避免这种情况的发生。

微服务架构高可用的特点，是系统稳定性的最好保障。微服务能够支持高并发的调用、高流量的访问，能够持续满足平台规模化发展的要求，可以很容易地使用弹性化设计，所有这些是整体式架构无法做到的。

如果我们用一个六边形结构来表示整体式架构，则可以绘制出如图 1-1 所示的结构图。

这个六边形的核心是整体式架构的领域业务模型，它通过系统接口使用各种适配器，如数据库适配器、文件适配器等，与外部管理系统进行连接；然后又通过接口，使用诸如 REST API 适配器、Web UI 适配器等给外部 App 和终端用户提供接口调用和 Web 访问等服务。

从图 1-1 中可以看出，整体式架构是一个大而全的系统。在微服务架构设计中，我们可以使用一个小正方体来表示每个微服务，它相当于对整体式架构进行拆分之后得到的结果，如图 1-2 所示。

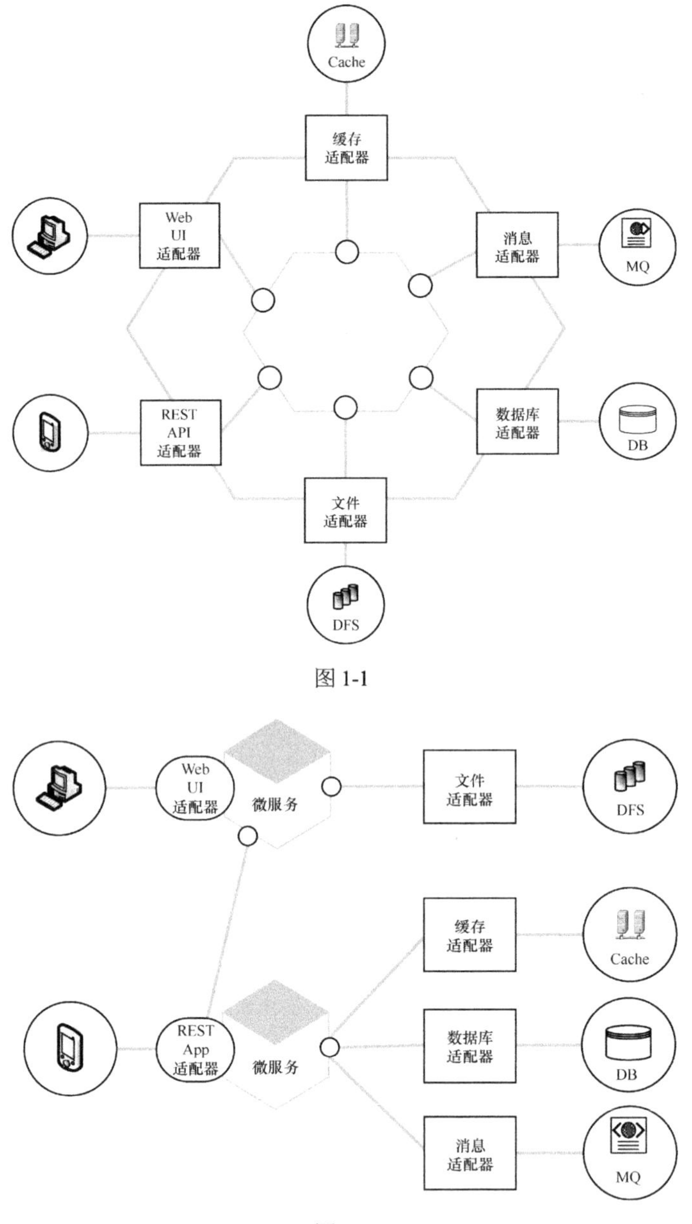

图 1-1

图 1-2

小正方体的微服务同样使用接口，同样通过各种适配器连接外部管理系统，而微服务之间也可以通过接口，使用 REST API 适配器进行通信。对于 App 用户和终端用户，将分别由不同的微服务提供相应的适配器及服务。

通过对上面这两种结构图形的比较可以非常明显地看出整体式架构与微服务架构的区别。

1.3　微服务架构与 SOA 的比较

SOA（Service-Oriented Architecture）即面向服务架构，是一种粗粒度、松耦合的面向服务架构设计方法。SOA 可以看作 B/S 模型、XML/Web Service 技术之后的自然延伸。

SOA 是一种企业级的架构设计方法，使用企业服务总线（ESB）的方式，构建一个能够更高效、更可靠、更具重用性的企业信息系统。相比于 C/S 和 B/S 等模式的设计，使用 SOA 架构的系统已经取得了很大的进步，系统可以更加从容地面对业务的急剧变化，所以 SOA 曾经风靡一时，例如 Dubbo、Dubbox、Mule、WSO2、CXF 等都是较为优秀的 SOA 开源工具。

微服务架构与 SOA 从表面上看是有一点相似的，以至于早期有人认为微服务就是一个细粒度的 SOA。实际上，它们的区别还是很大的。

区别之一：微服务通信的轻量级设计与 SOA 重量级设计。这也是两种架构的最大区别。微服务的通信设计使用简单的 HTTP，一般基于 REST 协议实现。而 SOA 一般使用复杂的协议，如 WebService 或 BPEL（Business Process Execution Language，业务流程执行语言）等，还需要使用服务描述性语言来定义标准接口。

区别之二：微服务的自治性与 SOA 的集中式管理。微服务架构使用去中心化的扁平化管理方式，每个服务都是一个独立的应用程序：独立管理、使用独立的数据库、独立部署和独立运行。SOA 是一种整体式架构，使用集中式的管理方式和统一的数据中心。所以微服务的开发和部署更加灵活和快速，可以更快地响应需求的变化和业务的更新。

区别之三：SOA 与微服务架构的应用的规模不同，SOA 是在企业计算领域中产生的一种架构设计方法，在应用规模上的范围有限。而微服务架构是产生于互联网环境中的一种设计方法，它更能适应无限广阔的环境，以及互联网高流量、高并发的规模扩展。

微服务架构的高可用设计、自由伸缩、负载均衡、故障转移等特性是 SOA 设计不够重视的地方。微服务的高可用设计通过微服务治理，为每个微服务的管理和部署提供了一个可以扩展的无限广阔的空间，它可以表现为一个三维结构，如图 1-3 所示。

在这个三维结构中，如果我们用 y 轴表示微服务应用，用 x 轴表示微服务应用副本，用 z 轴表示微服务治理，那么它将提供服务路由和负载均衡管理等功能。如果有需要，它还可以提供分区管理的功能。这种三维结构让微服务天生就具备了自由伸缩的条件，以及可以进行无限扩展的能力。

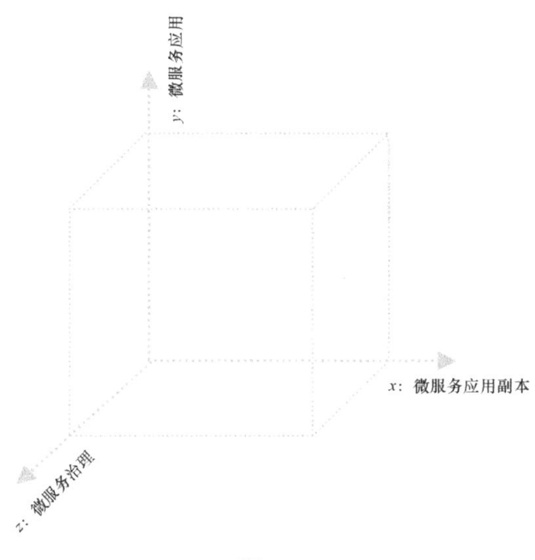

图 1-3

1.4 微服务架构的优势

从前面的比较可以看出，整体式架构已经不适合于一个大型项目或者一个互联网应用平台的开发了，而 SOA 架构虽然曾经风靡一时，但是其重量级的设计成为快速开发的障碍，所以这两种架构都将被微服务架构取代。微服务架构轻量级的设计风格，不管是从理论上，还是从技术实现上，已经越来越多地得到人们的肯定和认可，大家对它的未来发展趋势都抱有一种乐观的态度。微服务的优势如下：

第一，开发简单。

微服务架构把复杂系统进行拆分之后，让每个微服务应用的开发都变得非常简单。对于开发者来说，因为不用针对很多代码进行分析，所以效率会成倍地提高。

第二，快速响应需求变化。

一般的需求变化都来自局部功能的变更，这种变更将落实到每个微服务上，而每个微服务的功能相对来说都非常简单，更改起来非常容易，所以微服务非常适合使用敏捷开发方法，能快速响应业务需求的变化。

第三，随时随地更新。

一方面，一个微服务的部署和更新并不会影响全局系统的正常运行，另一方面，使用多实例的部署方式可以做到一个服务的重启和更新在不被察觉的情况下进行。所以，每个微服务在任何时候都可以进行部署和更新。

第四，系统更加稳定可靠。

微服务运行在一个高可用的分布式环境之中，有配套的监控和调度管理机制，并且还可以提供自由伸缩的管理，充分保障了系统的稳定性和可靠性。

第五，规模可持续扩展。

每个互联网应用都具有巨大的市场潜力，一旦这种潜力被激发，就需要系统能支持大规模的高并发访问。使用微服务架构设计的系统，可以适应业务的快速增长，并且可持续支持规模化的扩展。

1.5 为实施微服务架构做好准备

微服务架构并不是一种新技术，它只是一种全新的设计理念，所以，为了能够更好地实施微服务架构设计，我们必须做好前期准备，从思想观念、团队管理和自动化基础设施上进行相应的变革。

1.5.1 思想观念

在进入微服务领域之前，必须从做项目的观念转变成做产品的观念。如果是一个软件项目，在完成了业务需求的设计之后，最终交付使用，其项目开发的生命周期就宣告结束。而做产品则完全不一样，只要产品成型上线，产品有存在的价值，开发就永远没有终结。随着产品的更新换代，其中的应用程序和组件也要跟着不断地进行更新和迭代。

微服务架构的渐进式设计的特点，就是一种做产品的观念的真实体现。一方面，一个产品的最初成型设计，由于种种原因并不可能把所有功能都考虑得很周到，这需要一定的时间进行慢慢的磨合与创新。另一方面，市场总是处于变化之中，所以产品的业务功能也会随着时间的推移而发生一定的变化。

做产品的观念将贯穿于一个系统平台的整个生命周期之中，并随着平台的发展和演化，最终将产品打造成一个充满活力的生态体系。

1.5.2 团队管理

传统的团队管理，是按技术进行分组的。在一个开发团队中，可能有 UI 设计组、前端开发组、后端开发组、测试组和运维组等。

在微服务架构实施中，开发时是按业务功能进行划分的，所以对团队的管理，最好也以业务进行分组，将产品设计、前端开发、后端开发、测试和运维等人员围绕业务功能分配在同一组中，这样不但可以增强团队的凝聚力，还可以避免将大量的时间浪费在不同组别的沟通和工作协调上。

在实际操作中，因为前端开发和运维管理的消耗不是很大，所以对这两部分人员可以进行机动的调整。但这种调整最好是在业务相近的领域中进行的，并保持一定的连贯性，即原来由谁负责的工作，在更新和维护时还是由他来负责。

为了减少资源的浪费和增加每个人员的工作饱和度，一个业务小组往往并不只负责一个微服务，有可能负责两三个微服务的开发，这主要由微服务划分的粗细粒度来定。

1.5.3 自动化基础设施

从整体式架构向微服务架构转变之后，项目数量会增加，迭代的周期会变短，对测试和运维人员也会提出更高的要求，并且其工作量会越来越大，所以单纯依靠人力来完成这两部分的工作是远远不够的，这就要求必须有自动化基础设施的支持，来完成自动集成、自动测试，以及持续交付、持续部署的工作。

一个原来由几个项目支撑起来的应用平台，在使用微服务架构进行拆分之后，可能会变成几十个项目，甚至上百个项目。如果还像原来那样分配测试和运维工作，则势必要增加更多的人员。

在服务器资源的使用上，也会相应的有所增加。因为每个微服务应用所占用的资源并不是很大，所以可以在原来的服务器中使用虚拟机技术扩展服务器群组。对于微服务的部署，我们将主要以 Docker 容器为主导，使用虚拟化技术实施自动化建设，这样可以非常自由地将微服务分散部署在分布式环境之中。而对于中小型企业来说，更好的实施方案是使用云计算服务商提供的资源，这样能更有效地利用服务器的资源。

1.6 Spring Cloud 的优势

谈到微服务的设计和开发，大家可能会想到 Netflix OSS、Spring Cloud、Service Comb 和 Service Mesh 等技术。

Netflix OSS 可以说是最早使用微服务架构的一个开源技术，它的注册中心（Eureka）、负载均衡（Ribbon），以及智能路由（Zuul）等组件至今仍是 Spring Cloud 框架中的一些重要组成部分。

Spring Cloud 是开发人员比较熟悉的一个微服务开发框架，Spring Cloud 社区也是一个粉丝众多，并且至今仍然非常活跃的微服务社区。

Service Comb 是华为开发的一个可以支持多语言的开发框架，目前可以支持 Go 和 Java 等开发语言。

Service Mesh 是一种基于基础设施层、实现服务之间快速通信的新的微服务开发技术。

Spring Cloud 是在应用层实现微服务，其功能齐全的工具组件为进行微服务设计和开发提供了非常便利的条件，所以绝大多数开发人员都选择使用 Spring Cloud 实施微服务架构设计。正因为如此，Spring Cloud 的生态体系非常庞大，各种大大小小的社区都非常活跃。

Spring Cloud 是由 Pivotal 团队提供的一个用来开发微服务的开源工具集。在使用这一工具集开发微服务时，我们可以非常方便地处理诸如服务注册与治理、服务间通信与集群管理、高可用和横向扩展等问题。

从 Spring Cloud 官网中可以看到下面这段描述，它概括地介绍了这一工具集所包含的一些组件和功能。

“Spring Cloud 为开发人员提供了快速构建分布式系统时的一些常见模式的工具（如配置管理、服务发现、断路器、智能路由、微代理、控制总线、一次性令牌、全局锁、（集群）领导选举、分布式会话、群集状态等）。分布式系统的协调产生了样板式的模式，使用 Spring Cloud 的开发人员可以方便地使用这些模式的服务和应用程序，它们将在任何分布式环境中都能很好地工作，包括开发人员自己的笔记本电脑、裸机数据中心和 Cloud Foundry 等托管平台。”

实际上，在使用 Spring Cloud 这套工具集开发一个特定的微服务应用时，我们并不需要特别关注所有这些组件的工作方式和原理，只需专注于某一项特定功能的开发就可以了。

1.7 Spring Cloud 工具套件介绍

Spring Cloud 工具套件是一个庞大的家族，并且它对第三方的工具有很好的兼容性。限于篇幅，我们无法对所有组件进行一一介绍，所以这里只对一些核心的和常用的组件进行一个简要说明，帮助读者从整体上认识和了解这个工具套件。Spring Cloud 工具套件的思维导图如图 1-4 所示。

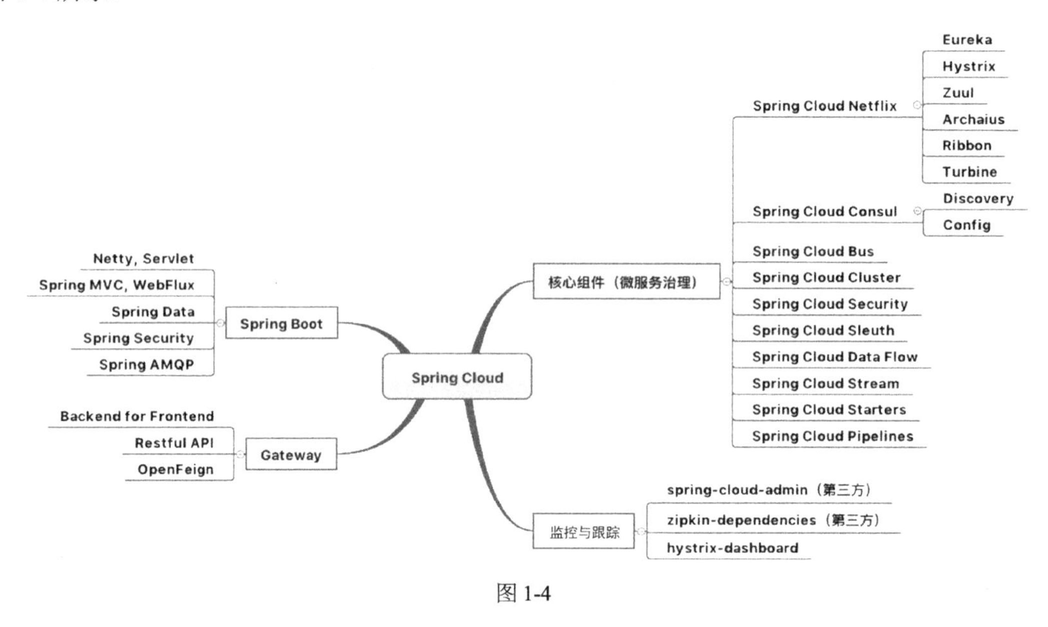

图 1-4

（1）Spring Cloud Netflix

这是 Spring Cloud 工具套件的核心，包含 Netflix OSS 的一些基础组件，如 Eureka、Hystrix、Zuul、Archaius、Ribbon 和 Turbine 等，其中：

◎ Eureka 是云端服务发现，用于云端服务注册与定位，以实现云端服务发现和故障转移等服务治理。

◎ Hystrix 是一个可提供断路器、容错机制、降级机制等功能的管理工具，通过这一工具可以实现对第三方库的延迟，以及对故障转移提供全面的监测和调控。

◎ Zuul 是在云平台上提供动态路由、监控和安全等边缘服务的管理框架。Zuul 相当于设备和微服务应用的 Web 网站后端所有请求的前门。
◎ Archaius 是一个配置管理 API，提供动态类型化属性、线程安全配置操作、轮询框架、回调机制等功能。
◎ Ribbon 提供云端负载均衡管理，有多种负载均衡策略可供选择，能自动配合服务发现和断路器使用。
◎ Turbine 是聚合服务发送事件流数据的一个工具，使用可配置方式监控集群中服务的运行情况。

（2）Spring Cloud Bus

一个事件、消息总线，用于在集群中传播状态变化，可与 Spring Cloud Config 联合使用，实现动态配置管理。

（3）Spring Cloud Cluster

提供 Leadership 选举，如 ZooKeeper、Redis、Hazelcast 和 Consul 常见状态模式的抽象和实现。

（4）Spring Cloud Consul

封装了 Consul 操作，Consul 是一个服务发现与配置工具，可以与 Docker 容器无缝集成。

（5）Spring Cloud Security

基于 Spring Security 的安全工具包，可以为应用添加安全控制。

（6）Spring Cloud Sleuth

日志收集工具包，封装了 Dapper 和 log-based 追踪，以及 Zipkin 和 HTrace 操作，为微服务应用实现了一种分布式追踪解决方案。

（7）Spring Cloud Data Flow

大数据操作工具，是 Spring XD 的替代产品。它是一个混合计算模型，结合了流数据与批量数据的处理方式。

（8）Spring Cloud Stream

数据流操作开发包，封装了与 Redis、Rabbit、Kafka 等发送和接收消息的方法。

（9）Spring Cloud Starters

使用 Spring Boot 方式启动项目工具包，为 Spring Cloud 提供开箱即用的依赖管理。

（10）Spring Cloud Pipeline

提供了一个有步骤的固定部署管道，以确保应用程序可以以零停机的方式部署，并且很容易在出错后进行回滚。

Spring Cloud 工具套件除自身包含丰富的组件库外，对于第三方库，也具有很好的兼容性。借助于 Spring Cloud Consul，我们可以很方便地使用 Consul 搭建注册中心，在提供服务注册与发现的基础上，实现远程配置管理功能。

下面两个组件是由第三方提供的。

（1）Spring Boot Admin

Spring Boot Admin 通过 Spring Boot 提供的监控接口，如/health、/info 等，加上对当前处于活跃状态的会话数量、当前应用的并发数、延迟及其他度量信息等，可以对分布式环境中的 Spring Cloud 应用实现实时的全程监控。

（2）zipkin-dependencies

zipkin-dependencies 是由第三方封装的可运行应用程序包，可以对 Spring Cloud 应用的运行和调用关系进行全程跟踪，从而为故障诊断和检查提供帮助。它可以使用 Web 方式或与 Kafka 结合使用的方式传递日志数据，然后自动分析数据，生成应用之间的调用路线图。

在应用及其接口的调用中，Spring Cloud 工具套件提供了 Gateway 和 OpenFeign 等组件，以支持在不同环境下对应用之间的快速调用。

Spring Boot 是 Spring Cloud 的基础组成部分，也是 Spring 开发框架的根本所在。其中：

◎ Netty 是一个以事件驱动的非阻塞的高并发服务。
◎ WebFlux 是一个全新的反应式 Web 框架。
◎ Spring Data 是一个通用的基于 Spring 编程模型并且能够保留数据底层特殊性的数据存取组件。
◎ Spring Security 是一个功能强大、高度可定制的身份验证和访问控制框架。
◎ Spring AMQP 是基于 Spring 框架的 AMQP 消息解决方案，提供模板化的发送和接收消息的抽象层，提供基于消息驱动的 POJO 消息监听等，极大地方便我们基于 RabbitMQ 等消息中间件进行相关开发。

1.8 Spring Cloud 的版本说明

Spring Cloud 的版本号为了与各个小项目，或其他组件的版本号区分开来，使用了大版本号的方式，并以伦敦地铁站的名字命名，同时按字母顺序进行排列，截止到目前，累计的版本号有：Angel、Brixton、Camden、Dalston、Edeware、Finchley 和 Greenwich 等，本书将使用第七个大版本，即 Greenwich，其对应的 Spring Boot 版本为 2.1.6 发行版。

有关 Spring Cloud 的版本更新可留意官方发布的信息。

版本更新不会对我们正在使用的程序产生任何影响，但是随着版本更新，可能会有一些新功能和新技术的产生。例如，在从版本 Edgware 到 Finchley 的更新中，Spring Boot 从 1.x 升级到了 2.x，这其中的变化是比较大的。最大的变化是 Spring Boot 2.x 之后，提供了一些反应式编程的方法，让我们可以开发一些非阻塞的高并发服务。

1.9 小结

本章介绍了微服务架构的来龙去脉，说明了基于微服务的设计和开发，已经得到越来越多的企业和个人的认可，而以微服务架构为主流的技术也已迅速发展起来。

Spring Cloud，因为其丰富的工具套件、全面的设计，以及很好的兼容性，使它成为众多开发人员喜欢和热爱的一种开发工具，所以也将在更大的范围中流行起来。

所以，作为一个 Java 开发者，学习和掌握 Spring Cloud 的开发方法，不仅仅是一种“时尚”，更有可能成为一项优秀的看家本领。

朋友们，让我们一起努力吧，一起来学习 Spring Cloud！

第2章 高并发微服务架构设计

作为一个 IT 从业人员，我们经常会碰到类似于下面的一些问题：

◎　单个项目巨大而沉重，难以维护。

◎　系统稳定性得不到更有效的保证。

◎　怎样才能持续地提升系统的性能。

◎　怎样才能快速地响应需求的变更，并且系统更新不会引起任何抖动。

◎　怎样才能更好地适应系统规模化的扩张。

针对上面这些问题，我们无时无刻不在努力地进行各种各样的尝试和探索，寻求更好的解决方案，或者使用更先进的技术。

目前来看，在互联网环境之中产生的微服务架构设计是一个比较理想的解决方案。

2.1　微服务总体架构设计

一个使用了微服务的电商平台的总体架构设计如图 2-1 所示。

这是一个典型的微服务总体架构设计图，自上往下看，可以分为前台应用层、API 接入层、业务应用层、服务中心和基础资源 5 层结构，每层结构都有其自身的功能和特别的设计。

前台应用层可支持任何应用的客户端，如物联网、微信小程序、移动 App 及 API 开放平台等。

API 接入层可以使用 Spring Cloud Zuul 或 Gateway 设计网关，起到一个承上启下的作用，并且具备鉴权、路由和流控等功能。

业务应用层是微服务的基本应用，它本身也是一个微服务。这里主要是电商平台的一些后台管理功能。

服务中心就是使用微服务设计的各种 API 接口服务，这些服务一般使用基于 RESTful 风格的设计，对外提供轻量 API 接口服务。另外，在基础服务中间件中，提供服务治理、消息队列、监控告警、配置管理等服务。

基础资源是我们自己组建的私有云或者租用的公有云，为微服务搭建容器平台，提供数据存储、DevOps 和镜像仓库等服务。

在这个架构设计图中，除了上面这些，在水平方向上，还可以看到负载均衡、日志记录、链路跟踪，以及基于大型电商平台的运营平台等服务。

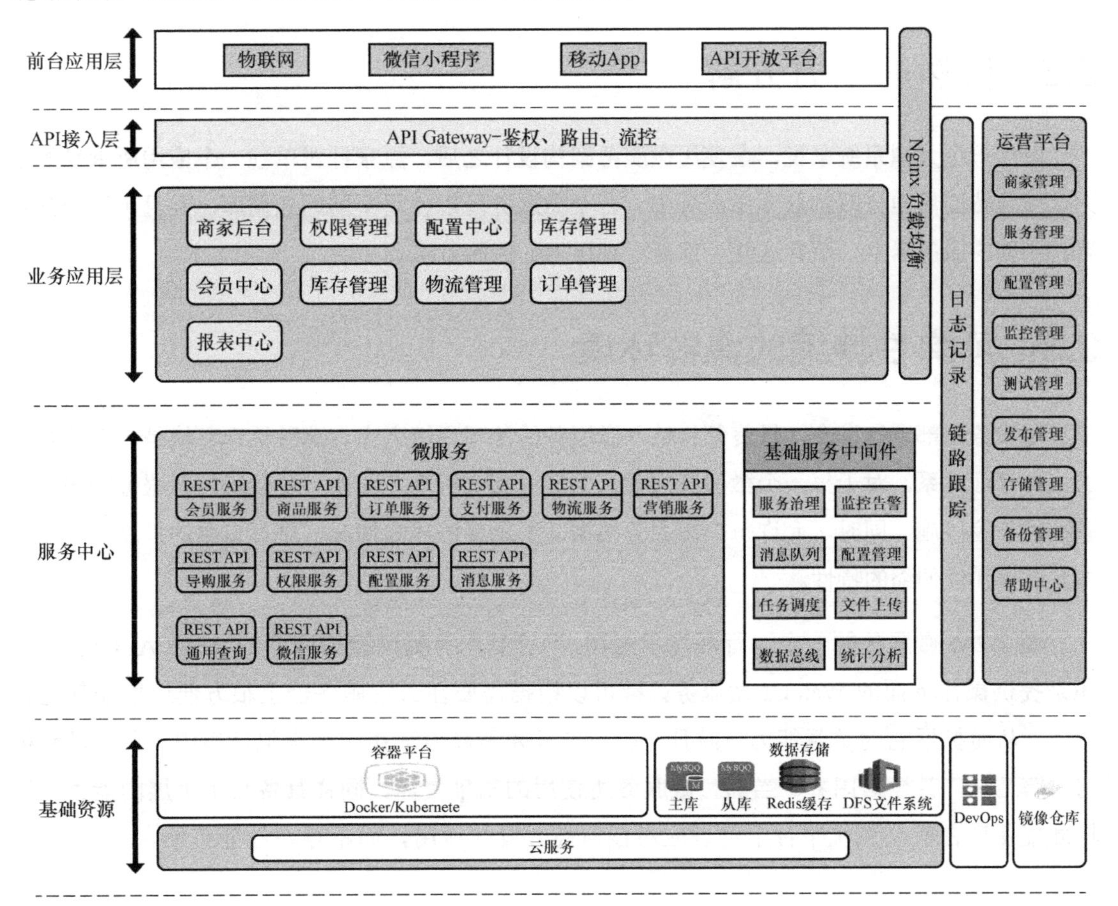

图 2-1

下面介绍微服务架构设计的优势，以及它所表现出来的高并发、高性能的特点。

◎ 自然的压力分解。
◎ 可弹性伸缩的集群环境。
◎ 高度的独立性设计。
◎ API 的分层调用关系。
◎ 高可用的基础资源支持。
◎ 快速响应的自动化基础设施。
◎ 完善的监控体系。
◎ 微服务的安全保障。

2.2 自然的压力分解

对于一个大型系统来说，在使用微服务架构设计之后，原来针对单独一个应用所承受的压力，就自然而然地分散到众多微服务中。各个微服务可以使用不同的数据库，并且可以分开部署在不同的服务器上，所有这些，都是一种压力分流的方法。

2.3 可弹性伸缩的集群环境

微服务的部署和发布，最终都将纳入微服务的治理环境之中。这种治理环境是一个分布式的集群管理体系，对于每一个微服务来说，都能对其实行动态路由、负载均衡、服务降级等一系列的管控措施。同时，允许每个微服务根据其所承受的压力情况，进行自由的扩展和收缩，即具备可弹性伸缩的特性。

图 2-2 是微服务的一个运行环境示意图，不管是作为提供接口服务的 REST API 微服务，还是提供操作界面的 Web UI 微服务，都可以根据需要在云端服务器上很方便地增加其运行副本，从而扩展它的负载能力。而且，这种扩展并不局限于在一个虚拟环境中，它可以跨机房、跨地区，甚至跨国界。当然，微服务所使用的基础资源，同样具备自由扩展的能力。这样才能保证在整个系统平台中可以应对任何高并发的调用，而不存在性能瓶颈。

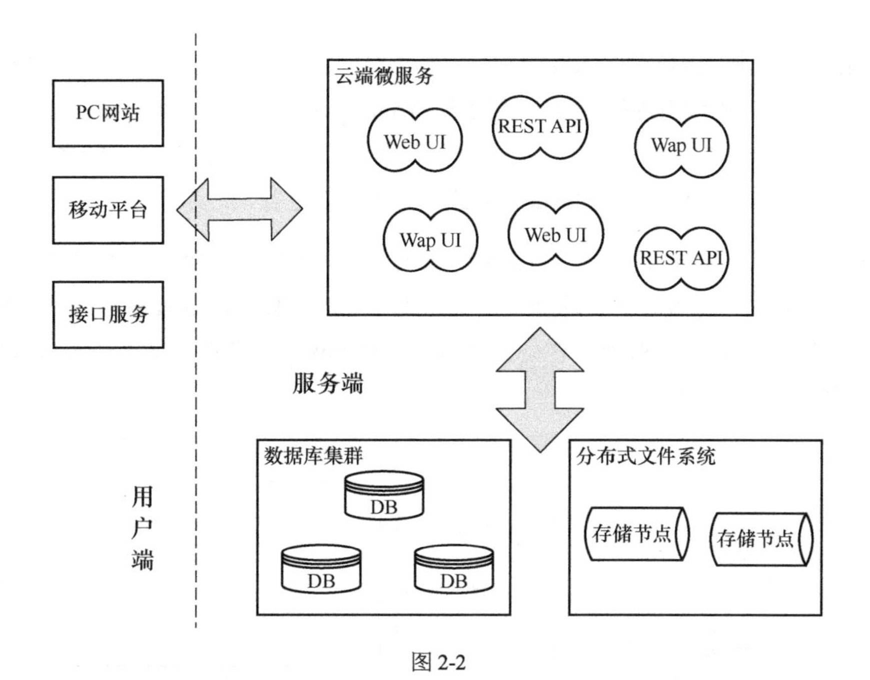

图 2-2

2.4　高度的独立性设计

微服务架构的去中心化的设计特点，为每个微服务的设计提供了高度的独立性。这样，我们就可以根据每个微服务的特点，选择数据库或者通信方式，以发挥其独特的效能。

比如，对于数据量不是很大，关联性不是很复杂的数据，可以使用传统的关系数据库，如 MySQL 或者 Oracle。对于数据量较大，更新不是很频繁的数据，可以使用 MongoDB 等 NoSQL 数据库。对于一些关系复杂，关联比较多的数据，则可以使用图数据库，如 Neo4j 等。这样针对不同的业务特性，使用合适的数据库，就可以充分发挥应用程序的性能。

对于通信方式来说，有些程序对实时数据很敏感，只能使用接口的方式进行实时调用；而有的程序对实时数据并没有太多要求，但是通信量很大，这时就可以使用异步消息进行调用。这样，通过有针对性的独立设计，可以最大限度地发挥应用程序的效能。

2.5　API 的分层调用关系

微服务使用 GateWay 网关接口方式对外部环境提供服务。这种方式使用分层结构设计，在

GateWay 层既可以直接调用 REST API 微服务接口服务，也可以再经过一层设计，即使用 Backend for Frontend 层对复杂的调用进行一次包装设计。例如，当需要对多个微服务进行调用时，可以将多个调用组装成一个单一接口服务，从而避免微服务内部环境与外部环境的多重通信。另外，有的通信可以使用 MQ（Message Queue）方式以异步方式进行。

图 2-3 是一个 GateWay 多层次调用关系示意图，在这个图中，每个层次都可以进行负载均衡设计，从而能够非常有效地提高这种调用关系的并发性。其中，微服务内部环境的负载均衡设计可以由服务治理进行处理，而处在外部环境中的 GateWay 的负载均衡设计则可以使用 Nginx 等工具进行实施。

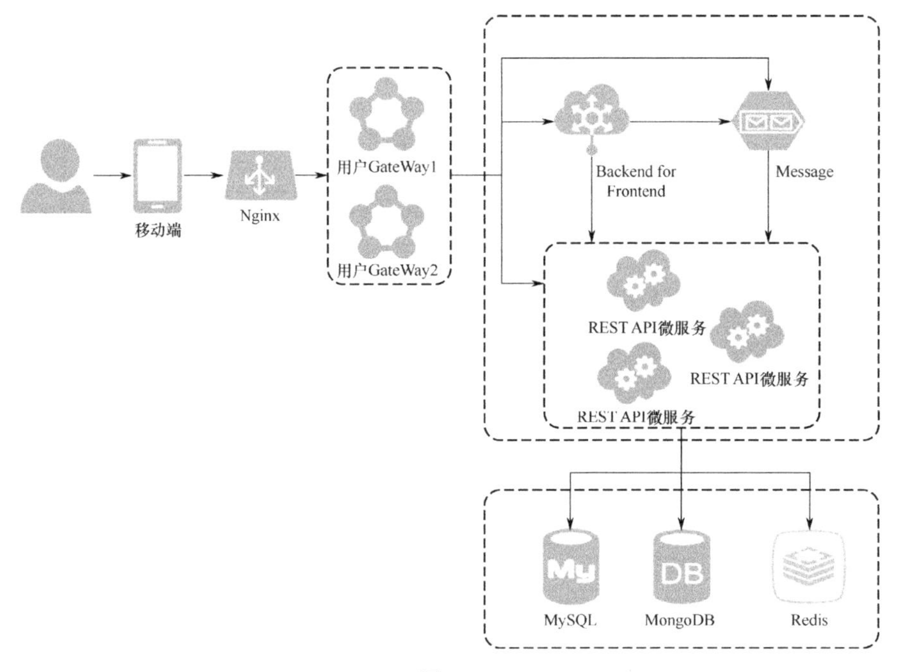

图 2-3

2.6 高可用的基础资源支持

在微服务架构设计中，通常是使用云服务来组建基础资源的。其中，云服务既可以租用云服务提供商的服务器，也可以自己组建私有云，或者两者兼而有之。

基于云端组建的基础资源，包括数据库、缓存和文件系统等，这些资源既可以使用云服务提供商提供的优质 RDBS、分布式数据库和对象存储等服务，也可以自己搭建各种集群体系。

这样，就可以保证每一种基础资源的使用都不会成为另外一个系统的瓶颈，这是对高并发微服务架构设计的有力补充和支持。

2.7 快速响应的自动化基础设施

自动化基础设施建设是微服务架构设计中的一项基本要求，涉及代码管理、代码检查、集成测试、自动化测试、持续交付、自动化部署等一系列问题。

不管是持续集成、持续交付，还是敏捷开发等，这些都是 DevOps 的一种管理机制。这种管理机制可以提高微服务架构设计中各个微服务应用的应变能力，可以快速响应整个系统的变更和更新，从而充分提升整个微服务架构的总体效能。

2.8 完善的监控体系

通过使用 Spring Cloud 工具套件并结合第三方工具，我们可以为微服务的运行环境构建一个完善的监控体系，从而有效保证微服务的稳定性和健壮性。

这一监控体系包括健康检查、告警系统、链路跟踪、日志记录和查询等内容。通过健康检查和告警系统，可以及时发现系统中可能存在的问题和隐患，从而减少事故的发生。链路跟踪和日志记录可以提供非常详细的服务调用轨迹，非常适合用来检验和查找复杂的系统内部问题，或者某些可能存在的隐藏错误。

2.9 微服务的安全保障

越大型的系统，系统的并发性越高，危险性越大，其安全保障也越重要。系统的安全设计包括防火墙设计、防攻击设计、访问控制设计、数据保密设计、数据备份及灾备等各个方面的内容。而安全防护是系统安全的第一道屏障，我们将使用防火墙及动态感知等设备，为微服务的服务器组建，提供一个安全可靠的分布式环境。

如图 2-4 所示，是根据阿里云设计的一个安全管理架构，通过安全防护和安全预警，对不安全的访问或可能存在的攻击进行有效隔离，从而保证系统的安全和稳定。

如果需要进行跨机房或跨地区的微服务互联，则必须在保证安全的前提下，通过 VPC 专网使用专用通道进行通信。

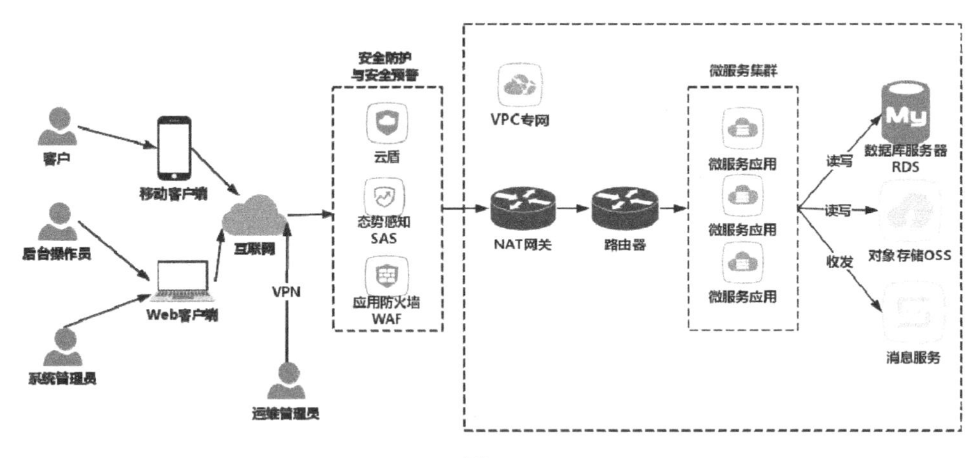

图 2-4

2.10 小结

微服务架构设计风格本身就是一种高并发的机制。依靠云服务环境，我们可以把微服务使用的基础资源，通过自动化基础设施建设，提供成一种可伸缩、高并发、高可用的环境。同时，通过使用 Spring Cloud 工具套件和第三方库，充分保证微服务的高度可扩展性。不管是哪一种架构设计，系统的稳定性、健壮性和可靠性都缺一不可。

第 3 章
大型电商平台设计实例

本章我们将使用微服务架构风格设计一个大型电商平台，这个平台将以 SaaS 方式提供一个类似于 S2B2C 的服务。

电商平台是一个大众化的应用平台，读者对它的功能都比较熟悉，本章通过电商平台的微服务架构设计，帮助读者深入理解微服务设计和开发在实际中的具体使用。

3.1 电商平台总体设计

S2B2C 是一种新零售的解决方案，简要来说，体现了供应商（或平台提供方）、分销商和顾客的一种交易关系。

电商平台是电子商务交易平台的简称，是指通过互联网为企业和个人提供网上交易的管理平台。电商平台是一个网上自由交易场所，为普通用户（顾客）和虚拟商铺（商家）建立一种可信的买卖关系，通过互联网实现不受地域和时间等条件限制的贸易行为。

本书将以一个通用的电商平台为基础进行设计，但不做太多复杂的功能，也不关注太多的细节实现，我们只是从大体上完成一个网上购物的流程，以此体会微服务架构在实际中的使用方法。

3.1.1 总体业务流程设计

图 3-1 是电商平台的一个总体业务流程设计。

这个流程表示，顾客在进行网上购物时将从浏览商品、挑选商品开始，然后经过结算、支付，生成一个交易订单。商家通过后台的订单管理，可以确认顾客的交易行为，并联系物流公司进行发货处理。顾客在收到商品后，即完成了一个正常的交易流程。顾客还可以对这次交易进行评价。

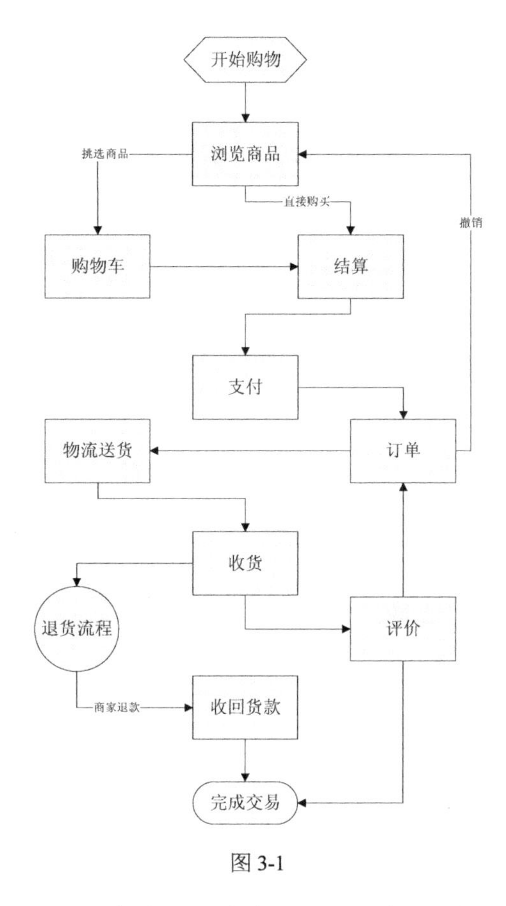

图 3-1

其中，在结算的过程中，如果顾客感到不满意，则可以在一定的期限内，对生成的订单执行撤销交易的操作。

另外，如果顾客收到商品后，对商品质量不满意，则可以申请售后服务，或者直接申请退货，开启退货的申请流程。商家审核退货后，可以给顾客退回货款，从而结束交易。

一个完整的交易过程，还包括其他业务流程的设计，这些流程包括以下几个方面的设计。

顾客在购买商品之前，必须先到平台进行注册，然后编辑个人基本资料，新增和维护收货地址等。平台顾客也可以注册成为商家的会员，享受商家提供的会员级别的服务。

商家可通过后台进行商品发布、订单管理、物流处理、退货审核、会员注册审核及其管理等基本操作。

对于平台运营方来说，可以对入驻的商家进行管理，包括商家的注册与审核、商家的权限管理等。

3.1.2　总体业务功能设计

电商平台总体业务功能设计包括以下几个方面。

在商品展示方面，包括商品的类目配置及管理、商品的库存、商品的定价、商品信息编辑、商品上下架管理等。

在交易操作方面，包括顾客管理、会员管理、购物车管理、支付管理、订单管理、物流管理等。

在商家管理方面，包括商家的入驻与注册的审核、商家的操作权限配置、商家的账户管理、结账和对账等。

上述这些功能，根据其所面向的用户对象不同，可以将电商平台的总体业务功能分为面向顾客的门户商城、面向商家的商家管理后台和面向平台运营方的平台管理后台三大部分，如图 3-2 所示。

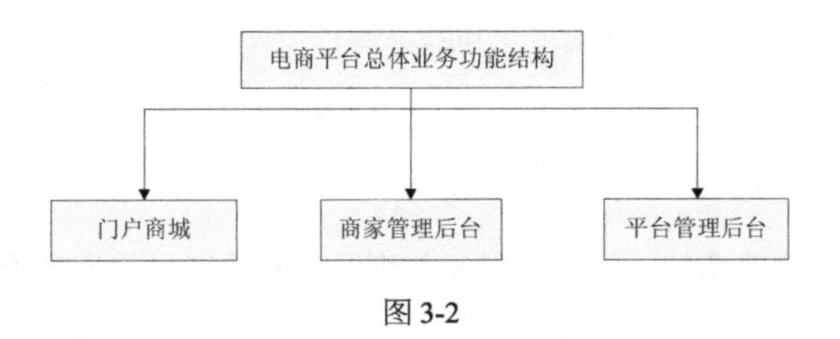

图 3-2

其中，门户商城就相当于商家的店铺，是商家展示商品、顾客浏览商品并进行实际交易的地方。商家管理后台，是商家进行商城事务日常管理的操作平台。平台管理后台是平台运营方的一个管理后台，是用来管理商家及其操作权限的一个运营管理系统。

3.2　电商平台业务模型设计

根据电商平台的总体业务功能，我们可以创建相应的业务模型。其中，对于门户商城，我们只提供移动商城的业务模型设计。我们可以使用手机、iPad 等移动设备访问移动商城。在移动设备上，我们可以通过普通浏览器、App、微信公众号或小程序等方式访问移动商城。

电商平台最终的业务模型设计包括：移动商城业务模型、商家管理后台业务模型和平台管理后台业务模型。

3.2.1 移动商城业务模型

移动商城的业务功能包括：商品展示、分类查询、订单查询、购物车，以及个人信息等。它的业务模型如图 3-3 所示。

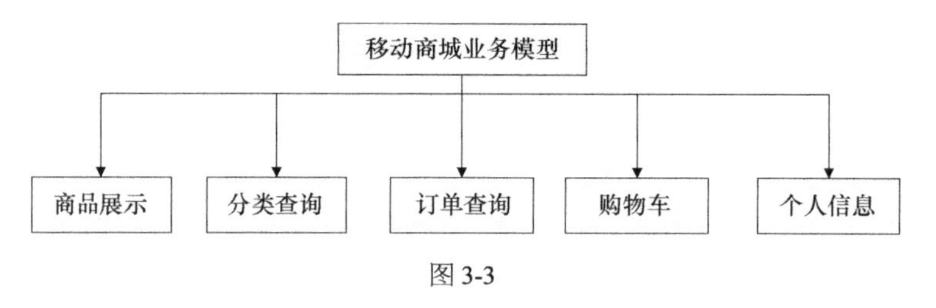

图 3-3

其中，各个模块的功能简要介绍如下。

商品展示提供了商品搜索和查询等功能，包括商品列表分页展示和单个商品详情查看等，并在商品详情查看中提供购买下单的功能。

分类查询提供按分类列表查询商品的功能。

订单查询可以实时显示订单状态，查询订单的物流进度，可以进行收货确认和对完成交易的订单进行评价等。

购物车提供增删改查的功能，顾客可以添加商品、移除商品、更改商品的购买数量等。

个人信息包括对顾客基本信息的管理，比如手机号、联系人、收货地址等。同时，顾客也可以注册为某一商家的会员。在注册成会员后，顾客可以享受商家提供的优惠、折扣和积分等会员特权服务。

3.2.2 商家管理后台业务模型

商家管理后台的业务功能包括：用户管理、商品管理、账户管理、订单管理、评价管理、物流管理、会员管理，以及点击率统计等。商家管理后台的业务模型如图 3-4 所示。

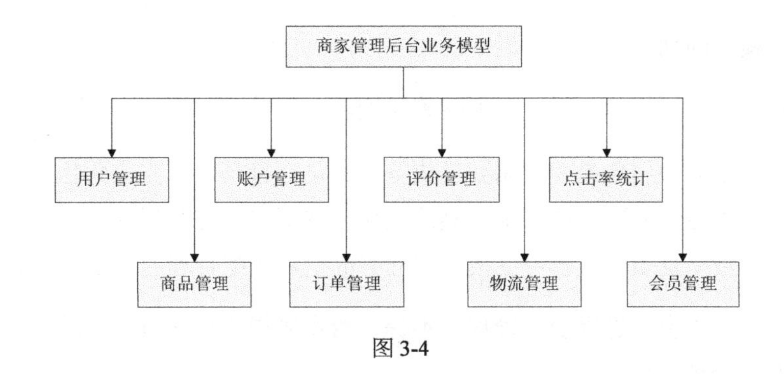

图 3-4

其中，各个模块的功能简要介绍如下。

用户管理为商家提供了管理后台操作用户的功能，可以增加和删除用户，并为每个用户配置操作权限。

商品管理可以对商品进行添加、编辑，以及商品上下架等操作。

账户管理包括商家的收款账户设置、收款记录查询和统计等功能。

订单管理可以为商家提供订单处理、订单查询和订单统计等功能。

评价管理为商家提供查看顾客对商品的评价的功能。

物流管理可以为商家提供订单发货和物流管理等功能。

会员管理为商家提供会员等级和相关特权设置，可对所属的会员进行集中查询和管理。

点击率统计可对顾客浏览商品的行为进行查询和统计。

3.2.3　平台管理后台业务模型

平台管理后台的业务功能包括：商家管理、商家权限管理、商品类目管理、顾客管理和平台操作员管理等。平台管理后台的业务模型如图 3-5 所示。

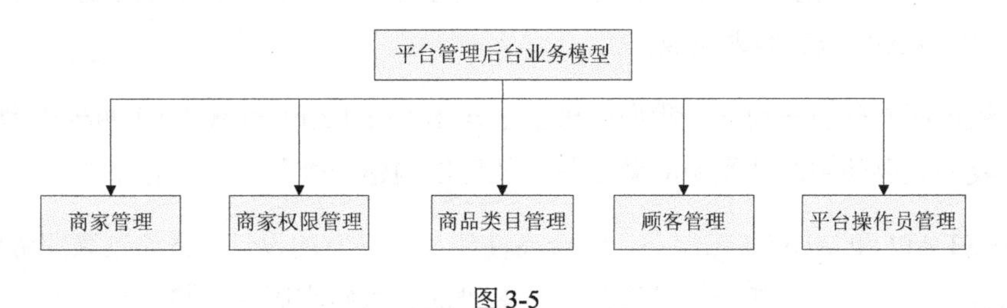

图 3-5

其中，各个模块的功能简要介绍如下。

商家管理包括商家的创建、注册和审核等功能。

商家权限管理是对使用角色、资源和模块等对象进行管理。首先由角色决定一个商家可以访问的资源，从而确定商家的访问权限。然后使用模块对资源进行层级管理，形成一种层级菜单。这样，当一个商家登录时，就可以根据其拥有的权限分配合理的菜单结构。

商品类目管理由平台方进行统一管理，不提供给商家操作这一方面的功能。平台将按合理的标准提供全面的分类体系。

顾客管理包括顾客的注册和个人信息编辑等，由平台方统一管理。同时，顾客也可以注册为某一个商家的会员。

平台操作员管理提供了平台操作员创建和权限管理等功能。通过平台操作员管理，可以实现平台访问控制的安全设计。

3.3 合理划分微服务

微服务架构设计的首要任务就是合理划分微服务，即围绕业务功能创建微服务项目。在划分微服务时，有关微服务粗细粒度的考量，建议在平台创建的初始阶段使用粗粒度的方法，按业务功能进行划分。随着业务的发展及其运营的情况，再依据发展规模考虑是否继续细分。下面，我们将使用水平划分法和垂直划分法两种方法相结合的方式创建微服务。

一方面，在水平方向上，根据业务功能划分微服务，并把这次划分所创建的微服务称为 REST API 微服务。REST API 微服务负责业务功能的行为设计，主要完成数据管理方面的工作，并通过使用 REST 协议，对外提供接口服务。

另一方面，在垂直方向上，再以 REST API 微服务为基础，实现前后端分离设计，创建 Web UI 微服务。Web UI 微服务不直接访问数据，它只专注于人机交互界面的设计，它的数据存取将通过调用 REST API 微服务来完成。

这样，经过两次微服务划分，我们就可以创建出 REST API 和 Web UI 两种类型的微服务。也就是说，我们只要使用两种类型的微服务，就可以构建一个复杂的业务系统。

使用 REST API 和 Web UI 微服务，结合高性能和高并发的设计，再通过微服务的多副本发布，就可以构建一个能适应任何规模访问的、多维的、稳定牢固的网格结构，并且这个网格结构还具有自由伸缩的特性，可以根据业务的发展规模进行扩充或者缩编，这样就可以快速地搭建一个可持续扩展的系统平台。

3.4 创建 REST API 微服务

根据电商平台的总体设计及其各个业务模型的功能，就可以创建和划分微服务了。

下面使用 3.3 节中微服务架构的设计方法划分微服务，即使用水平划分法和垂直划分法创建微服务项目。

首先使用水平划分法，按电商平台的业务功能，进行 REST API 微服务划分。下面是初步划分出来的一些微服务。

◎ 类目服务
◎ 商品服务
◎ 购物车服务
◎ 订单服务
◎ 支付服务
◎ 物流服务
◎ 评价服务
◎ 顾客服务
◎ 会员服务
◎ 点击率服务
◎ 商家服务

通过这些微服务，就可以创建出相关的 REST API 微服务。REST API 微服务是一个独立的小应用，并且有独立的数据库，可以独立部署和独立运行。REST API 微服务使用实体对象进行数据的存取操作，然后对外提供基于 HTTP 的 RESTful 接口服务。

这些微服务的大体功能说明如下。

◎ 类目服务，使用二级分类体系，对外提供分类信息的录入、查询、修改和删除等功能接口。在应用层面上，可以根据不同的业务需求使用不同的功能接口。在商城和商家管理后台中，只提供分类的信息查询。在平台管理后台中，可对分类进行编辑和管理。
◎ 商品服务，提供商品创建、商品编辑管理、商品上下架等功能接口，这些均可用于商家管理后台中，为商家提供管理商品的功能。在商城应用中，只需使用商品查询、搜索和商品详情显示等功能接口。
◎ 购物车服务，主要为商城的顾客在选购商品时提供服务。同时，购物车服务还提供了对选购商品进行加减和管理等功能接口。
◎ 订单服务，在商城中为顾客提供订单生成、订单查询等功能接口。在商家管理后台中可以为商家提供订单管理、查询和统计等功能接口。

◎ 支付服务，在商城中提供结算支付服务。在平台管理后台中提供服务费计算和利润结算的功能接口，同时也可为商家提供收款查询和对账等功能接口。

◎ 物流服务，在商城中为顾客提供物流跟踪及收货确认等服务接口。在商家管理后台中提供发货处理和查询统计等功能接口。

◎ 评价服务，顾客在商城中交易完成后，可对商品进行评价。同时，顾客在选购商品时，可以查询其他顾客对商品的评价。评价可为顾客购物提供参考。

◎ 顾客服务，顾客是平台的用户，顾客服务提供了用户注册、登录、个人信息编辑、收货地址管理等功能接口。

◎ 会员服务，会员是商家的用户，顾客在购物过程中可以在任何一个商家注册成为会员。在成为会员后，顾客可享受商家提供的特权服务，比如购物折扣、会员积分等。

◎ 点击率服务，点击率是记录顾客浏览商品的足迹，这些数据可为商家的销售提供决策参考。点击率服务为商家提供查询和统计的功能接口。

◎ 商家服务，可提供商家创建、编辑和权限管理等功能接口，可为平台管理后台实现商家注册、审核和商家用户的权限管理等功能接口。

3.5 创建 Web UI 微服务

在创建 REST API 微服务之后，就可以使用垂直划分法，根据每个 REST API 微服务实现前后端分离设计，创建 Web UI 微服务。

根据电商平台的业务模型设计，我们将分别从移动商城、商家管理后台和平台管理后台三个方面创建 Web UI 微服务。

3.5.1 移动商城 Web UI 微服务

移动商城的业务功能包括：分类查询、商品查询、购物车管理、订单查询、物流跟踪查询、个人信息管理和会员卡管理等。

移动商城的 Web UI 微服务如下：

◎ 分类查询

◎ 商品查询

◎ 购物车管理
◎ 订单查询
◎ 物流跟踪查询
◎ 个人信息管理
◎ 会员卡管理

使用这些微服务提供的服务功能，就可以构建出一个轻灵小巧而又功能丰富的移动商城应用，为各种移动设备提供一个自由网购的服务。

3.5.2　商家管理后台的 Web UI 微服务

商家管理后台的业务功能包括：用户管理、商品管理、订单管理、物流管理、会员管理和点击率统计等。这里的每一项功能，都分别由一个单独的微服务应用提供。

商家管理后台的 Web UI 微服务如下：

◎ 用户管理
◎ 商品管理
◎ 订单管理
◎ 物流管理
◎ 评价查询
◎ 账户管理
◎ 会员管理
◎ 点击率统计

商家管理后台将实现安全的访问控制设计，其功能由不同的应用提供。为了统一用户登录，提供友好的用户体验，我们还将使用一个 SSO（单点登录）设计。

SSO 是一个独立的微服务应用，一方面提供统一的访问控制功能，另一方面提供接入应用的授权认证管理功能，即不管商家用户在哪一个应用中登录，都可以获得访问其他应用的权限。

3.5.3　平台管理后台的 Web UI 微服务

平台管理后台是一个独立的 Web UI 微服务应用，它通过调用商家服务，实现商家注册、审核，以及权限配置等管理功能。

平台管理后台的操作对象为平台运营方，使用范围较小，所以可以使用较为简单的设计方法，即用一个单独应用完成下列相关管理功能。

◎ 本地用户管理

◎ 商家管理

◎ 商家权限及其菜单资源管理

另外，平台管理后台的访问控制设计也可以使用较为简单的方法实现。

3.6 电商平台微服务体系架构

经过一系列的微服务设计，下面使用一张思维导图完整表示这个电商平台的微服务架构设计模型，如图 3-6 所示。

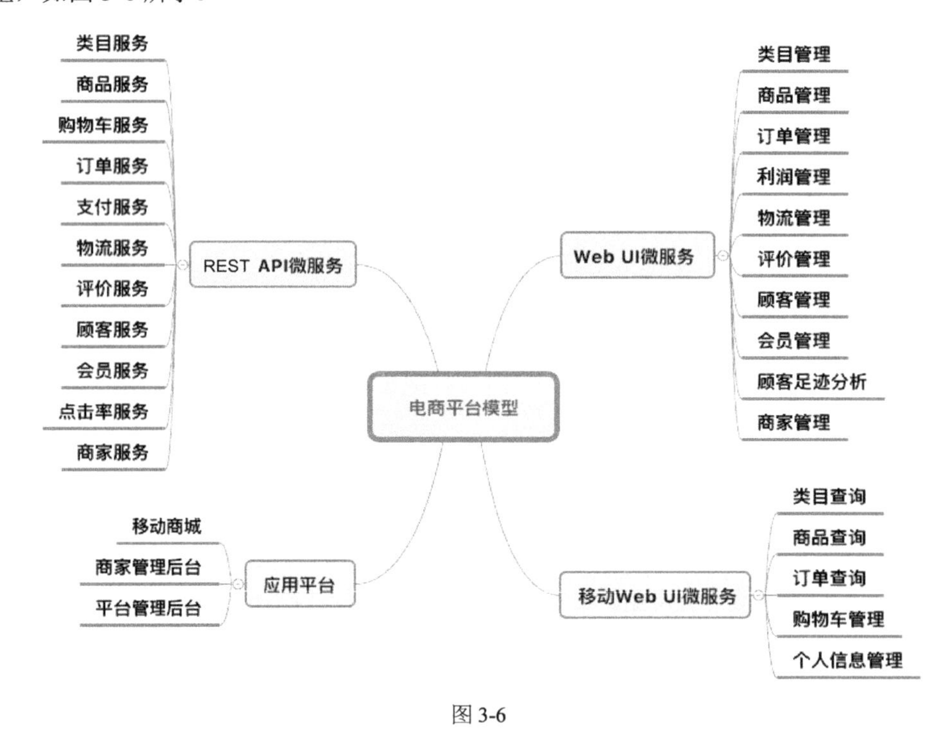

图 3-6

这是一个较为简单的电商平台微服务架构设计模型，并且使用了粗粒度的微服务划分方法划分微服务，但是这已经可以划分出二十几个微服务了，如果再结合使用多副本的方式进行部署，那么一个电商平台至少要运行四十几个微服务。

3.7　电商平台微服务项目工程

从 3.6 节的设计模型中，可以组建出如表 3-1 所示的电商平台的各个微服务工程。

表 3-1

序号	项目名称	功能说明	使用数据库
1	catalog-microservice	类目微服务项目	catalogdb
2	goods-microservice	商品微服务项目	goodsdb
3	order-microservice	订单微服务项目	orderdb
4	shopingcart-microservice	购物车微服务项目	shopingcart
5	payment-microservice	支付微服务项目	paymentdb
6	logistics-microservice	物流微服务项目	logisticsdb
7	comment-microservice	评价微服务项目	commentdb
8	customer-microservice	顾客微服务项目	customerdb
9	member-microservice	会员微服务项目	memberdb
10	track-microservice	浏览记录微服务项目	trackdb
11	merchant-microservice	商家管理微服务项目	merchantdb
12	manage-microservice	平台管理微服务项目	managedb
13	mall-microservice	移动商城微服务项目	没有数据库

经过工程的组建，电商平台的二十几个微服务，就可以分布在十几个项目工程之中。其中，除最后几个微服务项目工程的模块结构略有不同外（即商家管理微服务项目、平台管理微服务项目和商城微服务项目），其他大部分项目工程的模块结构基本相同。

3.8　微服务项目数据库选型

每个微服务项目都可以有各自独立的数据库，因此，每个项目工程都可以根据自身的业务特点选择合适的数据库。

其中，在浏览记录微服务项目中，是对用户浏览商品的足迹进行记录，因而它的数据量会比较大，所以使用 NoSQL 数据库（比如 MongoDB）会比较合适。订单微服务项目同样适合使用 MongoDB。其他微服务项目的数据库，基本都可以使用 MySQL。

在生产环境的安装和部署中，我们还将进行高可用和高性能的数据库集群设计。例如，对于 MySQL 来说，通过使用主从设计、读写分离设计等方法，可以构建成一个可以持续扩容的数据库集群架构。有关这方面的实现细节，将在后续的相关章节中进行介绍。其实不管数据库如何设计，它对于微服务的调用来说都是完全透明的，所以我们在项目工程中进行开发时，并不用花心思去理会数据库管理系统中的复杂的设计。

3.9 电商平台微服务项目代码库

限于篇幅，本书不能提供整个电商平台所有微服务项目的开发实例，但为了便于说明和演示，将会提供如表 3-2 所示的几个微服务项目工程的实例。这些实例工程包括电商平台中的类目管理、商品管理、订单管理、商家管理、平台管理和移动商城等方面的业务功能，涵盖了本书提倡的微服务架构设计方法及一些先进技术的使用。通过对这些实例的演练，相信读者可以熟练地使用微服务架构的设计和开发方法。完成其他一些项目工程的创建和开发。

表 3-2

序号	项目名称	说明	序号	项目名称	说明
1	catalog-microservice	类目微服务项目	5	manage-microservice	平台管理项目
2	goods-microservice	商品微服务项目	6	demo	入门练习项目
3	order-microservice	订单微服务项目	7	base-microservice	基础服务项目
4	merchant-microservice	商家管理项目	8	mall-microservice	移动商城项目

3.10 小结

本章使用微服务架构设计的方法，构建了一个大型的电商服务应用平台。这个平台大体上由提供接口服务的 REST API 微服务和提供人机交互操作界面的 Web UI 微服务两部分组成，并在此基础上，构建了商家管理后台、运营商管理后台和移动商城前台。

在后续章节中，我们将详细介绍各个实例项目的开发方法，以及相关微服务应用的使用演示。

第二部分　程序开发

本部分以一个电商平台为例，进行相关微服务的开发。在整个开发过程中，主要通过类目服务、商品服务、订单服务、商家服务等项目实例，以及移动商城、商家管理后台和平台管理后台等服务平台，详细介绍在实际中如何使用微服务进行开发。

第 4 章

开发环境准备

有关 Java 开发环境的准备，除 JDK 和 IDE 外，还需要准备另外一些工具或服务，以方便进行代码管理、开发调试等一些常用操作，具体如下：

◎ Java SDK

◎ IntelliJ IDEA

◎ Git

◎ Consul

◎ MySQL 及其客户端

◎ MongoDB 及其客户端

◎ Redis

◎ RabbitMQ

其中，有关 Consul 的知识，我们将在第 5 章中进行详细介绍，其他一些基础服务的安装，可到博文视点官网下载。如果读者所在的局域网的开发环境中已经有相关基础服务，那么也可以直接使用。

4.1 选择 JDK 的版本

JDK 需要使用 1.8 或以上版本，读者可根据自己的操作系统，从官网选择相关的安装包下载使用。

本书实例都是基于 JDK 1.8 开发的，并且开发完成的应用也都是使用 Java 8 镜像发布的。原则上，高版本的 JDK 具有向下兼容性，但是如果在开发过程中使用了高版本的 JDK，则在应用发布时就必须使用相同或更高的版本进行发布。

4.2 下载 IntelliJ IDEA

Eclipse、NetBean 和 IntelliJ IDEA 等都是非常优秀的 Java 集成开发工具，本书推荐读者使用 IntelliJ IDEA（简称 IDEA），并且本书的实例也都是使用这一工具开发的。IDEA 不仅在智能代码助手、工程管理、版本控制等各个方面都非常优秀，而且包含一些常用的工具插件，无须我们费力寻找和安装，如 Maven。IDEA 对 Spring Cloud 的开发提供了全面而独特的支持，读者可以从官网中下载安装 IDEA。

IDEA 全面支持 Sping、Spring Boot、Spring Cloud、Java EE、Android、JavaScript、HTML/CSS 和 Node.js 等项目工程的创建和开发。

当然，使用其他 IDE 开发工具也是可以的，有些操作在不同的开发工具中可能存在差异，读者可以对照相关说明进行使用。

4.3 下载及配置 Git 客户端

IDEA 中包含了 CVS（Concurrent Versions System）、Subversion 和 Git 等版本控制管理工具插件。为了能够使用 Git 代码仓库，我们还需要安装一个 Git 客户端。读者可以根据自己使用的操作系统，从官网选择合适的 Git 客户端版本下载并安装。

安装完成后，在 IDEA 中配置 Git 的执行路径即可使用。

图 4-1 所示是使用 macOS 的配置实例，其中的路径配置为“/usr/local/bin/git”，即 Git 的安装路径。如果配置正确，则单击“Test”按钮，即可返回执行成功的提示和 Git 的版本号。

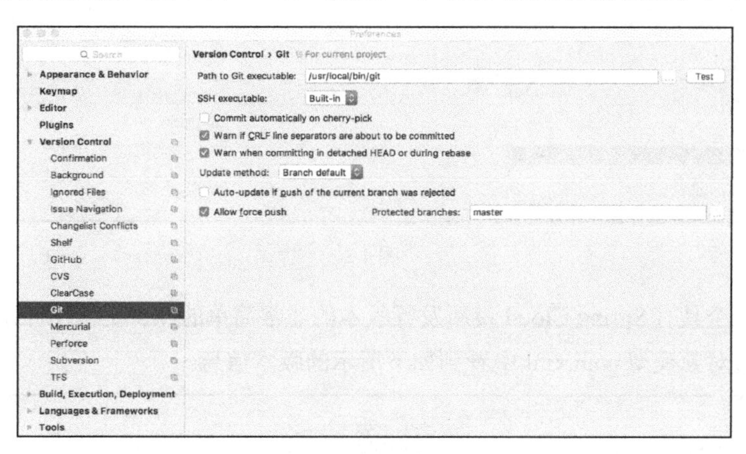

图 4-1

4.4 创建 Spring Cloud 项目

现在，我们使用 IDEA 创建第一个 Spring Cloud 项目工程。后面的实例项目，都可以由这个项目扩展完成。

在 File 菜单中选择新建一个项目，选择 Spring Initializr 选项。这样，即可使用默认链接地址通过 Spring 官网引导创建一个 Spring 项目工程，如图 4-2 所示。

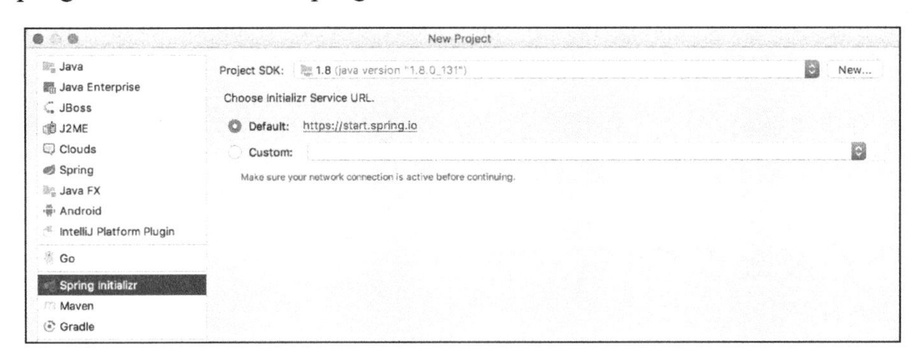

图 4-2

在这个引导的过程中，我们可以选择项目所需要的相关组件，如 Spring Cloud 的 Cloud Bootstrap、Web 的 Spring Web Starter 等，如图 4-3 所示。

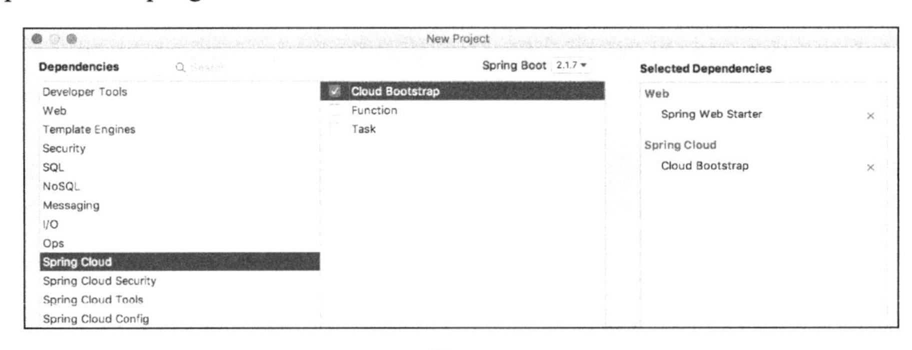

图 4-3

最后生成一个具有 Spring Cloud 最新发行版本的非常简单的 Web 应用项目。打开这个项目，我们可以在项目对象模型 pom.xml 中看到如下所示的版本信息：

```
<parent>
    <groupId>org.springframework.boot</groupId>
    <artifactId>spring-boot-starter-parent</artifactId>
```

```
    <version>2.1.6.RELEASE</version>
    <relativePath/> <!-- lookup parent from repository -->
</parent>
<groupId>com.example</groupId>
<artifactId>demo</artifactId>
<version>0.0.1-SNAPSHOT</version>
<name>demo</name>
<description>Demo project for Spring Boot</description>

<properties>
    <java.version>1.8</java.version>
    <spring-cloud.version>Greenwich.SR2</spring-cloud.version>
</properties>
...
```

从上面的代码中可以看出，Spring Cloud 的版本为 Greenwich.SR2，它所使用的 Spring Boot 开发框架的版本为 2.1.6.RELEASE。

从生成项目到现在，虽然我们并未写一行代码，但这已经是一个完整的项目工程了，可以通过编译，并且能运行起来。只不过，现在运行这个项目将不会提供任何可供使用的功能，为此，我们再增加几行代码，让它能够在接收请求时输出一条“Hello World!”的信息：

```
@RequestMapping(value = "/")
public String index(){
    return "Hello World!";
}
```

在启动项目之后，如果我们在浏览器上输入如下链接，就能输出“Hello World!”的信息：

```
http://localhost:8080/
```

当然，这是一个非常简单的项目。这个项目的完整代码可以从博文视点官网下载。

4.5　小结

本章我们为进行 Spring Cloud 的开发做了一些开发环境的准备工作和说明，并且使用 IDEA 开发工具创建了第一个 Spring Cloud 项目。虽然这个项目很简单，但作为一个入门的指引已经足够了。在后续的章节中，我们将在这个项目的基础上，添加更加复杂的设计和开发。

第5章
微服务治理

Spring Cloud 工具套件为微服务治理提供了全面的技术支持。这些治理工具主要包括服务的注册与发现、负载均衡管理、动态路由、服务降级和故障转移、链路跟踪、服务监控等。微服务治理的主要功能组件如下：

◎ 注册管理服务组件 Eureka，提供服务注册和发现的功能。

◎ 负载均衡服务组件 Ribbon，提供负载均衡调度管理的功能。

◎ 边缘代理服务组件 Zuul，提供网关服务和动态路由的功能。

◎ 断路器组件 Hystrix，提供容错机制、服务降级、故障转移等功能。

◎ 聚合服务事件流组件 Turbine，可用来监控集群中服务的运行情况。

◎ 日志收集组件 Sleuth，通过日志收集提供对服务间调用进行跟踪管理的功能。

◎ 配置管理服务组件 Config，提供统一的配置管理服务功能。

有关这些组件的工作原理，我们可以通过一个服务调用序列图进行说明，如图 5-1 所示。在这个序列图中，Eureka 管理每个注册的微服务实例，并为其建立元数据列表。当一个服务消费者需要调用微服务时，Ribbon 将依据微服务的实例列表实行负载均衡调度。这种调度默认使用轮询算法，从实例列表中取出一个可用的实例，然后 Zuul 依据实例的元数据，对服务进行路由。在路由的过程中，Hystrix 会检查这个微服务实例的断路器状态。如果断路器处于闭合状态，则提供正常的服务；如果断路器处打开状态，则说明服务已经出现故障，Hystrix 将根据实例的配置情况进行故障转移、服务降级等。

此外，其他一些组件也对微服务的治理起到一定的辅助作用。例如，Turbine 可以对微服务的断路器实现全面监控，Config 可以构建一个在线更新的配置管理中心，Sleuth 和 Zipkin 结合使用可以组建一个跟踪服务器，等等。通过这些组件和服务的使用，可进一步加大微服务治理的力度。

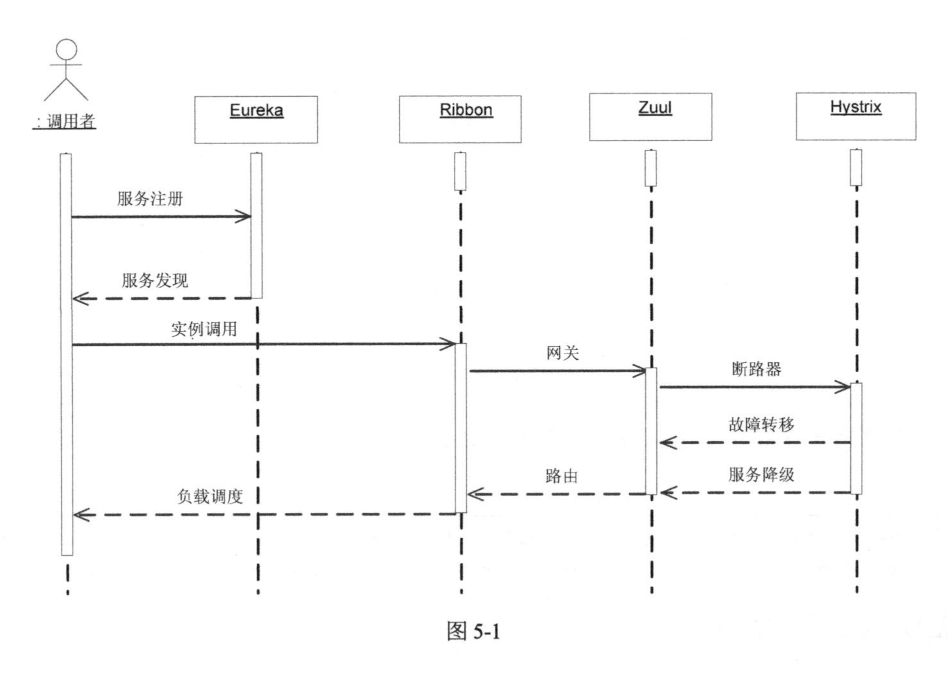

图 5-1

鉴于在新版本的 Spring Cloud 中，Eureka 已经不再更新，所以这里使用一个功能更加强大的，由第三方提供的 Consul 来创建注册中心。当然，这个注册中心在 Spring Cloud 工具集中，同样提供了对相关组件的支持。

5.1　使用 Consul 创建注册中心

Consul 是一个功能非常强大，性能相当稳定的注册中心，而且还包含了统一配置管理功能。另外，它在 Docker 中运行和搭建集群时，更加容易整合。

Consul 的安装并不复杂，读者可从 Consul 官网中根据自己使用的操作系统，选择相关的版本进行下载。下载解压缩后，可以使用如下指令用开发模式启动：

```
consul agent -dev
```

启动后即可通过浏览器打开其控制台，链接地址如下：

```
http://localhost:8500
```

如能看到如图 5-2 所示的图，则说明注册中心已经启动就绪。Consul 默认的服务端口为 8500，控制台管理和服务接入都使用这一端口。

图 5-2

为了能够将配置信息保存在磁盘文件中，这里使用了类似于生产环境中的启动参数，如下所示：

```
consul agent -server -bind=127.0.0.1 -client=0.0.0.0 -bootstrap-expect=3
-data-dir=/Users/apple/consul_data/application/data/ -node=server
```

这些配置参数的意义如下。

◎ -server：表示以服务端身份启动。

◎ -bind：表示绑定到哪个 IP 地址（有些服务器会绑定多块网卡，可以通过 bind 参数强制指定绑定的 IP 地址）。

◎ -client：指定客户端访问的 IP 地址（Consul 有丰富的 API 接口，这里的客户端指的是浏览器或调用方），0.0.0.0 表示不限客户端 IP 地址。

◎ -bootstrap-expect=3：表示 Server 集群最低节点数为 3，低于这个值将无法正常工作(注：与 ZooKeeper 类似，通常集群数为奇数，以方便选举。Consul 采用的是 Raft 算法）。如果不使用集群，则可以设置为 1。

◎ -data-dir：表示指定数据的存放目录（该目录必须存在）。

◎ -node：表示节点在 Web UI 中显示的名称。

其中，data-dir 可以设置配置信息保存的地址，可以根据所使用的机器设备输入一个已经存在的目录路径。

5.1.1 服务注册与发现

微服务在 Consul 中进行注册后，就能够被其他服务发现了。有关服务注册的过程，主要需要完成以下步骤。

1. 依赖引用

引用与 Consul 相关的服务发现和配置管理依赖包，代码如下所示：

```
    <dependency>
    <groupId>org.springframework.cloud</groupId>
    <artifactId>spring-cloud-starter-consul-discovery</artifactId>
</dependency>

<dependency>
    <groupId>org.springframework.cloud</groupId>
    <artifactId>spring-cloud-starter-consul-config</artifactId>
</dependency>
```

其中，discovery 组件提供了服务注册与发现的功能，config 组件是一个远程配置管理工具。

2. 连接设置

连接注册中心的配置，在配置文件 bootstrap.yml 中进行设定，这个配置文件将在系统加载 application.yml 之前被加载，代码如下所示：

```
spring:
  cloud:
    consul:
      host: 127.0.0.1
      port: 8500
      discovery:
        serviceName: ${spring.application.name}
        healthCheckPath: /actuator/health
        healthCheckInterval: 15s
        tags: urlprefix-/${spring.application.name}
        instanceId:
${spring.application.name}:${vcap.application.instance_id:${spring.applicati
on.instance_id:${random.value}}}
```

在上面的配置中，host 和 port 可根据实际情况进行设定，其他参数无须更改。serviceName 是微服务的名称，它所引用的变量需要在配置文件中进行设定，代码如下所示：

```
spring:
  application:
    name: catalogapi
```

即把微服务的名称定义为 catalogapi。这样，当其他服务程序需要对这个微服务进行调用时，使用这个名称进行调用即可。因而在一个注册中心中，微服务的名称必须具有唯一性。

3．注册激活

在微服务应用的主程序中增加一个注解@EnableDiscoveryClien，即可激活服务注册与发现的功能，代码如下所示：

```
@SpringBootApplication
@EnableDiscoveryClient
public class SortsRestApiApplication {
   public static void main(String[] args) {
      SpringApplication.run(SortsRestApiApplication.class, args);
   }
}
```

当完成上述步骤之后，启动微服务，即可在 Consul 的控制台上看到已经注册的微服务，如图 5-3 所示。

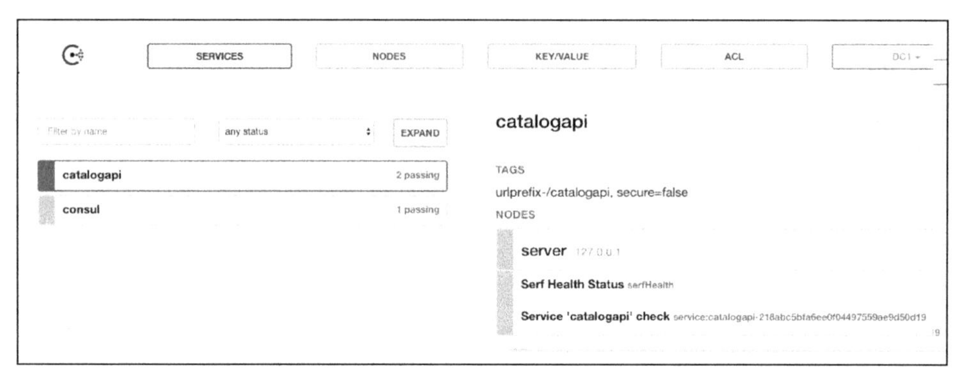

图 5-3

从图 5-3 中可以看出，除了 consul 服务本身，还有一个 catalogapi 服务，这就是成功注册的微服务。单击 catalogapi 右边的相关条款，还可以看到这个微服务健康状态相关的详细数据。

5.1.2 统一配置管理

在 Consul 上可以使用配置管理的功能，并且它还支持 YAML 的格式，配置的功能十分强大。另外，还可以将配置信息保存在磁盘文件中。

想要启用配置管理的功能，就需要在微服务的配置文件 bootstrap.yml 中增加如下所示的设置：

```
spring:
```

```
 cloud:
   consul:
     config:
       enabled: true   #默认是 true
       format: YAML    # 表示 Consul 上面文件的格式
       data-key: data    #表示 Consul 上面的 KEY 值(或者说文件的名字)，默认是 data
       defaultContext: ${spring.application.name}
```

这样，在微服务启动时，就最先从 Consul 中读取配置。

我们可以为每个微服务配置一些独立的参数，例如，数据源配置等。图 5-4 是针对微服务 catalogapi 的数据源配置。

图 5-4

最终，一个连接 Consul 的完整配置如下所示：

```
spring:
  application:
    name: catalogapi
  cloud:
    consul:
      host: 127.0.0.1
      port: 8500
      discovery:
        serviceName: ${spring.application.name}
        healthCheckPath: /actuator/health
        healthCheckInterval: 15s
        tags: urlprefix-/${spring.application.name}
        instanceId:
${spring.application.name}:${vcap.application.instance_id:${spring.applicati
on.instance_id:${random.value}}}
      #配置中心
      config:
```

```
      enabled: true    #默认是 true
      format: YAML     #表示 Consul 上面文件的格式有四种：YAML、PROPERTIES、KEY-VALUE
                       #和 FILES
      data-key: data    #表示 Consul 上面的 KEY 值(或者说文件的名字) 默认是 data
      defaultContext: ${spring.application.name}
```

5.2 合理发挥断路器的作用

在微服务的相互调用中，为了提高微服务的高可用性，有时我们会启用断路器功能。断路器就像电路的跳闸开关一样，当负载过载时切断电路，转为降级调用或执行故障转移操作。当负载释放时，再提供正常访问功能。

经过多次测试，我们对启用断路器功能的应用使用了下列配置，在高可用和高性能之间进行了一个折中设置：

```
#是否开启断路器(false)
feign.hystrix.enabled: true
#是否失败重试(true)
spring.cloud.loadbalancer.retry.enabled: true
#断路器超时配置(true)
hystrix.command.default.execution.timeout.enabled: true
#断路器的超时时间需要大于 ribbon 的超时时间，否则不会触发重试
(>ConnectTimeout+ReadTimeout)
hystrix.command.default.execution.isolation.thread.timeoutInMilliseconds:
19000
#并发执行的最大线程数(10)
hystrix.threadpool.default.coreSize: 500
#负载超时配置
ribbon.ConnectTimeout: 3000
ribbon.ReadTimeout: 15000
#对所有操作请求都进行重试
ribbon.OkToRetryOnAllOperations: true
#切换实例的重试次数
ribbon.MaxAutoRetriesNextServer: 1
#对当前实例的重试次数
ribbon.MaxAutoRetries: 0
```

这个配置有两点需要注意：

（1）断路器的超时时间必须大于负载配置中的超时时间之和，例如，在上面的配置中，19000

> 3000 + 15000。

（2）并发执行的最大线程数默认为 10 个，这远远不够，所以这里设置为 500 个。读者可以根据服务器的 CPU 频率和个数酌情设定。

当然，对于一个微服务来说，只有不启用断路器功能，其性能才是最优的。

5.3 如何实现有效的监控

通过使用 Spring Cloud 工具套件提供的功能，结合第三方提供的工具，我们可以对所有微服务的运行情况进行更加有效的监控，从而为微服务提供更加安全可靠的保障。

针对这些工具的使用，我们只需引用相关的工具组件，增加一点简单的设计，并进行相关的配置，就可以使用其强大的功能。

5.3.1 服务健康状态监控

这里使用一个优秀的第三方管理工具 Spring Boot Admin 实现服务的健康状态监控和告警。这一部分的内容在项目的 base-admin 模块中，首先引用其工具组件的依赖，代码如下所示：

```
<dependency>
      <groupId>de.codecentric</groupId>
      <artifactId>spring-boot-admin-starter-server</artifactId>
      <version>2.1.0</version>
   </dependency>
```

该工具还提供了管理控制台访问控制功能及其 Web UI 设计，所以我们只需结合使用 Spring 的安全组件，增加一个安全管理配置，就可以启用这些功能。这个配置的核心代码如下所示：

```
@Override
 protected void configure(HttpSecurity http) throws Exception {
    SavedRequestAwareAuthenticationSuccessHandler successHandler = new
        SavedRequestAwareAuthenticationSuccessHandler();
    successHandler.setTargetUrlParameter("redirectTo");

    http.authorizeRequests()
          .antMatchers("/assets/**").permitAll()
          .antMatchers("/actuator/**").permitAll()
          .antMatchers("/login").permitAll()
          .anyRequest().authenticated()
```

```
            .and()
            .formLogin().loginPage("/login").successHandler(successHandler).and()
            .logout().logoutUrl("/logout").and()
            .httpBasic().and()
            .csrf().disable();
}
```

在上面的代码中，主要是对一些链接进行授权，同时在登录页面设置中使用 loginPage 页面。loginPage 页面将使用由 Spring Boot Admin 提供的 Web UI 设计，运行效果如图 5-5 所示。

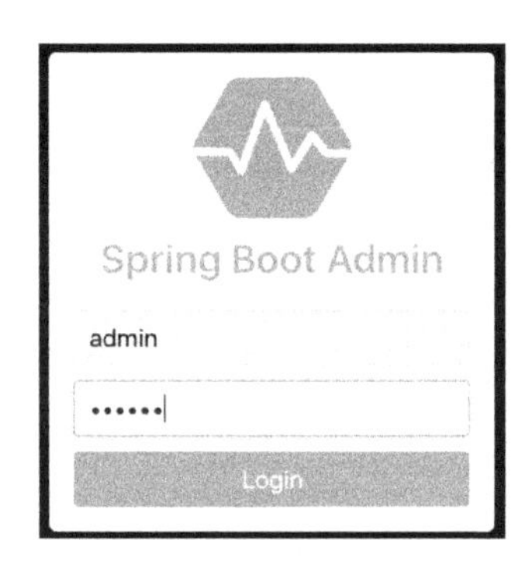

图 5-5

图 5-5 中的用户名和密码，使用了简单实现的策略设计，可以直接在配置文件中进行设置。

Spring Boot Admin 是通过注册中心对微服务进行监控的，所以它本身也需要接入注册中心，而所有受监控的服务都无须进行设计。为了能够提供完整的状态数据，我们需在配置文件中增加如下所示的配置：

```
management:
  endpoints:
    web:
      exposure:
        include: "*"
  endpoint:
    health:
      show-details: ALWAYS
```

登录 Sping Boot Admin 控制台，就可以看到所有在注册中心中注册的微服务的运行情况，以及相关的一些健康数据，如线程数、内存使用情况等。Sping Boot Admin 本身的运行状态及相关健康数据如图 5-6 所示。

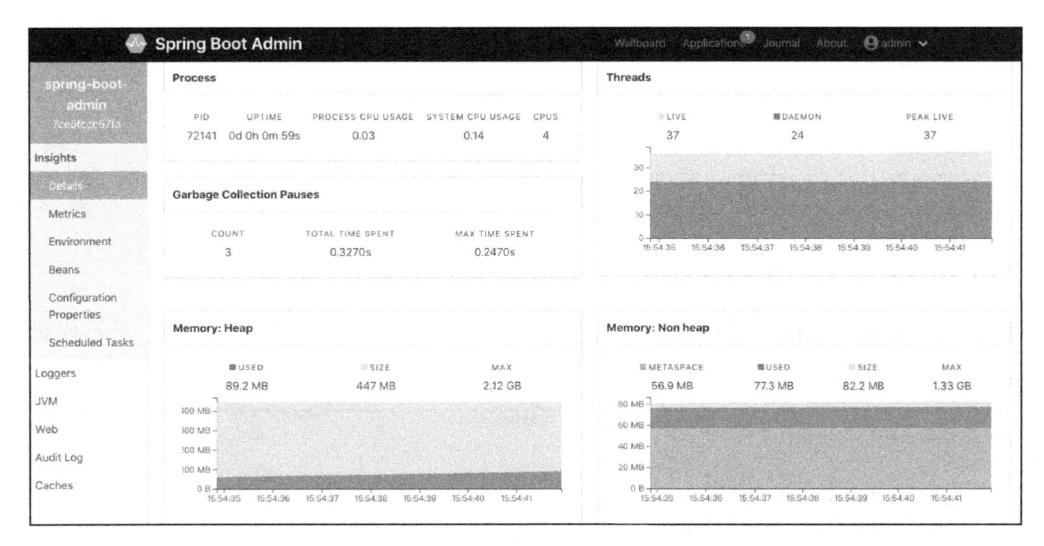

图 5-6

5.3.2 重大故障告警

Spring Boot Admin 还可以对其监控的服务提供告警功能，当出现重大故障，如服务宕机时，可以及时以邮件方式通知运维人员。

想要实现这个功能，就必须结合使用 Spring Boot Mail 组件。在配置文件中使用如下所示的配置，启动 Spring Boot Admin 的邮件通知功能：

```
spring:
  boot:
    admin:
     notify:
      mail:
        to: devops@ai.com
        from: usercenter@ai.com
```

上面设置的邮箱地址必须是有效的，同时还要配置 Sping Boot Mail 邮件的收发功能。这样，当微服务重启或宕机时，运维人员就可以收到来自 Spring Boot Admin 的告警通知邮件了。

5.3.3 断路器仪表盘

base-microservice 项目工程的 base-hystrix 模块是一个断路器仪表盘设计。

断路器仪表盘是 Spring Cloud 工具套件中的一个组件，为了使用这个功能组件，我们需要引用如下所示的工具包：

```
<dependencies>
    <dependency>
        <groupId>org.springframework.cloud</groupId>
        <artifactId>spring-cloud-starter-netflix-hystrix-dashboard</artifactId>
    </dependency>
</dependencies>
```

单独的断路器仪表盘应用程序不用接入注册中心，只需在主程序中增加如下所示代码即可使用：

```
@SpringBootApplication
@Controller
@EnableHystrixDashboard
public class HystrixApplication {
    @RequestMapping("/")
    public String home() {
        return "forward:/hystrix";
    }
    ...
}
```

启动断路器仪表盘应用程序之后，通过下面链接打开浏览器，即可看到如图 5-7 所示的控制台主页：

```
http://localhost:7979
```

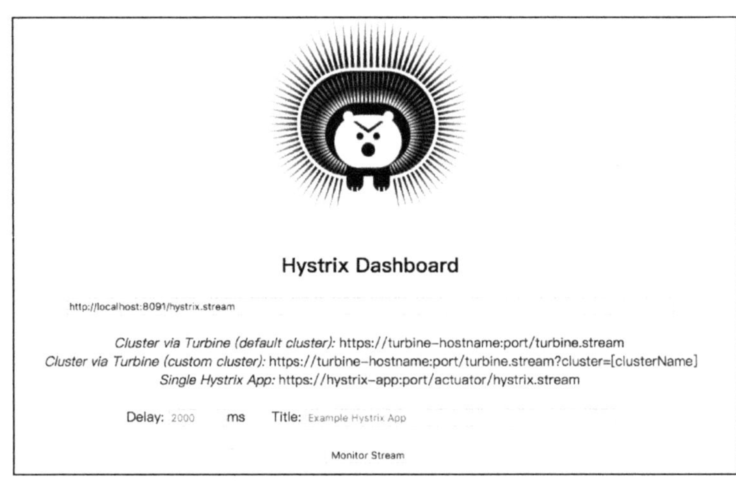

图 5-7

在控制台中，我们输入一个如下所示的需要监控的服务链接地址和端口号，并加上 hystrix.stream 字符串，单击 Monitor Stream 按钮，即可对相关微服务实行监控：

```
http://localhost:8091/hystrix.stream
```

如果所监控的服务有请求发生，就可以看到如图 5-8 所示的情况。

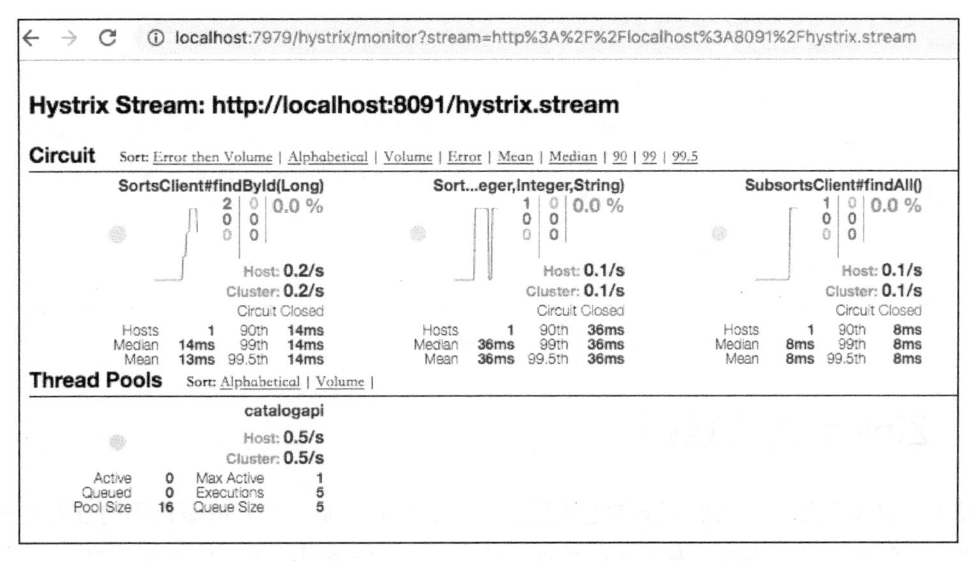

图 5-8

这只是针对单独一个微服务进行的监控，所以在实际中作用不是很大，只可以为进行性能测试提供一些参考数据。

如果使用 Turbine 组件，就可以实现对一组服务进行监控。这种聚合服务的断路器仪表盘设计，在项目工程的 base-turbine 模块中。这里增加了对 Turbine 组件的引用，同时将这一服务接入注册中心之中，这样，即可在配置文件中指定需要监控的服务了，如下所示：

```
turbine:
  appConfig: catalogapi,catalogweb
  aggregator:
    clusterConfig: default
  clusterNameExpression: new String("default")
```

在这个配置中，我们只对 catalogapi 和 catalogweb 两个微服务实施了监控。这样，在启动应用之后，在首页控制台中输入这个应用的链接地址和端口号，同时在后面加上 turbine.stream 字符串，即可开启聚合服务的断路器仪表盘了。

```
http://localhost:8989/turbine.stream
```

如图 5-9 所示，是聚合服务断路器仪表盘的一个监控实例的情况。

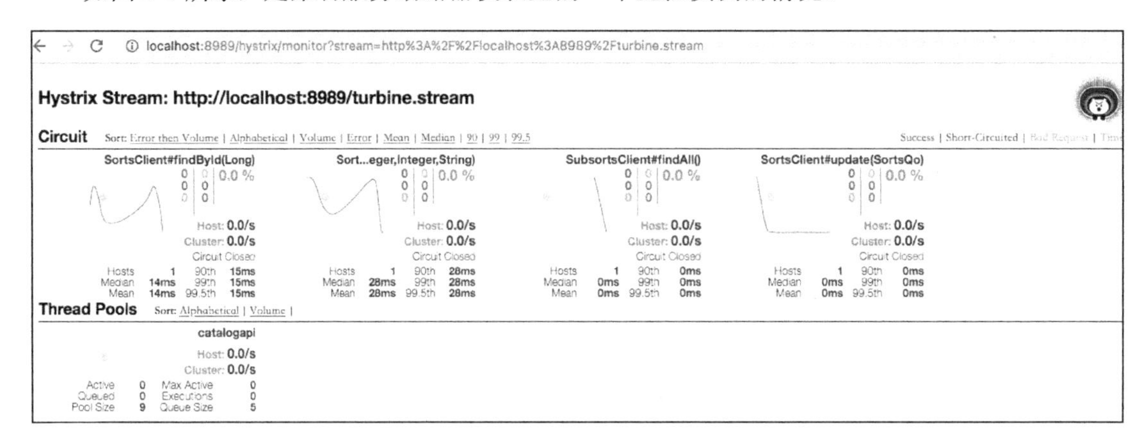

图 5-9

5.4 Zipkin 链路跟踪

使用 Zipkin 可以实现对微服务的链路跟踪功能。Zipkin 是一个开放源代码的分布式链路跟踪系统，每个服务都向 Zipkin 发送实时数据，Zipkin 会根据调用关系通过 Zipkin UI 生成依赖关系图。

Zipkin 提供的数据存储方式有 In-Memory、MySQL、Cassandra 和 Elasticsearch 等。

Zipkin 用 Trace 结构表示对一次请求的追踪，同时又把每个 Trace 拆分为若干个有依赖关系的 Span。在微服务应用中，一次用户请求可能由后台若干个微服务负责处理，而每个处理请求的微服务就可以理解为一个 Span。

从网上下载一个可运行的 zipkin-server 的 jar 包，创建 Zipkin 服务。

下载成功后，在 Java 环境中使用下列指令运行（要求 JDK 的版本为 1.7 及以上）：

```
java -jar zipkin-server-*.jar --logging.level.zipkin2=INFO
```

Zipkin 默认使用的端口号为 9411，在程序启动成功之后，通过浏览器使用如下链接可以打开其控制台：

```
http://localhost:9411/
```

控制台的初次打开界面如图 5-10 所示。

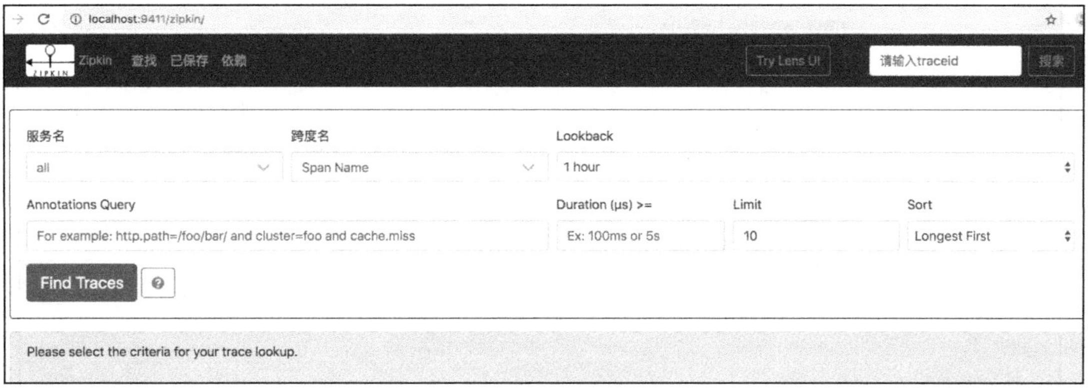

图 5-10

在一个微服务应用中，可以通过以下步骤加入链路跟踪功能。

（1）引用 Spring Cloud 工具套件中支持 Zipkin 的组件，代码如下所示：

```
<!-- 链路跟踪 -->
  <dependency>
     <groupId>org.springframework.cloud</groupId>
     <artifactId>spring-cloud-starter-zipkin</artifactId>
  </dependency>
```

（2）在配置文件中增加如下所示的配置项：

```
#链路跟踪
spring:
  sleuth:
    sampler:
      probability: 1.0
  zipkin:
    sender:
      type: web
    base-url: http://localhost:9411/
```

经上述配置之后，如果服务中有请求发生，那么就可以在 Zipkin 的控制台中看到相关服务的调用记录，如调用过程中涉及的方法、服务之间的依赖关系等，如图 5-11、图 5-12 和图 5-13 所示。

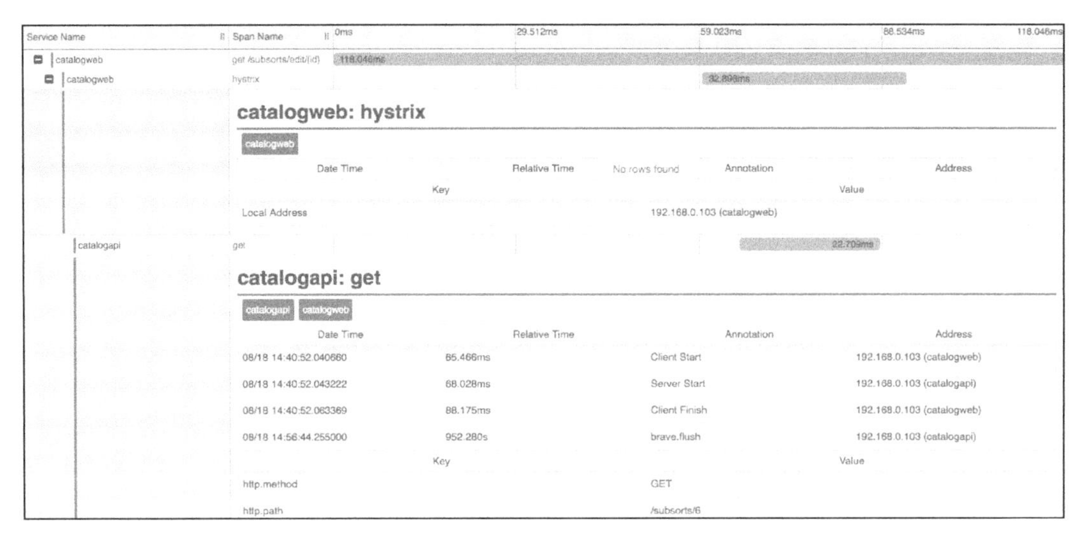
Service Name
Span Name
0ms
29.512ms
59.023ms
88.534ms
118.046ms
catalogweb
get /subsorts/edit/{id}
118.046ms
catalogweb
hystrix
32.898ms
catalogweb: hystrix
catalogweb
Date Time
Relative Time
No rows found
Annotation
Address
Key
Value
Local Address
192.168.0.103 (catalogweb)
catalogapi
get
22.709ms
catalogapi: get
catalogapi
catalogweb
08/18 14:40:52.040660
85.466ms
Client Start
192.168.0.103 (catalogweb)
08/18 14:40:52.043222
68.028ms
Server Start
192.168.0.103 (catalogapi)
08/18 14:40:52.063369
88.175ms
Client Finish
192.168.0.103 (catalogweb)
08/18 14:56:44.255000
952.280s
brave.flush
192.168.0.103 (catalogapi)
http.method
GET
http.path
/subsorts/6

图 5-11

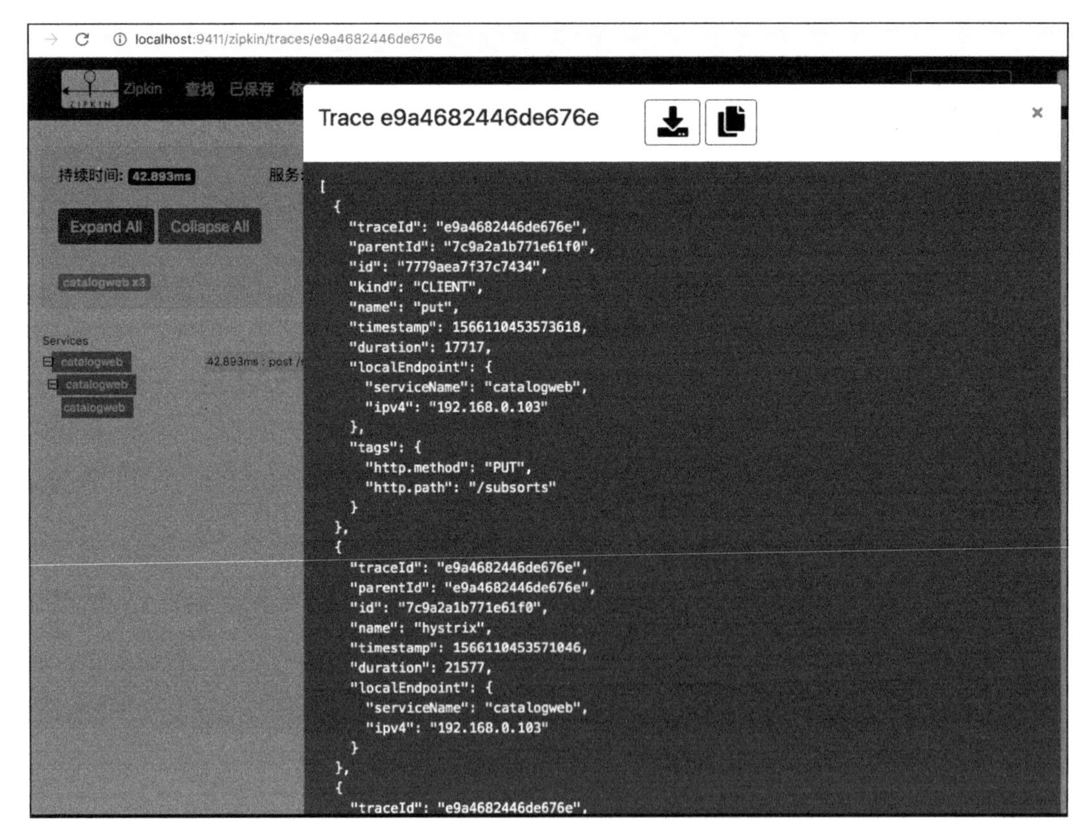
localhost:9411/zipkin/traces/e9a4682446de676e
Zipkin
查找
已保存
Trace e9a4682446de676e
持续时间: 42.893ms
Expand All
Collapse All
catalogweb x3
Services
catalogweb
42.893ms : post
catalogweb
catalogweb
[
  {
    "traceId": "e9a4682446de676e",
    "parentId": "7c9a2a1b771e61f0",
    "id": "7779aea7f37c7434",
    "kind": "CLIENT",
    "name": "put",
    "timestamp": 1566110453573618,
    "duration": 17717,
    "localEndpoint": {
      "serviceName": "catalogweb",
      "ipv4": "192.168.0.103"
    },
    "tags": {
      "http.method": "PUT",
      "http.path": "/subsorts"
    }
  },
  {
    "traceId": "e9a4682446de676e",
    "parentId": "e9a4682446de676e",
    "id": "7c9a2a1b771e61f0",
    "name": "hystrix",
    "timestamp": 1566110453571046,
    "duration": 21577,
    "localEndpoint": {
      "serviceName": "catalogweb",
      "ipv4": "192.168.0.103"
    }
  },
  {
    "traceId": "e9a4682446de676e",

图 5-12

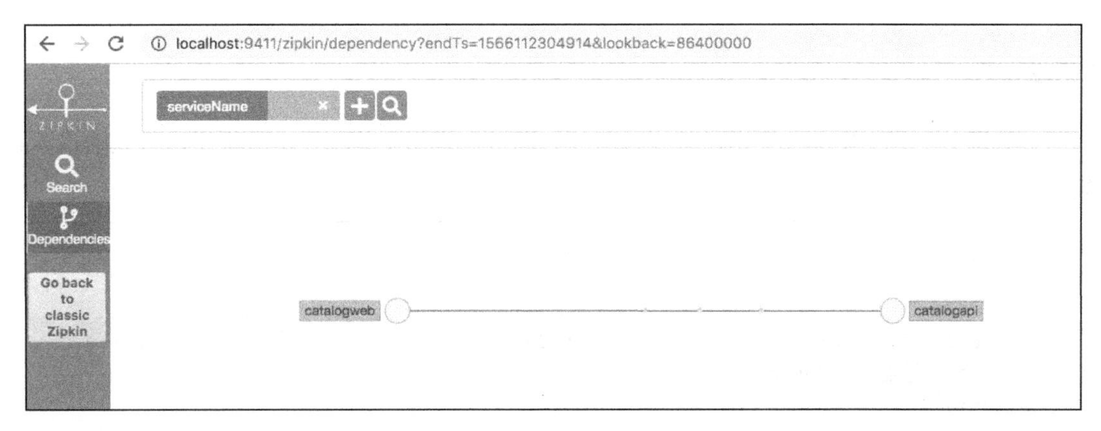

图 5-13

这里我们没有保存 Zipkin 的跟踪数据，并且数据的传输也只是简单地使用了 Web 方式，因此只能在开发时测试使用。在实际应用中，可以将跟踪数据保存在 Elasticsearch 中，同时数据传输也可以使用异步消息通信实现。当数据保存在 Elasticsearch 中时，默认以天为单位进行分割，这样将造成 Zipkin 的依赖信息无法正常显示。这时，需要使用另一个开源工具包 zipkin-dependencies 进行计算。打开 GitHub 官网，搜索 zipkin-dependencies，下载后即可使用。

因为这个工具包在执行一次计算之后就会自动关闭，所以读者需要根据实际情况，设定为固定时间间隔执行一次。

5.5 ELK 日志分析平台

除可以对微服务的运行和相互调用进行监控和跟踪外，微服务的输出日志也是故障分析中最直接的入口和切实依据。但是到每个微服务的控制台上去查看日志是很不方便的，特别是微服务，不仅使用 Docker 发布，并且还分布在很多不同的服务器上，所以这里将使用一个日志分析平台，将所有微服务的日志收集起来，进行集中管理，并且提供统一的管理平台进行查询和分析。

5.5.1 创建日志分析平台

日志分析平台 ELK 是由 Elasticsearch、Logstash 和 Kibana 三个服务组成的。其中，Elasticsearch 负责日志存储并提供搜索功能，Logstash 负责日志收集，Kibana 提供 Web 查询操作界面。这三个服务都是开源的，可以使用 Docker 进行安装。

5.5.2 使用日志分析平台

在微服务工程中增加如下所示的依赖引用，即可在应用中使用日志分析平台提供的日志收集功能：

```
<!--日志服务-->
  <dependency>
     <groupId>net.logstash.logback</groupId>
     <artifactId>logstash-logback-encoder</artifactId>
     <version>4.10</version>
  </dependency>
```

在应用中增加一个“logback.xml”配置文件，内容如下所示：

```
<?xml version="1.0" encoding="UTF-8"?>
<configuration>
   <property name="LOG_HOME" value="/logs" />
   <appender name="STDOUT" class="ch.qos.logback.core.ConsoleAppender">
      <encoder charset="UTF-8">
         <pattern>%d{yyyy-MM-dd HH:mm:ss.SSS} [%thread] %-5level %logger{50}
- %msg%n</pattern>
      </encoder>
   </appender>
   <appender name="stash"
class="net.logstash.logback.appender.LogstashTcpSocketAppender">
      <destination>192.168.1.28:5000</destination>
      <encoder charset="UTF-8"
class="net.logstash.logback.encoder.LogstashEncoder" />
   </appender>

   <appender name="async" class="ch.qos.logback.classic.AsyncAppender">
      <appender-ref ref="stash" />
   </appender>

   ...

   <!-- 设置日志级别 -->
   <root level="info">
      <appender-ref ref="STDOUT" />
      <!--输出到ELK-->
      <!--<appender-ref ref="stash" />-->
   </root>
</configuration>
```

在上面的配置中，“stash”配置就是连接日志分析平台的设置。在这个配置中，假设日志收集服务器的 IP 地址为“192.168.1.28”，读者可以根据实际情况进行设定。

在应用启动之后，即可通过下列链接打开 Kibana 日志查询控制台：

http://192.168.1.28:5601

在日志查询控制台中，可以查询每个应用的日志输出，如图 5-14 所示。

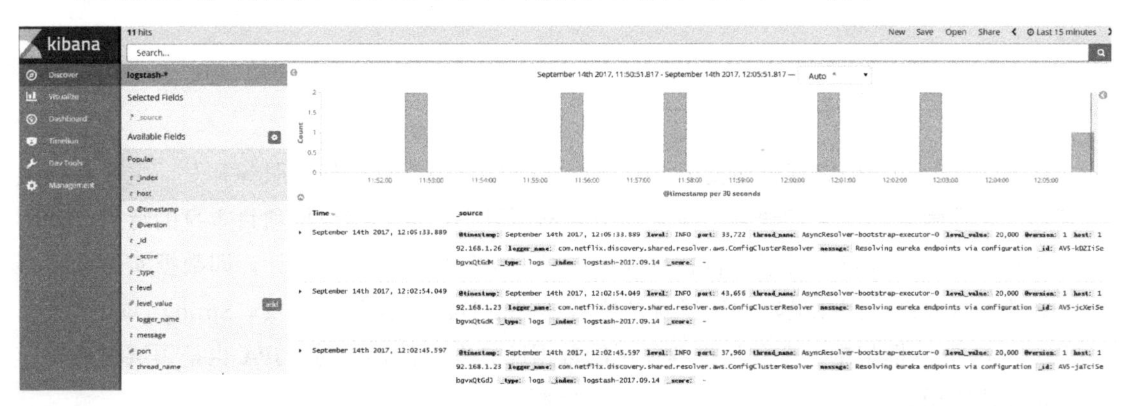

图 5-14

5.6 小结

本章首先讲述了注册中心的创建，以及微服务的注册与配置。然后，以注册中心为基础，通过健康监控、服务告警、断路器仪表盘和链路跟踪等功能的实施，说明如何对微服务进行有效监控。同时，结合日志分析平台的使用，对所有运行的微服务应用进行全面而有效的治理。

后续的微服务的开发和实施将在这个微服务治理环境的基础上进行，而涉及有关服务治理的引用和配置将不再做特别说明。

第6章 类目管理微服务开发

从本章开始，我们将根据电商平台的各个实例项目进行具体的微服务开发，主要包括类目管理、库存管理、订单管理等。在这几个实例项目中，我们将根据项目本身的特点，使用不同的数据库进行开发。对于类目管理来说，我们将使用二级分类设计，即数据实体之间存在一定的关联关系，因此最好的选择就是使用 Spring Data JPA 进行开发。Spring Data JPA 是 Spring Boot 开发框架中一个默认推荐使用的数据库开发方法，同时，JPA 也是领域驱动设计的一种具体应用。

本章的项目工程可以通过本书的源代码在 IDEA 中使用 Git 检出。

该项目由三个模块组成：

◎ catalog-object：类目公共对象设计。
◎ catalog-restapi：类目接口开发。
◎ catalog-web：类目管理的 Web 应用。

6.1 了解领域驱动设计

领域驱动设计（Domain-Driven Design，DDD）是一种面向对象建模，以业务模型为核心展开的软件开发方法。面向对象建模的设计方法，相比于面向过程和面向数据结构的设计方法，从根本上解耦了系统分析与系统设计之间相互隔离的状态，从而提高了软件开发的工作效率。

我们将使用 JPA 来实现领域驱动设计的开发方法。JPA 通过实体定义建立了领域业务对象的数据模型，然后通过使用存储库赋予实体操作行为，从而可以快速进行领域业务功能的开发。

6.1.1　DDD 的分层结构

DDD 将系统分为用户接口层、应用层、领域层和基础设施层，如图 6-1 所示。

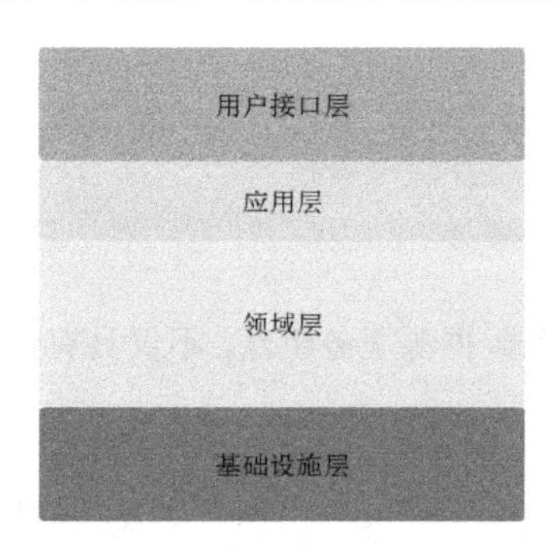

图 6-1

应用层是很薄的一层，负责接收用户接口层传来的参数和路由到对应的领域层，系统的业务逻辑主要集中在领域层中，所以领域层在系统架构中占据了很大的面积。上下层之间应该通过接口进行通信，这样接口定义的位置就决定了上下层之间的依赖关系。

6.1.2　DDD 的基本元素

DDD 的基本元素有 Entity、Value Object、Service、Aggregate、Repository、Factory、Domain Event 和 Moudle 等。

◎　Entity：可以表示一个实体。

◎　Value Object：表示一个没有状态的对象。

◎　Service：可以包含对象的行为。

◎　Aggregate：一组相关对象的集合。

◎　Repository：一个存储仓库。

◎　Factory：一个生成聚合对象的工厂。

◎　Domain Event：表示领域事件。

◎　Moudle：表示模块。

6.2　Spring Data JPA

JPA（Java Persistence API）即 Java 持久层 API，是 Java 持久层开发的接口规范。Hibernate、

TopLink 和 OpenJPA 等 ORM 框架都提供了 JPA 的实现。Spring Data JPA 的实现使用了 Hibernate 框架，所以在设计上与直接使用 Hibernate 差别不大。但 JPA 并不等同于 Hibernate，它是在 Hibernate 之上的一个通用规范。

接下来，我们通过模块 catalog-restapi 来说明 Spring Data JPA 的开发方法。

6.2.1 Druid 数据源配置

Druid 是阿里巴巴开源的一个数据源服务组件，不仅具有很好的性能，还提供了监控和安全过滤的功能。

我们可以创建一个配置类 DruidConfiguration 来启用 Druid 的监控和过滤功能，代码如下所示：

```
@Configuration
public class DruidConfiguration {
    @Bean
    public ServletRegistrationBean statViewServle(){
        ServletRegistrationBean servletRegistrationBean = new
ServletRegistrationBean(new StatViewServlet(),"/druid/*");
        //IP 地址白名单
        servletRegistrationBean.addInitParameter("allow","192.168.0.1,
127.0.0.1");
        //IP 地址黑名单（共同存在时，deny 优先于 allow)
        servletRegistrationBean.addInitParameter("deny","192.168.110.100");
        //控制台管理用户
        servletRegistrationBean.addInitParameter("loginUsername","druid");
        servletRegistrationBean.addInitParameter("loginPassword","12345678");
        //是否能够重置数据
        servletRegistrationBean.addInitParameter("resetEnable","false");
        return servletRegistrationBean;
    }

    @Bean
    public FilterRegistrationBean statFilter(){
        FilterRegistrationBean filterRegistrationBean = new
FilterRegistrationBean(new WebStatFilter());
        //添加过滤规则
        filterRegistrationBean.addUrlPatterns("/*");
        //忽略过滤的格式
        filterRegistrationBean.addInitParameter("exclusions","*.js,
```

```
*.gif,*.jpg,*.png,*.css,*.ico,/druid/*");
        return filterRegistrationBean;
        }
}
```

在使用这个监控配置后，当应用运行时，例如，我们启动 catalog-restapi 模块，即可通过下列链接打开监控控制台页面：

```
http://localhost:9095/druid
```

在登录认证中输入前面代码中配置的用户和密码“druid/12345678”，即可打开如图 6-2 所示的操作界面。注意，本地的 IP 地址不在前面代码设置的黑名单之中。

Druid Monitor　首页　数据源　SQL监控　SQL防火墙　Web应用　URI监控　Session监控　Spring监控　JSON API

Stat Index 查看JSON API

版本	1.1.14
驱动	com.alibaba.druid.mock.MockDriver com.mysql.cj.jdbc.Driver com.alibaba.druid.proxy.DruidDriver
是否允许重置	false
重置次数	0
Java版本	1.8.0_131
JVM名称	Java HotSpot(TM) 64-Bit Server VM
classpath路径	/Library/Java/JavaVirtualMachines/jdk1.8.0_131.jdk/Contents/Home/jre/lib/charsets.jar /Library/Java/JavaVirtualMachines/jdk1.8.0_131.jdk/Contents/Home/jre/lib/deploy.jar

图 6-2

在使用这个监控控制台之后，通过查看“SQL 监控”的结果，即可为我们对应用的 SQL 设计和优化提供有价值的参考依据。

我们可以使用项目中的配置文件 application.yml 来设置 Druid 连接数据源，代码如下所示：

```
spring:
  datasource:
    driver-class-name: com.mysql.jdbc.Driver
    url:
jdbc:mysql://localhost:3306/catalogdb?characterEncoding=utf8&useSSL=false
    username: root
    password: 12345678
```

```
    # 初始化大小，最小值为 5，最大值为 120
    initialSize: 5
    minIdle: 5
    maxActive: 20
    # 配置获取连接等待超时的时间
    maxWait: 60000
    # 配置间隔多久进行一次检测，检测需要关闭的空闲连接，单位是 ms
    timeBetweenEvictionRunsMillis: 60000
    # 配置一个连接在池中最小生存时间，单位是 ms
    minEvictableIdleTimeMillis: 300000
    validationQuery: SELECT 1 FROM DUAL
    testWhileIdle: true
    testOnBorrow: false
    testOnReturn: false
    # 打开 PSCache，指定每个连接上 PSCache 的大小
    poolPreparedStatements: true
    maxPoolPreparedStatementPerConnectionSize: 20
    # 配置监控统计拦截的 filters，如果去掉，则监控界面 SQL 将无法统计，'wall'用于防火墙
    filters: stat,wall,log4j
    # 通过 connectProperties 属性打开 mergeSql 功能；慢 SQL 记录
    connectionProperties:
druid.stat.mergeSql=true;druid.stat.slowSqlMillis=5000
```

在上面的配置中，主要设定了所连接的数据库，以及数据库的用户名和密码，确保数据库的用户配置信息正确，并且具有读写权限。其他一些配置可由 Druid 的通用参数来设定。

数据源的配置同时适用于 MyBatis 的开发。

6.2.2 JPA 初始化和基本配置

首先，我们新建一个配置类 JpaConfiguration，初始化一些 JPA 的参数，代码如下所示：

```
@Configuration
@EnableTransactionManagement(proxyTargetClass = true)
@EnableJpaRepositories(basePackages = "com.**.repository")
@EntityScan(basePackages = "com.**.entity")
public class JpaConfiguration {
    @Bean
    PersistenceExceptionTranslationPostProcessor
persistenceExceptionTranslationPostProcessor(){
        return new PersistenceExceptionTranslationPostProcessor();
    }
}
```

在这里，我们设置存储库的存放位置为“com.**.repository”，同时设置实体的存放位置为“com.**.entity”，这样就能让 JPA 找到我们定义的存储库和实体对象了。

然后，在应用程序的配置文件中，增加如下配置：

```
spring:
  jpa:
    database: MYSQL
    show-sql: false
  ## Hibernate ddl auto (validate|create|create-drop|update)
    hibernate:
      ddl-auto: update
      #naming-strategy: org.hibernate.cfg.ImprovedNamingStrategy
      naming.physical-strategy:
org.hibernate.boot.model.naming.PhysicalNamingStrategyStandardImpl
    properties:
      hibernate:
        dialect: org.hibernate.dialect.MySQL5Dialect
        enable_lazy_load_no_trans: true
```

其中，“ddl-auto”设置为“update”，表示当实体属性更改时，将会更新表结构。如果表结构不存在，则创建表结构。注意，不要把“ddl-auto”设置为“create”，否则程序每次启动时都会重新创建表结构，而之前的数据也会丢失。如果不使用自动功能，则可以设置为“none”。上面配置中的最后一行代码开启了 Hibernate 的延迟加载功能，这可以提高关联关系查询时的访问性能。

6.3　实体建模

在使用 Spring Data JPA 进行实体建模时，主要使用 Hibernate 的对象关系映射（ORM）来实现。在类目管理项目中我们需要创建两个实体，分别为主类和二级分类。

主类由名称、操作者和创建日期等属性组成，实现代码如下所示：

```
@Entity
@Table(name = "t_sorts")
public class Sorts implements java.io.Serializable{
    @Id
    @GeneratedValue(strategy = GenerationType.IDENTITY)
    private Long id;
    private String name;
```

```
    private String operator;
    @DateTimeFormat(pattern = "yyyy-MM-dd HH:mm:ss")
    @Column(name = "created", columnDefinition = "timestamp default
current_timestamp")
    @Temporal(TemporalType.TIMESTAMP)
    private Date created;

    @OneToMany(cascade = CascadeType.REMOVE)
    @OrderBy("created asc")
    @JoinColumn(name = "sorts_id")
    private Set<Subsorts> subsortses = new HashSet<>();
    ...
}
```

从上面代码中可以看出，我们使用了表“t_sorts”来存储数据，并且它与二级分类以一对多的方式建立了关联关系。建立关联关系的是“sorts_id”，它将被保存在二级分类的表格中。另外，在查询这种关系时，我们指定了以创建时间“created”进行排序。

二级分类实体由名称、操作者和创建日期等属性组成，代码如下所示：

```
@Entity
@Table(name = "t_subsorts")
public class Subsorts implements java.io.Serializable{
    @Id
    @GeneratedValue(strategy = GenerationType.IDENTITY)
    private Long id;
    private String name;
    private String operator;
    @DateTimeFormat(pattern = "yyyy-MM-dd HH:mm:ss")
    @Column(name = "created", columnDefinition = "timestamp default
current_timestamp")
    @Temporal(TemporalType.TIMESTAMP)
    private Date created;
    ...
}
```

二级分类使用了表结构“t_subsorts”来存储数据，字段定义与主类的定义几乎相同。

在上面两个实体对象的设计中，我们通过主类使用一对多的方式与二级分类实现关联设计，这样，当在主类中进行查询时，将可以同时获取二级分类的数据；而对主类的存储和更新，也将自动涉及分类的相关操作。

有关实体建模的设计，特别是关联关系的设计，我们主要说明以下几个重要的功能。

（1）实体对象必须有一个唯一标识。

这里使用 Long 类型定义对象的身份标识“id”，并且这个“id”将由数据库自动生成。在实际应用中，推荐使用 UUID 作为对象的唯一标识，这样不仅可以保持这一字段长度的一致性，还能保证这一标识在整个数据库中的唯一性，而且还将非常有利于数据库的集群设计。

（2）日期属性要使用正确的格式。

使用注解“@DateTimeFormat”对日期进行格式化，不仅可以保证日期正常显示，还能保证在参数传递中日期的正确性。注意，上面的创建日期“created”使用了默认值设置。

（3）使用合理的关联设置。

关联设置是实体设计的关键，为了避免引起递归调用，最好使用单向关联设置，即在互相关联的两个对象之中，只在一个对象中进行关联设置。

一般来说，多对多的关联可以使用中间表来存储关联关系，而一对多或多对一的关联关系可以使用一个字段来存储关联对象的外键。例如，在上面的实体设计中，我们使用“sorts_id”作为二级分类与主类关联的外键。

在主类实体的关联设置中，我们还使用了级联的操作设置：“CascadeType.REMOVE”。这样，当主类中的一个类别被删除时，将会自动删除与其关联的所有分类。

有关级联的设置，可以使用的选项如下所示：

- ◎ CascadeType.PERSIST：级联保存。
- ◎ CascadeType.REMOVE：级联删除。
- ◎ CascadeType.MERGE：级联合并（更新）。
- ◎ CascadeType.DETACH：级联脱管/游离。
- ◎ CascadeType.REFRESH：级联刷新。
- ◎ CascadeType.ALL：以上所有级联操作。

6.4 查询对象设计

我们将查询对象设计放在一个公共模块 catalog-object 中，这样，其他两个模块都可以进行调用。使用查询对象（Query Object，qo）是为了与 vo 进行区分。有人把 vo 看成值对象（Value Object），也有人把 vo 看成视图对象（View Object），所以很容易引起误解。这两种对象的意义和用途是不一样的，值对象表示的是与实体不同的一些数据，它可以作为视图显示；而视图对象是只能作为视图显示的一种数据。

因为实体是有生命周期和状态的，并且它的状态会直接影响存储的数据，所以我们使用一个无状态的数据对象来存储实体的数据。这些数据的使用和更改不会直接影响数据存储，因此它的使用是安全的，也可以用之即弃。

我们既可以将查询对象作为值对象使用，也可以将查询对象作为视图对象使用，还可以将查询对象作为查询参数的一个集合来使用，即相当于一个数据传输对象（Data Transfer Object，dto）。

我们只要使用一个查询对象 qo，就可以包含 vo、dto 等对象的功能，这是一种简化设计。qo 有时会包含一些冗余数据，但这对于使用方来说影响不大。例如，在我们的查询对象中，将会包含分页所需的页码和页大小等分页属性数据，而在视图显示中并不需要这些数据，所以它可以不用理会这些数据。

相对于主类实体，它的查询对象的设计如下所示：

```
public class SortsQo extends PageQo {
    private Long id;
    private String name;
    private String operator;
    @DateTimeFormat(pattern = "yyyy-MM-dd HH:mm:ss")
    private Date created;
    private List<SubsortsQo> subsortses = new ArrayList<>();
    ...
}
```

其中，它所继承的 PageQo 查询对象将提供两个分页查询参数，实现代码如下所示：

```
public class PageQo {
    private Integer page = 0;
    private Integer size = 10;
    ...
}
```

在分页参数中，只有一个页码和每页大小的设定两个字段。

6.5 数据持久化设计

使用 JPA 进行实体数据持久化设计是比较容易的，只要为实体创建一个存储库接口，将实体对象与 JPA 的存储库接口进行绑定，就可以实现实体的数据持久化设计，相当于给实体赋予了一些访问数据库的操作行为，包括基本的增删改查等操作。

除数据存储的基本操作外，我们还可以根据实体的字段名称来声明查询接口，而对于一些复杂的查询，也可以使用 SQL 查询语言设计。实体主类的存储接口设计如下所示：

```
@Repository
public interface SortsRepository extends JpaRepository<Sorts, Long>,
JpaSpecificationExecutor<Sorts> {
   Page<Sorts> findByNameLike(@Param("name") String name, Pageable
pageRequest);

   @Query("select t from Sorts t where t.name like :name and t.created
>= :created")
   Page<Sorts> findByNameAndCreated(@Param("name") String name,
@Param("created") Date created, Pageable pageRequest);

   Sorts findByName(@Param("name") String name);

   @Query("select s from Sorts s " +
         "left join s.subsortses b " +
         "where b.id= :id")
   Sorts findBySubsortsId(@Param("id") Long id);
}
```

这个接口定义是不用我们实现的，只要方法定义符合 JPA 的规则，后续的工作就可以交给 JPA 来完成。

在 JPA 中，可以根据以下方法自定义声明方法的规则，即在接口中使用关键字 findBy、readBy、getBy 等作为方法名的前缀，然后拼接实体类中的属性字段（首个字母大写），最后拼接一些 SQL 查询关键字（也可不拼接），组成一个查询方法。下面是一些查询关键字的使用实例：

◎　And，例如 findByIdAndName(Long id, String name);
◎　Or，例如 findByIdOrName (Long id, String name);
◎　Between，例如 findByCreatedBetween(Date start, Date end);
◎　LessThan，例如 findByCreatedLessThan(Date start);
◎　GreaterThan，例如 findByCreatedGreaterThan(Date start);
◎　IsNull，例如 findByNameIsNull();
◎　IsNotNull，例如 findByNameIsNotNull();

◎ NotNull，与 IsNotNull 等价；

◎ Like，例如 findByNameLike(String name)；

◎ NotLike，例如 findByNameNotLike(String name)；

◎ OrderBy，例如 findByNameOrderByIdAsc(String name)；

◎ Not，例如 findByNameNot(String name)；

◎ In，例如 findByNameIn(Collection<String> nameList)；

◎ NotIn，例如 findByNameNotIn(Collection<String> nameList)。

通过注解@Query 使用 SQL 查询语言设计的查询，基本与数据库的查询相同，这里只是使用实体对象的名字代替了数据库表的名字。

在上面的存储库接口定义中，我们不但继承了 JPA 的基础存储库 JpaRepository，还继承了一个比较特别的存储库 JpaSpecificationExecutor，通过这个存储库可以进行一些复杂的分页设计。

6.6 数据管理服务设计

前面的持久化设计已经在实体与数据库之间建立了存取关系。为了更好地对外提供数据访问服务，我们需要对存储库的调用再进行一次封装。在这次封装中，我们可以实现统一事务管理及其分页的查询设计。分类的数据管理服务设计代码如下所示：

```
@Service
@Transactional
public class SortsService {
    @Autowired
    private SortsRepository sortsRepository;

    public Sorts findOne(Long id){
        Sorts sorts = sortsRepository.findById(id).get();
        return sorts;
    }

    public Sorts findByName(String name){
        return sortsRepository.findByName(name);
    }

    public String save(Sorts sorts){
        try{
            sortsRepository.save(sorts);
```

```
            return sorts.getId().toString();
        }catch (Exception e){
            e.printStackTrace();
            return e.getMessage();
        }

    }

    public String delete(Long id){
        try{
            sortsRepository.deleteById(id);
            return id.toString();
        }catch (Exception e){
            e.printStackTrace();
            return e.getMessage();
        }

    }


    public Page<Sorts> findAll(SortsQo sortsQo){
        Sort sort = new Sort(Sort.Direction.DESC, "created");
        Pageable pageable = PageRequest.of(sortsQo.getPage(), sortsQo.getSize(),
sort);

        return sortsRepository.findAll(new Specification<Sorts>(){
            @Override
            public Predicate toPredicate(Root<Sorts> root, CriteriaQuery<?> query,
CriteriaBuilder criteriaBuilder) {
                List<Predicate> predicatesList = new ArrayList<Predicate>();

                if(CommonUtils.isNotNull(sortsQo.getName())){
                    predicatesList.add(criteriaBuilder.like(root.get("name"),
"%" + sortsQo.getName()+ "%"));
                }
                if(CommonUtils.isNotNull(sortsQo.getCreated())){

predicatesList.add(criteriaBuilder.greaterThan(root.get("created"),
sortsQo.getCreated()));
                }

                query.where(predicatesList.toArray(new
Predicate[predicatesList.size()]));
```

```
            return query.getRestriction();
          }
        }, pageable);
    }
}
```

在上面的代码中，使用注解@Transactional 实现了隐式事务管理，对于一些基本的数据操作，可直接调用存储库接口的方法。

在上述代码中，使用 findAll 方法实现了分页查询的设计。在这个设计中，可以定义排序的方法和字段，以及对页码和每页行数的设定，同时，还可以根据查询参数动态地设置查询条件。在这里，我们既可以按分类的名称进行模糊查询，也可以按分类的创建时间进行限定查询。

6.7 单元测试

在完成 6.6 节的设计之后，我们可以写一个测试用例验证领域服务的设计。需要注意的是，因为在前面的 JPA 配置中已经有了更新表结构的配置，所以如果表结构不存在，则会自动生成；如果表结构更新，则启动程序也会自动更新。下面的测试用例演示了如何插入分类和主类的数据：

```
@RunWith(SpringJUnit4ClassRunner.class)
@ContextConfiguration(classes = {JpaConfiguration.class,
SortsRestApiApplication.class})
@SpringBootTest
public class SortsTest {
    private static Logger logger = LoggerFactory.getLogger(SortsTest.class);

    @Autowired
    private SortsService sortsService;
    @Autowired
    private SubsortsService subsortsService;

    @Test
    public void insertData() {
        Sorts sorts = new Sorts();
        sorts.setName("图书");
        sorts.setOperator("editor");
        sorts.setCreated(new Date());
//        Sorts sorts = sortsService.findByName("图书");
```

```
        Subsorts subsorts = new Subsorts();
        subsorts.setName("计算机");
        subsorts.setOperator("editor");
        subsorts.setCreated(new Date());

        subsortsService.save(subsorts);
        Assert.notNull(subsorts.getId(), "insert sub error");

        sorts.addSubsorts(subsorts);
        sortsService.save(sorts);
        Assert.notNull(sorts.getId(), "not insert sorts");
    }
    ...
}
```

其他查询的测试用例可以参照这个方法设计，如果断言没有错误，则说明测试符合预期，即不会提示任何错误信息。在调试环境中，还可以借助控制台信息分析测试的过程。

6.8　类目接口微服务开发

类目接口微服务是一个独立的微服务应用，它将使用基于 REST 协议的方式，对外提供一些有关类目查询和类目数据管理的接口服务。这个接口服务，既可以用于商家后台进行类目管理的设计之中，也可以用于移动端、App 或其他客户端程序的设计之中。

当上面的单元测试完成之后，我们就可以使用上面设计中提供的数据服务进行类目接口微服务的开发了。

6.8.1　RESTful 接口开发

我们将遵循 REST 协议的规范设计基于 RESTful 的接口开发，例如，对于分类来说，我们可以设计如下请求：

◎　GET /sorts/{id}：根据 ID 获取一个分类的详细信息；

◎　GET /sorts：查询分类的分页列表；

◎　POST /sorts：创建一个新分类；

◎　PUT /sorts：更新一个分类；

◎　DELETE /sorts/{id}：根据 ID 删除一个分类。

下面的代码展示了分类接口设计的部分实现，完整的代码可以查看项目工程的相关源代码：

```
@RestController
@RequestMapping("/sorts")
public class SortsController {
private static Logger logger = LoggerFactory.getLogger(SortsController.class);

    @Autowired
    private SortsService sortsService;

    @GetMapping(value="/{id}")
    public String fnidById(@PathVariable Long id) {
        return new Gson().toJson(sortsService.findOne(id));
    }

    @GetMapping()
    public String findAll(Integer index, Integer size, String name) {
        try {
            SortsQo sortsQo = new SortsQo();
            if(CommonUtils.isNotNull(index)){
                sortsQo.setPage(index);
            }
            if(CommonUtils.isNotNull(size)){
                sortsQo.setSize(size);
            }
            if(CommonUtils.isNotNull(name)){
                sortsQo.setName(name);
            }

            Page<Sorts> orderses = sortsService.findAll(sortsQo);

            Map<String, Object> page = new HashMap<>();
            page.put("content", orderses.getContent());
            page.put("totalPages", orderses.getTotalPages());
            page.put("totalelements", orderses.getTotalElements());

            return new Gson().toJson(page);
        } catch (Exception e) {
            e.printStackTrace();
        }
        return null;
    }
```

```
    @PostMapping()
    public String save(@RequestBody SortsQo sortsQo) throws Exception{
        Sorts sorts = new Sorts();
        BeanUtils.copyProperties(sortsQo, sorts);
        sorts.setCreated(new Date());

        List<Subsorts> subsortsList = new ArrayList<>();
        //转换每个分类，然后加入主类的分类列表中
        for(SubsortsQo subsortsQo : sortsQo.getSubsortses()){
            Subsorts subsorts = new Subsorts();
            BeanUtils.copyProperties(subsortsQo, subsorts);
            subsortsList.add(subsorts);
        }
        sorts.setSubsortses(subsortsList);

        String ret = sortsService.save(sorts);
        logger.info("新增=" + ret);
        return ret;
    }
    ...
}
```

在上面微服务接口设计中，使用 RestController 定义了对外提供服务的 URL 接口，而接口之中有关数据的访问则通过调用 SortsService 的各种方法来实现。其中，在接口调用中，都使用 JSON 方式的数据结构来传输数据，所以在上面代码中，显式或隐式地使用了 JSON 的数据结构。对于一个数据对象来说，为了保证其数据的完整性，我们一般使用 GSON 工具对数据进行显式转换。

需要注意的是，因为在数据传输中使用的是查询对象，所以当进行数据保存和更新操作时，需要将查询对象转换为实体对象。

6.8.2　微服务接口调试

当微服务接口开发完成之后，即可启动项目的应用程序进行简单调试。对于类目微服务接口，我们可以启动 catalog-restapi 模块中的主程序 SortsRestApiApplication 进行调试。

在启动成功之后，对于一些 GET 请求，可以直接通过浏览器进行调试。

例如，通过下列链接地址，可以根据分类 ID 查看一个分类的信息：

```
http://localhost:9091/sorts/1
```

如果数据存在，则返回如图 6-3 所示的 JSON 数据。

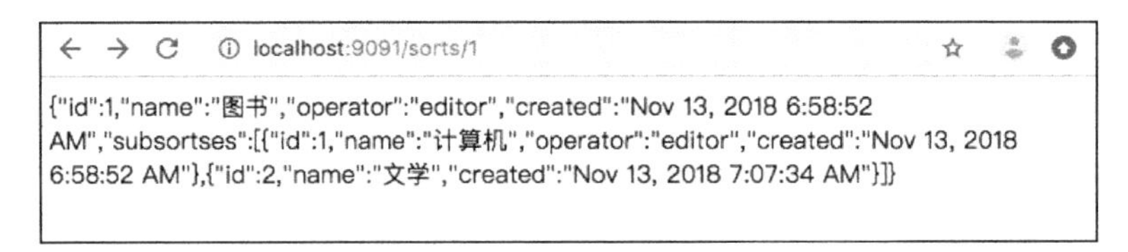

图 6-3

使用如下链接地址可以查询分页第一页的数据：

```
http://localhost:9091/sorts
```

如果查询成功，则可以看到如图 6-4 所示的信息。

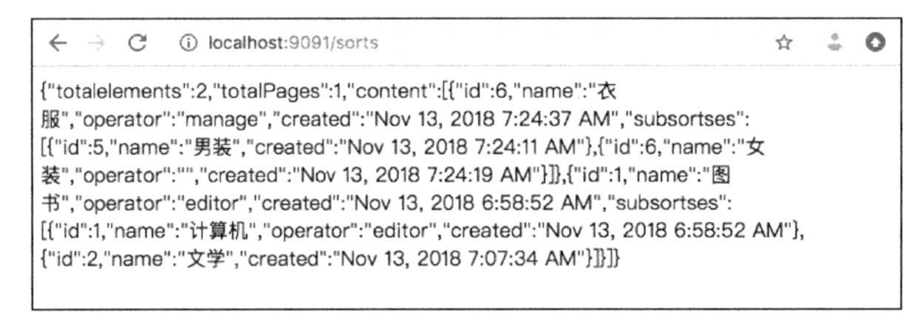

图 6-4

因为 POST 和 PUT 等请求在调试时需要传输参数，所以不能直接使用浏览器进行测试，但是可以通过 Postman 等工具进行调试。

6.9 基于 RESTful 的微服务接口调用

我们可以使用多种方法调用基于 RESTful 接口的服务。例如，可以使用 HTTP 访问（例如 HttpClient），或者使用 RestTemplate 的方式进行调用，等等。但是，在微服务应用中，最好的方法是使用声明式的 FeignClient。

因为 FeignClient 是为其他微服务进行调用的，所以这里将这些设计都放在模块 catalog-object 中进行开发。

6.9.1 声明式 FeignClient 设计

FeignClient 是一个声明式的客户端，为了使用这个工具组件，我们需要在项目对象模型中引入 FeignClient 的依赖，代码如下所示：

```
<dependency>
        <groupId>org.springframework.cloud</groupId>
        <artifactId>spring-cloud-starter-openfeign</artifactId>
    </dependency>
```

针对主类的接口调用，我们可以定义一个接口程序 SortsClient，根据微服务 catalogapi 提供的接口服务，使用如下所示的方法声明一些调用方法：

```
@FeignClient("catalogapi")
public interface SortsClient {
    @RequestMapping(method = RequestMethod.GET, value = "/sorts/{id}")
    String findById(@RequestParam("id") Long id);

    @RequestMapping(method = RequestMethod.GET, value = "/sorts/findAll")
    String findList();

    @RequestMapping(method = RequestMethod.GET, value = "/sorts",
            consumes = MediaType.APPLICATION_JSON_UTF8_VALUE,
            produces = MediaType.APPLICATION_JSON_UTF8_VALUE)
    String findPage(@RequestParam("index") Integer index, @RequestParam("size")
Integer size,
                    @RequestParam("name") String name);

    @RequestMapping(method = RequestMethod.GET, value = "/sorts/findAll",
            consumes = MediaType.APPLICATION_JSON_UTF8_VALUE,
            produces = MediaType.APPLICATION_JSON_UTF8_VALUE)
    String findAll();

    @RequestMapping(method = RequestMethod.POST, value = "/sorts",
            consumes = MediaType.APPLICATION_JSON_UTF8_VALUE,
            produces = MediaType.APPLICATION_JSON_UTF8_VALUE)
    String create(@RequestBody SortsQo sortsQo);

    @RequestMapping(method = RequestMethod.PUT, value = "/sorts",
            consumes = MediaType.APPLICATION_JSON_UTF8_VALUE,
            produces = MediaType.APPLICATION_JSON_UTF8_VALUE)
    String update(@RequestBody SortsQo sortsQo);

    @RequestMapping(method = RequestMethod.DELETE, value = "/sorts/{id}")
    String delete(@RequestParam("id") Long id);
}
```

在这个实现代码中，首先通过注解@FeignClient 引用微服务 catalogapi，然后使用其暴露出来的 URL 直接声明调用方法。需要注意的是，这里的数据传输，即数据的生产和消费，都是通过 JSON 格式进行的，所以为了保证中文字符的正确性，我们使用 UTF8 编码。

6.9.2 断路器的使用

基于 SortsClient 的声明方法，我们可以创建一个服务类 SortsRestService 进行调用。然后，使用 SortsRestService 提供的功能，就可以像使用本地方法一样使用微服务 catalogapi 提供的接口方法。服务类 SortsRestService 的实现代码如下所示：

```
@Service
public class SortsRestService {
     @Autowired
     private SortsClient sortsClient;

    @HystrixCommand(fallbackMethod = "findByIdFallback")
    public String findById(Long id){
        return sortsClient.findById(id);
    }

    private String findByIdFallback(Long id){
        SortsQo sortsQo = new SortsQo();
        return new Gson().toJson(sortsQo);
    }
    ...
}
```

在上面的代码中，我们实现了对 SortsClient 的调用，同时增加了一个注解@HystrixCommand。通过这个注解，定义了一个回退方法。而这一回退方法的设计，就是 Spring Cloud 组件提供的断路器功能的实现方法。断路器的含义是，当服务调用过载或不可用时，通过降级调用或故障转移的方法，减轻服务的负载。这里我们使用了回退方法设计，以快速响应来自客户端的访问，并保障客户端对微服务的访问不会因为出现故障而崩溃。断路器的设计就像电路的保护开关一样，对系统服务起到一定的保护作用。与保护开关不同的是，当系统恢复正常时，断路器会自动失效，不用人为干预。

6.10 类目管理 Web 应用微服务开发

这里的类目管理是一个基于 PC 端的 Web 应用，它也是一个独立的微服务应用。这个应用在项目工程的模块 catalog-web 中实现，可以把它看成一个独立的项目。

在这个应用中，我们将演示如何使用类目管理微服务接口提供的服务，进行相关应用功能的开发，从而实现在 PC 端提供一个对类目进行操作管理的友好操作界面。

6.10.1　接口调用引用的相关配置

上面的接口调用服务是在模块 catalog-object 中进行开发的，想要在模块“catalog-web”中使用这些服务，就必须先在项目对象模型中进行引用配置，代码如下所示：

```
<dependency>
     <groupId>com.demo</groupId>
     <artifactId>catalog-object</artifactId>
     <version>${project.version}</version>
  </dependency>
```

因为两个模块处于同一个项目工程之中，所以上面引用配置的版本直接使用了项目的版本。这样，当接口服务启动之后，我们就可以在接下来的 Web 应用中进行相关调用了。

需要注意的是，如果有多个 FeignClient 程序调用了同一个微服务接口服务，则必须在项目的配置文件中使用如下所示的配置进行设置，以支持这种调用方式。因为这个 Spring Cloud 版本的默认配置是不开启这种调用方式的：

```
#允许多个接口使用相同的服务
spring:
  main:
    allow-bean-definition-overriding: true
```

6.10.2　Spring MVC 控制器设计

Spring MVC 是 Web 应用开发的一个基础组件，下面我们使用这一组设计一个控制器。在 Web 应用的主类控制器设计中，我们直接使用上面设计的服务类：SortsRestService。我们可以像使用本地方法一样使用 SortsRestService 类，直接调用微服务提供的接口服务，代码如下所示：

```
@RestController
@RequestMapping("/sorts")
public class SortsController {
   private static Logger logger =
LoggerFactory.getLogger(SortsController.class);
```

```
    @Autowired
    private SortsRestService sortsRestService;

    @GetMapping(value="/index")
    public ModelAndView index(){
        return new ModelAndView("sorts/index");
    }

    @GetMapping(value="/{id}")
    public ModelAndView findById(@PathVariable Long id) {
        return  new ModelAndView("sorts/show", "sorts",
                new Gson().fromJson(sortsRestService.findById(id),
SortsQo.class));
    }
    ...
}
```

上面代码中的 findById 方法是一个使用页面来显示分类信息的设计。在这个设计中，一方面引用了上面设计的服务类 SortsRestService，并调用了它的 findById 方法，进行数据查询；另一方面将查询数据通过一个 show 页面显示出来。这个设计与一般的本地调用不同的是，查询数据时得到的返回值是一种 JSON 结构，所以必须将它转化为一个查询对象，这样才能方便使用。

接下来的页面设计将会用到 Thymeleaf 模板的功能。

6.11 使用 Thymeleaf 模板

在 Web 应用的页面设计中，我们将使用 Thymeleaf 这个模板，因此，必须在 catolog-web 模块中引入 Thymeleaf 的依赖，代码如下所示：

```
<dependency>
        <groupId>org.springframework.boot</groupId>
        <artifactId>spring-boot-starter-thymeleaf</artifactId>
    </dependency>

    <dependency>
        <groupId>nz.net.ultraq.thymeleaf</groupId>
        <artifactId>thymeleaf-layout-dialect</artifactId>
        <version>2.3.0</version>
    </dependency>
```

有关 Thymeleaf 的配置，使用其默认配置即可，即只要在程序的资源目录中有 static 和 templates 这两个目录就可以了。这两个目录分别用来存放静态文件和模板设计及其页面设计文件，页面文件的后缀默认使用 html。

6.11.1 HTML 页面设计

在 6.10 节控制器的设计中，类目信息输出的是一个 show 页面，它的设计在 show.html 文件中，代码如下所示：

```
<html xmlns:th="http://www.thymeleaf.org">
<div class="addInfBtn">
    <h3 class="itemTit"><span>类目信息</span></h3>
    <table class="addNewInfList">
        <tr>
            <th>名称</th>
            <td width="240"><input class="inp-list w-200 clear-mr f-left"
type="text" th:value="${sorts.name}" readonly="true"/></td>
            <th>操作者</th>
            <td><input class="inp-list w-200 clear-mr f-left" type="text"
th:value="${sorts.operator}" readonly="true" /></td>
        </tr>

        <tr>
            <th>子类</th>
            <td>
                <select multiple="multiple" readonly="true">
                    <option th:each="subsorts:${sorts.subsortses}"
                            th:text="${#strings.length(subsorts.name)
>20?#strings.substring(subsorts.name,0,20)+'...':subsorts.name}"
                            th:selected="true"
                            ></option>
                </select>
            </td>
            <th>日期</th>
            <td>
                <input  onfocus="WdatePicker({dateFmt:'yyyy-MM-dd HH:mm:ss'})"
type="text" class="inp-list w-200 clear-mr f-left" th:value="${sorts.created} ?
${#dates.format(sorts.created,'yyyy-MM-dd HH:mm:ss')} :''" readonly="true"/>
            </td>
        </tr>
    </table>
```

```
    <div class="bottomBtnBox">
        <a class="btn-93X38 backBtn" href="javascript:closeDialog(0)">返回</a>
    </div>
</div>
```

从上面的代码可以看出，除用到 Thymeleaf 特有的地方外，其他设计都与一般的 HTML 标签语言相同。设计之后，这个页面的最终效果如图 6-5 所示。

图 6-5

6.11.2 统一风格模板设计

Thymeleaf 更强大的功能是提供了一个统一风格的模板设计，即整个网站可以使用统一风格的框架结构。在类目管理这个项目中，使用了总体页面框架设计 layout.html，代码如下所示：

```
<!DOCTYPE html>
<html xmlns:th="http://www.thymeleaf.org"
xmlns:layout="http://www.ultraq.net.nz/web/thymeleaf/layout">
    ...
    <body>
<div class="headerBox">
    <div class="topBox">
        <div class="topLogo f-left">
            <a href="#"><img th:src="@{/images/logo.png}"/></a>
        </div>
    </div>
</div>
<div class="locationLine" layout:fragment="prompt">
    当前位置：首页 &gt; <em>页面</em>
</div>
<table class="globalMainBox" style="position:relative;z-index:1">
```

```
    <tr>
        <td class="columnLeftBox" valign="top">
            <div th:replace="fragments/nav :: nav"></div>
        </td>
        <td class="whiteSpace"></td>
        <td class="rightColumnBox" valign="top">
            <div layout:fragment="content"></div>
        </td>
    </tr>
</table>
<form th:action="@{/logout}" method="post" id="logoutform">
</form>
<div class="footBox" th:replace="fragments/footer :: footer"></div>
</body>
</html>
```

页面上方是状态栏，页面左侧是导航栏，中间部分是内容显示区域，底端还有一个页脚设计。在引用这个模板之后，只需对需要更改的区域进行覆盖就可以了，而不需要更改的地方使用模板的默认设计即可。一般来说，在使用这个模板时，只要更改状态栏和内容显示区域就可以了，而导航栏和页脚，则可以使用通用的页面设计。

在这个例子中，分类的主页是通过 index.html 这个页面设计来引用这个模板的，代码如下所示：

```
<!DOCTYPE html>
<html xmlns:th="http://www.thymeleaf.org"
xmlns:layout="http://www.ultraq.net.nz/web/thymeleaf/layout"
    layout:decorator="fragments/layout">
    ...
<body>
<!--状态栏-->
<div class="locationLine" layout:fragment="prompt">
   当前位置: 首页 &gt; <em >类目管理</em>
</div>
<!--主要内容区域-->
<div class="statisticBox w-782"  layout:fragment="content">
  ...
</div>
</body>
</html>
```

可以看出，在上面的代码中，我们只更新了状态栏和主要内容显示区域的设计，其他部分都沿用了模板的设计。

在上面的一些设计讲解和演示中，我们只说明了主类的设计，二级分类的设计与主类的设计大同小异，不再赘述。

至此，类目管理的微服务应用的开发工作就基本完成了。

现在我们可以体验微服务之间的调用了，因为使用了 Spring Cloud 工具组件来开发，所以在各个方面的实现都是非常方便的。当然，对于微服务的调用，不仅仅是 Web 应用的调用，还有其他如 App 应用、微信公众号或小程序客户端，或者其他语言的设计、异构环境的调用，等等。不管使用哪种工具来设计，只要能用 HTTP，就可以轻易实现对微服务的调用。

6.12 总体测试

在类目管理的微服务接口及其 Web 微服务应用都开发完成之后，我们就可以进行一个总体测试了。首先确认 Consul 已经运行就绪，然后先后启动 catalog-restapi 和 catalog-web 两个模块。启动成功之后，通过浏览器访问如下链接地址：

```
http://localhost:8091
```

如果一切正常，则可以进入如图 6-6 所示的类目管理的主页。在这里，我们可以分别对主类和二级分类中的所有类目进行增删改查的所有操作。

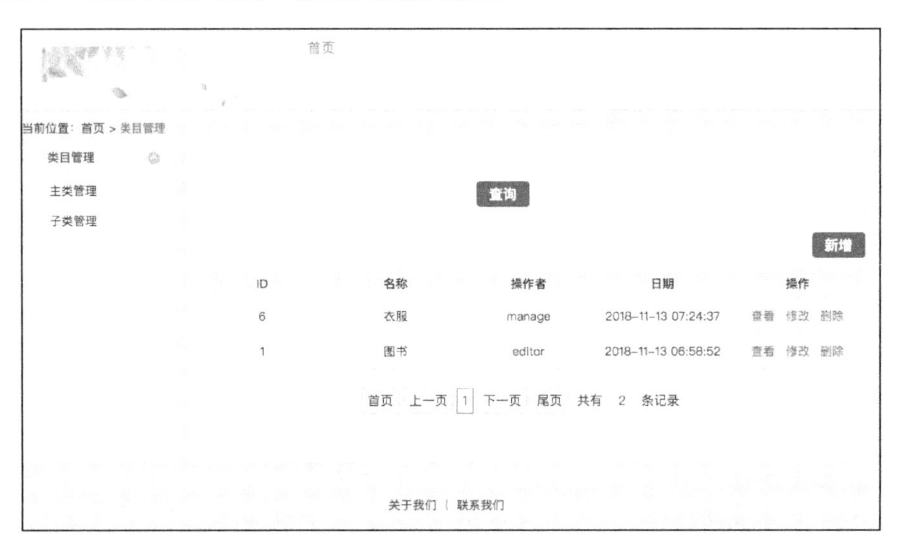

图 6-6

6.13 有关项目的打包与部署

在使用 IDEA 开发工具执行打包时，可以使用 Maven 项目管理器执行打包操作，如图 6-7 所示。

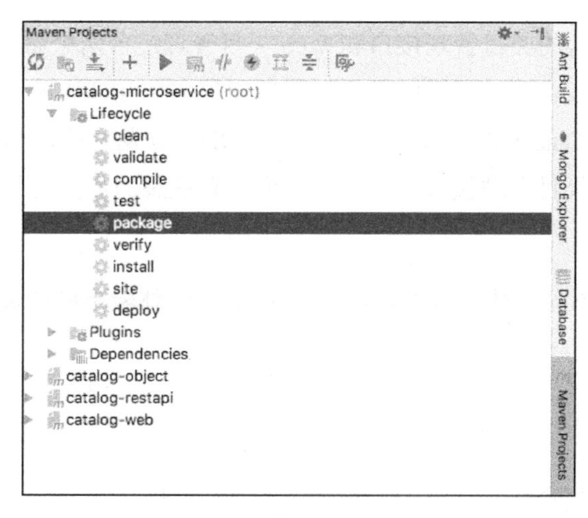

图 6-7

如果是模块化的项目，请务必在项目的根（root）目录中执行打包操作，这样才能将其所依赖的模块同时打包在一起。

当打包完成之后，可以使用命令终端，分别切换到 catalog-restapi 和 catalog-web 模块的 target 目录中执行下列命令，启动应用进行调试：

```
java -jar catalog*.jar
```

以这种方式启动应用，与上面使用 IDEA 工具进行调试时的效果是一样的。如果启动正常，则可以进行与上面一样的测试。

这种启动方式也可以作为一种普通的方式来发布微服务，在生产环境中，可以在上面指令的基础上增加一些内存和日志存储方面的参数。

有关微服务应用的部署，将在运维部署部分进行详细介绍。

注意，确认项目能够正常打包之后，用鼠标左键双击图 6-7 中的 install 选项，将项目的完整程序包安装到本地的 Maven 仓库中，以方便后续章节的依赖引用。如果在开发团队中使用了私服仓库 Nexus，则可以双击图 6-7 中的 deploy 选项，将开发完成的程序发布到私服仓库中，这样整个开发团队之间可以互相引用。

6.14 小结

本章介绍了电商平台的类目管理接口和 Web 类目管理后台两个微服务的开发实例，通过这个项目的开发和演示，我们清楚了微服务之间快速通信和相互调用的方法。在类目管理接口开发中，我们通过 Spring Data JPA 开发工具，了解了 DDD 开发方法在 Spring 开发框架中的工作原理和实现方法。通过类目管理接口的实现，我们将有状态的数据访问行为，转变成没有状态的接口服务。

下一章，我们将介绍另一种数据库开发工具 MyBatis，体验不同的数据库开发工具在 Spring 项目工程中的应用方法。

第7章
库存管理与分布式文件系统

在电商平台的库存管理系统设计中，将涉及商品和本地图库的管理，这里我们将使用另一种数据开发框架 MyBatis 进行数据库访问方面的设计，还将实现与分布式文件系统的对接使用。

本章实例的项目工程是一个商品微服务项目 goods-microservice，可以从本书提供的源代码中下载，或者在 IDEA 中通过 Git 检出：

检出代码后，请获取本实例使用的分支 V2.1。本项目包含以下几个模块：

◎ goods-object：公共对象设计。

◎ goods-restapi：库存管理微服务 API 应用。

◎ goods-web：库存管理 PC 端 Web 应用。

7.1 基于 MyBatis 的数据库开发

有关数据库开发的整个过程是在模块 goods-restapi 中实现的，在这个模块中，我们将使用 MyBatis 开发框架实现数据库的访问设计。其中，有关数据源的配置及其相关监控与第 6 章的设计相同，不再说明。

7.1.1 使用经过组装的 MyBatis 组件

这里我们将在使用 MyBatis 组件的基础上，再使用一个经过高级封装设计的 MyBatis 组件。使用这一组件不但能简化一些基本的查询设计，还能提升程序的性能。在项目对象模型中引入相关组件的依赖，代码如下所示：

```
<!--mybatis-->
```

```
<dependency>
    <groupId>org.mybatis.spring.boot</groupId>
    <artifactId>mybatis-spring-boot-starter</artifactId>
    <version>1.3.1</version>
</dependency>
<!--mapper-->
<dependency>
    <groupId>tk.mybatis</groupId>
    <artifactId>mapper-spring-boot-starter</artifactId>
    <version>2.0.4</version>
</dependency>
<!--pagehelper-->
<dependency>
    <groupId>com.github.pagehelper</groupId>
    <artifactId>pagehelper-spring-boot-starter</artifactId>
    <version>1.2.3</version>
</dependency>
```

其中，有关 tk.mybatis 的设计，如果读者感兴趣，可以登录 GitHub 官网，搜索 Mybatis 进行更进一步的了解。

7.1.2 数据对象及其表结构定义

在库存管理中，我们将主要创建一个商品对象 Goods，它的定义如下所示：

```
@Table(name = "t_goods")
@Data
public class Goods {
    //商品编号
    @Id
    @GeneratedValue(strategy = GenerationType.IDENTITY)
    private Long id;
    //商家编号
    private Long merchantid;
    //主类编号
    private Long sortsid;
    //子类编号
    private Long subsid;
    //商品名称
    private String name;
    //商品内容
    private String contents;
```

```
    //商品图片
    private String photo;
    //价格
    private Double price;
    //购买数量
    private Integer buynum;
    //库存数量
    private Integer reserve;
    //操作员
    private String operator;
    //创建时间
    @DateTimeFormat(pattern = "yyyy-MM-dd HH:mm:ss")
    private Date created;
}
```

在上面的代码中，主要解释下面几个内容：

（1）注解@Table 关联了数据库的表格 t_goods。

（2）注解@Data 使用了 Lombok 工具，它会为类的所有属性自动生成 setter/getter、equals、canEqual、hashCode 和 toString 等方法。

（3）注解@Id 和注解@GeneratedValue 将在数据创建或编辑时为对象取得数据库 ID 的值。

（4）注解@DateTimeFormat 使用了日期格式化，以保证在数据存取中使用正确的日期格式。

商品对象在数据库中对应的表格为 t_goods，这个表结构的定义如下所示：

```
CREATE TABLE 't_goods' (
  'id' bigint(20) NOT NULL AUTO_INCREMENT,
  'contents' varchar(255) COLLATE utf8_bin DEFAULT NULL,
  'created' timestamp NOT NULL DEFAULT CURRENT_TIMESTAMP,
  'merchantid' bigint(20) DEFAULT NULL,
  'name' varchar(255) COLLATE utf8_bin DEFAULT NULL,
  'operator' varchar(255) COLLATE utf8_bin DEFAULT NULL,
  'photo' varchar(255) COLLATE utf8_bin DEFAULT NULL,
  'price' double DEFAULT NULL,
  'reserve' int(11) DEFAULT NULL,
  'sortsid' bigint(20) DEFAULT NULL,
  'subsid' bigint(20) DEFAULT NULL,
  'buynum' int(11) DEFAULT NULL,
  PRIMARY KEY ('id')
) ENGINE=InnoDB AUTO_INCREMENT=8 DEFAULT CHARSET=utf8 COLLATE=utf8_bin;
```

在这个表结构定义中，我们设定商品编号由数据库实现自动生成，同时商品的创建时间默认使用当前时间戳自动赋值。

7.1.3 Mapper 与 SQL 定制

有了数据对象和表格之后，我们就可以进行 Mapper 设计及其相关的数据库查询定制了。针对商品管理的数据库查询操作来说，我们可以设计一个数据访问接口 GoodsMapper，代码如下所示：

```
@Repository
public interface GoodsMapper extends MyMapper<Goods> {
   List<Goods> getPage(@Param("map") Map<String, Object> map);
}
```

在这个接口设计中，我们只声明了一个 getPage 的方法，用来取得商品的列表数据，但是有关数据的增删改查的基本操作，则没有做任何设计。这是因为在代码中我们继承了 MyMapper，它已经为我们实现了数据访问的基本操作。

对应上面的 GoodsMapper 接口定义，我们设计一个 GoodsMapper.xml 来定制相关的 SQL 查询设计，代码如下所示：

```
<?xml version="1.0" encoding="UTF-8" ?>

<!DOCTYPE mapper PUBLIC "-//mybatis.org//DTD Mapper 3.0//EN"
"http://mybatis.org/dtd/mybatis-3-mapper.dtd" >
<mapper namespace="com.demo.goods.restapi.mapper.GoodsMapper">

   <select id="getPage" parameterType="map"
resultType="com.demo.goods.restapi.domain.Goods">
      SELECT g.* FROM t_goods g WHERE 1=1
      <if test="map.name != null and map.name != ''">
         AND g.name LIKE CONCAT('%',#{map.name},'%')
      </if>
      <if test="map.merchantid != null and map.merchantid != ''">
         AND g.merchantid  = #{map.merchantid}
      </if>
   <if test="map.sortsid != null and map.sortsid != ''">
         AND g.sortsid  = #{map.sortsid}
      </if>
      <if test="map.subsid != null and map.subsid != ''">
         AND g.subsid  = #{map.subsid}
```

```
        </if>
        <if test="map.created != null and map.created != ''">
            AND g.created  &gt;= #{map.created}
        </if>
    </select>

</mapper>
```

从上面的 SQL 查询设计中，我们实现了几个动态条件的查询设计，即可以根据传输的参数，通过商品名称、商家编号和商品创建时间等条件进行查询。

7.2 数据库服务组装

下面封装一个商品数据的服务类 GoodsService，代码如下所示：

```
@Service
@Transactional
public class GoodsService {
    @Autowired
    private GoodsMapper goodsMapper;


    public String insert(Goods goods){
        try {
            goodsMapper.insert(goods);
            return goods.getId().toString();
        }catch (Exception e){
            e.printStackTrace();
            return e.getMessage();
        }
    }

    public String update(Goods goods){
        try {
            goodsMapper.updateByPrimaryKey(goods);
            return goods.getId().toString();
        }catch (Exception e){
            e.printStackTrace();
            return e.getMessage();
        }
    }
```

```
public String delete(Long id){
    try {
        goodsMapper.deleteByPrimaryKey(id);
        return id.toString();
    }catch (Exception e){
        e.printStackTrace();
        return e.getMessage();
    }
}

public Goods getById(Long id) {
    try {
        return goodsMapper.selectByPrimaryKey(id);
    }catch (Exception e){
        e.printStackTrace();
        return null;
    }
}


public PageInfo<Goods> getPage(GoodsQo goodsQo) throws Exception{
    try {
        Map<String, Object> map = MapToBeanUtil.transBean2Map(goodsQo);

        if(!StringUtils.isEmpty(goodsQo.getName())){
            map.put("name", goodsQo.getName());
        }

        if(!StringUtils.isEmpty(goodsQo.getMerchantid())){
            map.put("merchantid", goodsQo.getMerchantid());
        }

        if(!StringUtils.isEmpty(goodsQo.getSortsid())){
            map.put("sortsid", goodsQo.getSortsid());
        }

        if(!StringUtils.isEmpty(goodsQo.getSubsid())){
            map.put("subsid", goodsQo.getSubsid());
        }

        //把日期转为字符串
        if (!StringUtils.isEmpty(goodsQo.getCreated())) {
```

```
            map.put("created",
CommonUtils.formatDateTime(goodsQo.getCreated()));
         }

         PageHelper.startPage(goodsQo.getPage(), goodsQo.getSize());
         List<Goods> list = goodsMapper.getPage(map);

         return new PageInfo(list);
      }catch (Exception e){
         e.printStackTrace();
         return null;
      }
   }
}
```

这是一个完整的代码，从中我们可以看到一些数据查询的基本操作，主要是通过调用接口 GoodsMapper 的父接口来实现的，这是 tk.mybatis 组件提供的功能。其中，分页设计的调用和实现是我们自定义的设计。注意，在参数传输中，日期数据必须进行格式化转换。

7.3　单元测试

在完成数据服务的一系列设计后，我们就可以使用 GoodsService 进行单元测试了。下面的代码是一个插入商品数据的测试用例：

```
@RunWith(SpringRunner.class)
@ContextConfiguration(classes = {GoodsRestApiApplication.class})
@SpringBootTest
public class GoodsTest {
   private static Logger logger = LoggerFactory.getLogger(GoodsTest.class);
   @Autowired
   private GoodsService goodsService;

   @Test
   public void insertData(){
      Goods goods = new Goods();
      goods.setMerchantid(1L);
      goods.setSortsid(1L);
      goods.setSubsid(1L);
      goods.setName("测试商品");
      goods.setPhoto("/images/demo1.png");
      goods.setPrice(13.2D);
```

```
        goods.setContents("商品介绍");

        String response = goodsService.insert(goods);

        Assert.notNull(goods.getId(), response);
    }
    ...
}
```

参照这个测试用例，我们还可以对商品数据服务的其他操作进行测试。有关这部分的内容，可以参考源代码的设计。

7.4 库存微服务接口开发

在模块 goods-restapi 完成了商品数据服务的开发之后，我们就可以在这个模块中进行微服务接口的开发了。

7.4.1 在主程序中支持 MyBatis

由于使用了 MyBatis 组件，在主程序 GoodsRestApiApplication 中必须增加对 Mapper 的扫描设置，代码如下所示：

```
import org.springframework.boot.SpringApplication;
import org.springframework.boot.autoconfigure.SpringBootApplication;
import org.springframework.cloud.client.discovery.EnableDiscoveryClient;
import tk.mybatis.spring.annotation.MapperScan;

@SpringBootApplication
@EnableDiscoveryClient
@MapperScan(basePackages = "com.**.mapper")
public class GoodsRestApiApplication {
    public static void main(String[] args) {
        SpringApplication.run(GoodsRestApiApplication.class, args);
    }
}
```

注意，在上面代码中对 MyBatis 组件的引用：import tk.mybatis.spring.annotation.MapperScan，引用的是 tk.mybatis 的组件。

7.4.2 基于 REST 协议的控制器设计

REST 的接口开发可以由 Spring MVC 的控制器实现，商品接口控制器 GoodsRestController 的部分实现代码如下所示：

```
@RestController
@RequestMapping("/goods")
public class GoodsRestController {
    private static Logger logger =
LoggerFactory.getLogger(GoodsRestController.class);

    @Autowired
    private GoodsService goodsService;

    @GetMapping(value="/{id}")
    public String fnidById(@PathVariable Long id) {
        Goods goods = goodsService.getById(id);
        return new Gson().toJson(goods);
    }


    @GetMapping()
    public String findAll(Integer index, Integer size, Long merchantid,
                                            String name, Long sortsid, Long subsid,
String created) {
        try {
            GoodsQo goodsQo = new GoodsQo();

            if(CommonUtils.isNotNull(index)){
                goodsQo.setPage(index);
            }
            if(CommonUtils.isNotNull(size)){
                goodsQo.setSize(size);
            }
            if(CommonUtils.isNotNull(merchantid)){
                goodsQo.setMerchantid(merchantid);
            }
            if(CommonUtils.isNotNull(name)){
                goodsQo.setName(name);
            }
            if(CommonUtils.isNotNull(sortsid)){
                goodsQo.setSortsid(sortsid);
            }
```

```
            if(CommonUtils.isNotNull(subsid)){
                goodsQo.setSubsid(subsid);
            }
            if(CommonUtils.isNotNull(created)){
                SimpleDateFormat sdf = new SimpleDateFormat("yyyy-MM-dd
HH:mm:ss");
                goodsQo.setCreated(sdf.parse(created));
            }

            PageInfo<Goods> page = goodsService.getPage(goodsQo);

            return new Gson().toJson(page);
        } catch (Exception e) {
            e.printStackTrace();
        }
        return null;
    }

    @PostMapping()
    public String save(@RequestBody GoodsQo goodsQo) throws Exception{
        Goods goods = new Goods();
        BeanUtils.copyProperties(goodsQo, goods);
        goods.setCreated(new Date());

        String response = goodsService.insert(goods);

        logger.info("新增=" + response);
        return response;
    }
    ...
}
```

从上面代码中可以看出，我们通过商品数据服务 GoodsService 可以对外提供有关商品数据访问的各种接口。需要注意的是，上面分页查询使用了 GET 方法，所以参数的传输不能直接使用查询对象，必须每个参数单独指定。不过，我们在进行接口调用设计时，可以使用查询对象进行转换，具体可以参考 7.5 节。

7.5 库存管理的 Web 应用开发

有关库存管理的 Web 应用的微服务开发，主要是通过调用商品管理的微服务接口实现的，这里面的设计和实现方法与第 6 章中类目管理的设计和实现方法十分相似，所以不再做全面的详细说明，只针对某些不同点进行简要的介绍。

库存管理的 Web 应用的微服务设计是在模块 goods-web 中实现的，这是一个独立的微服务应用，可以单独使用一个项目工程来设计。

7.5.1 公共对象的依赖引用

当我们管理商品时，必将用到商品的类目设定，所以在模块 goods-web 中，为了方便使用相关的查询对象，必须有其相关的依赖引用，代码如下所示：

```
<dependency>
        <groupId>com.demo</groupId>
        <artifactId>goods-object</artifactId>
        <version>${project.version}</version>
    </dependency>

    <dependency>
        <groupId>com.demo</groupId>
        <artifactId>catalog-object</artifactId>
        <version>2.1-SNAPSHOT</version>
        <exclusions>
            <exclusion>
                <groupId>*</groupId>
                <artifactId>*</artifactId>
            </exclusion>
        </exclusions>
    </dependency>
```

从上面的代码中可以看出，这里同时引用了商品和类目的查询对象依赖。其中，为了减少一些组件的重复引用，使用了排除设置。

注意：对 catalog-object 引用的前提是，这个程序包已经通过 Maven 在本地仓库中成功安装了，或者已经发布到了私服仓库中。

7.5.2 商品分页数据调用设计

在商品应用管理中，对微服务接口的调用，同样是使用 FeignClient 来设计的。这里不但涉及商品数据服务微服务接口的调用，还涉及类目数据服务微服务接口的调用。因为这里涉及查询对象的参数转换方法，所以针对微服务接口的调用和 FeignClient 的使用这部分内容，需要进一步说明。

在商品管理调用的客户端设计 GoodsClient 中，分页数据查询部分的代码如下所示：

```
@FeignClient("goodsapi")
public interface GoodsClient {

    @RequestMapping(method = RequestMethod.GET, value = "/goods",
            consumes = MediaType.APPLICATION_JSON_UTF8_VALUE,
            produces = MediaType.APPLICATION_JSON_UTF8_VALUE)
    String findPage(@RequestParam("index") Integer index, @RequestParam("size")
Integer size,
                    @RequestParam("merchenatid") Long merchantid,
@RequestParam("name") String name,
                    @RequestParam("sortsid") Long sortsid, @RequestParam("subsid")
Long subsid,
                    @RequestParam("created") String created);
    ...
}
```

在这个设计中，参数传输是按照微服务接口提供方提供的方法进行设计的，所以每个参数都必须按原接口的属性设置。

现在，我们来看看服务类 GoodsRestService 的设计，代码如下所示：

```
@Service
public class GoodsRestService {
     @Autowired
     private GoodsClient goodsClient;


    @HystrixCommand(fallbackMethod = "findPageFallback")
    public String findPage(GoodsQo goodsQo){
        String date = null;
        if(goodsQo.getCreated() != null) {
            SimpleDateFormat sdf = new SimpleDateFormat("yyyy-MM-dd HH:mm:ss");
            date = sdf.format(goodsQo.getCreated());
        }
        return goodsClient.findPage(goodsQo.getPage(), goodsQo.getSize(),
goodsQo.getMerchantid(),
                goodsQo.getName(), goodsQo.getSortsid(), goodsQo.getSubsid(),
date);
    }
    ...
}
```

在这里，我们为调用方提供了使用查询对象 GoodsQo 进行参数传输的方法，只有在程序中针对 GoodsClient 进行调用时，才从查询对象中取出每一个需要的参数。

7.6　Web 应用项目热部署设置

在 Web 应用开发过程中，我们经常需要对操作界面进行调整，如果需要频繁地重启应用，则不仅耗时耗力，还影响开发的效率和进度。因此，下面介绍如何在 IDEA 中进行热部署设置。

首先，在 Web 模块的项目对象模型中增加热部署组件引用和构建工程的插件配置，代码如下所示：

```
<dependencies>

    <!--热启动工具-->
    <dependency>
        <groupId>org.springframework.boot</groupId>
        <artifactId>spring-boot-devtools</artifactId>
        <optional>true</optional>
    </dependency>

</dependencies>

<build>
    <plugins>
        <!--热部署配置-->
        <plugin>
            <groupId>org.springframework.boot</groupId>
            <artifactId>spring-boot-maven-plugin</artifactId>
            <configuration>
                <fork>true</fork>
            </configuration>
        </plugin>
    </plugins>
</build>
```

然后，在 IDEA 中，使用组合键“Shift+Ctrl+Alt+/”打开“Maintenance”对话框，选择“Registry…选项”，如图 7-1 所示。

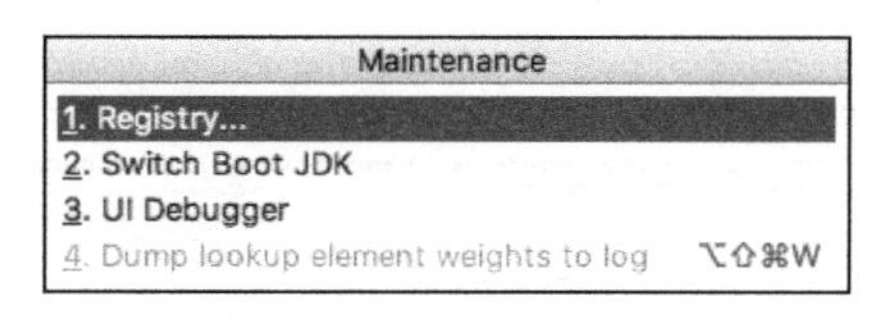

图 7-1

在打开的“Registry”配置中，勾选“compiler.automake.allow.when.app.running”选项，如图 7-2 所示。对于这一步骤，只要设置过一次即可，不用对每一个项目都进行设置。

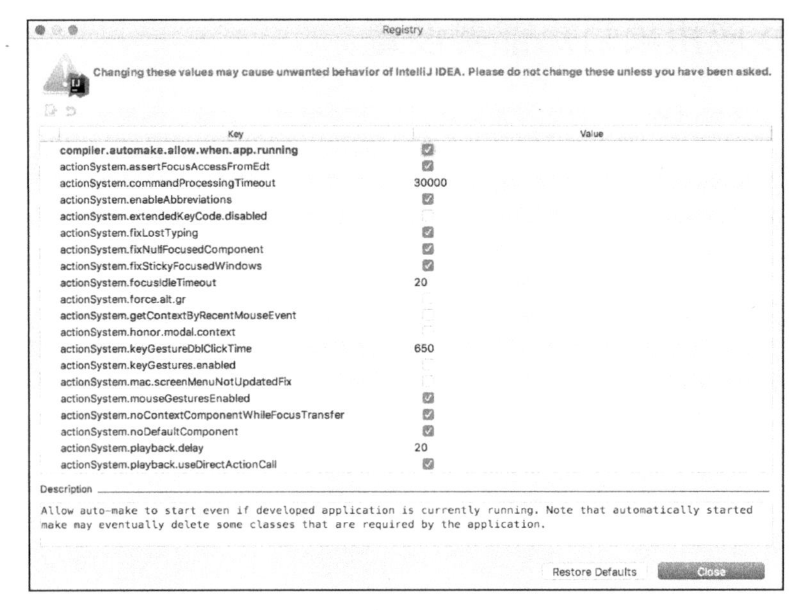

图 7-2

接着，在 IDEA 设置窗口中，选择“Complier”选项，勾选其下面的“Build project automatically”选项，如图 7-3 所示。这一设置必须针对每一个项目进行设定。

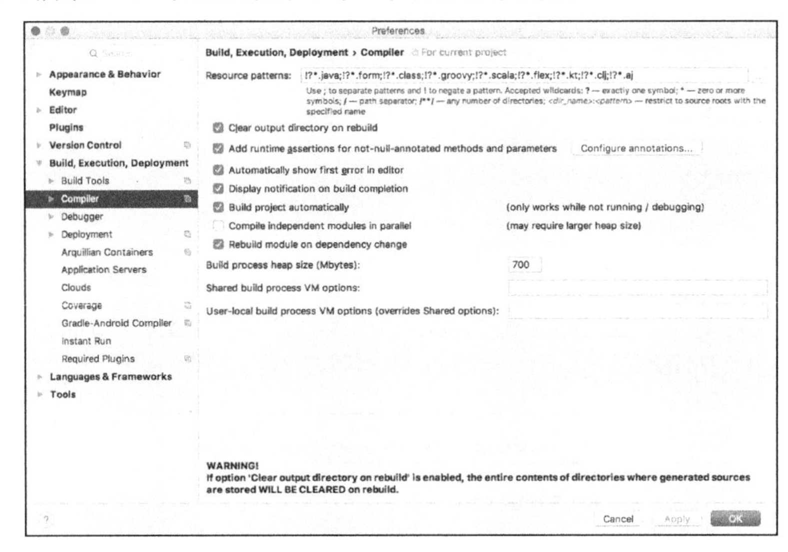

图 7-3

这样，就可以打开浏览器的开发者工具窗口（例如 Chrome），勾选“Network”菜单下面的“Disable cache”选项，如图 7-4 所示。

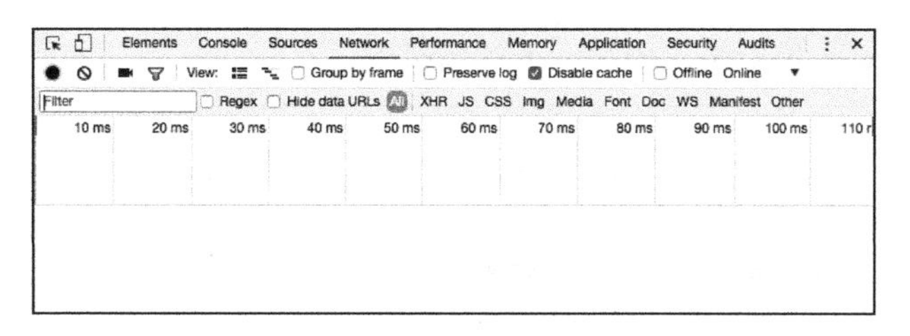

图 7-4

另外，为了不让每次修改一个 Class 就触发应用重启，我们可以在配置文件“application.yml”中增加如下所示的配置项：

```
spring.devtools.restart.enabled: false
spring.devtools.livereload.enabled: false
```

完成上面这些配置之后，当我们修改页面设计时，程序就会进行自动更新了。在修改类文件时，需要手动重启一下，这样可以避免每修改一行代码，就自动触发应用重启。

7.7 使用分布式文件系统 DFS

微服务应用使用分布式方式进行部署，并且有可能随时随地部署多个副本，所以必须有一个独立的文件系统来管理用户上传和使用的资源文件，包括图片和视频等。

在模块 goods-web 的设计中，我们是使用 FastDFS 这个轻量级的分布式文件系统来设计的。如果使用云服务商提供的对象存储服务来设计，如 OSS 服务等，则可以参照服务提供商的使用说明，并结合本实例进行设计。

下面针对库存管理中，商品创建和编辑时使用的图片，实现在 FastDFS 上进行存储和管理的设计。

有关 FastDFS 的安装、集群构建和相关配置等，将在运维部署部分的相关章节中进行介绍。

7.7.1 分布式文件系统客户端开发

FastDFS 提供了 Java 语言使用的客户端开发包，但在 Spring Boot 中使用时还需要进行二次开发。为了简化开发过程，我们使用 tobato 在 GitHub 上开源的一个专为 Spring Boot 开发者提供的封装。

首先，在 goods-web 模块中，增加如下依赖引用：

```
<dependency>
   <groupId>com.github.tobato</groupId>
   <artifactId>fastdfs-client</artifactId>
   <version>1.26.4-RELEASE</version>
</dependency>
```

然后，在模块的配置文件 application.yml 中增加如下配置：

```
fdfs:
  soTimeout: 1501
  connectTimeout: 601
  thumbImage:
    width: 150
    height: 150
  trackerList:
    - 192.168.1.214:22122
    - 192.168.1.215:22122
spring.jmx.enabled: false

file.path.head: http://192.168.1.214:8080/
```

这个配置假设 FastDFS 的 TrackerServer 安装了两台服务器，它们的 IP 地址分别为“192.168.1.214”和“192.168.1.215”，并且可以通过链接“http://192.168.1.214:8080/”使用文件。

接着，在工程的启动文件中增加注解@Import 和@EnableMBeanExport，即导入 fastdfs-client 的相关配置，代码如下所示：

```
@SpringBootApplication
@EnableDiscoveryClient
@EnableFeignClients(basePackages = "com.demo")
@ComponentScan(basePackages = "com.demo")
@Import(FdfsClientConfig.class)
@EnableMBeanExport(registration = RegistrationPolicy.IGNORE_EXISTING)
public class GoodsWebApplication {
    public static void main(String[] args) {
        SpringApplication.run(GoodsWebApplication.class, args);
    }
}
```

为了确认上面的引用和配置都已经准备就绪，可以启动应用验证一下。如果启动应用正常，则说明上面的配置是正确的。

现在，我们就可以创建一个“FastefsClient”实现文件的上传功能了，代码如下所示：

```
@Service
public class FastefsClient {
    @Autowired
    protected FastFileStorageClient storageClient;

    public String uploFile(MultipartFile file){
        String fileType =
FilenameUtils.getExtension(file.getOriginalFilename()).toLowerCase();
        StorePath path = null;
        try {
            path = storageClient.uploadFile(file.getInputStream(),
file.getSize(), fileType, null);
        }catch (IOException e){
            e.printStackTrace();
        }
        if(path != null) {
            return path.getFullPath();
        } else {
            return null;
        }
    }

    public String uploFile(InputStream inputStream, Long size, String type){
        StorePath path = null;
        try {
            path = storageClient.uploadFile(inputStream, size, type, null);
        }catch (Exception e){
            e.printStackTrace();
        }
        if(path != null) {
            return path.getFullPath();
        }else {
            return null;
        }
    }

    public boolean deleteFile(String fullPath){
        try {
```

```
            storageClient.deleteFile(fullPath);
            return true;
        }catch (Exception e){
            e.printStackTrace();
        }
        return false;
    }

}
```

这里，设计了一个多态的 uploFile 方法，可以使用不同的参数通过调用 FastFileStorageClient 实现文件上传，同时设计了一个 deleteFile 方法，实现文件的删除操作。

7.7.2 商品图片上传设计

商品图片上传步骤如下。

首先，设计一个控制器 PicUtilController；然后，在这个控制器中实现文件上传的功能，代码如下所示：

```
@Controller
@RequestMapping("/pic")
public class PicUtilController {
    @Value("${file.path.head:http://192.168.1.214:84/}")
    private String pathHead;


    @Autowired
    private FastefsClient fastefsClient;


    //可缩放图片上传
    @RequestMapping("/upload")
    public String upload() {
        return "pic/upload-pic";
    }

    /**
     * 上传图片
     * @return
     */
    @RequestMapping(value = "/uploadPic", method = RequestMethod.POST)
```

```
    public void uploadPic(@RequestParam("pictureFile") MultipartFile
multipartFile, HttpServletRequest request, HttpServletResponse response) {
        try {
            String filename = fastefsClient.uploFile(multipartFile);
            Long shopid = 1L;

            AsyncThreadPool.getInstance().execute(new Runnable() {
                @Override
                public void run() {
                    try {
                        savePic(multipartFile, filename ,shopid);
                    } catch (Exception e) {
                        e.printStackTrace();
                    }
                }
            });

            BufferedImage image = ImageIO.read(multipartFile.getInputStream());

            Map<String, Object> data = new HashMap<String, Object>();
            data.put("pathInfo", pathHead+filename);
            data.put("width", image.getWidth());
            data.put("height", image.getHeight());

            ObjectMapper mapper = new ObjectMapper();
            String ret =  mapper.writeValueAsString(data);

            response.setContentType("text/html;charset=utf8");
            response.getOutputStream().write(ret.getBytes());
            response.flushBuffer();
        }catch (IOException e){
            e.printStackTrace();
        }

    }
    ...
}
```

这个控制器设计了一个链接“/upload”，用来打开上传文件的操作界面。另外，另一个链接“/uploadPic”通过调用前面设计的文件客户端“FastefsClient”实现文件上传。上传后再将图片的路径和文件大小等信息返回给调用者。

在上面的代码中，文件上传的操作界面在视图设计“upload-pic.html”（源代码文件代码行

30～33 行）中实现，主要使用一个“input”控件从操作者的机器上选取文件进行上传，代码如下所示：

```
<div class="upload-box">
  //点击上传
 <input id="pictureFile" name="pictureFile" type="file" class="file"
onchange="uploadPic_submit(this)"/>
</div>
```

通过“upload-page.js”（源代码文件代码行 432～437 行）设计一个文件上传的请求方法，即可在视图界面上调用上面的控制器设计中上传文件的链接“/uploadPic”了。调用成功后再取出文件信息，代码如下所示：

```
//上传图片
function ajaxFileUpload(id){
    var url = '/pic/uploadPic';
    $.ajaxFileUpload({
        url : url,// 需要链接到服务器地址
        fileElementId : id,// 文件选择框的 id 属性
        dataType : 'json',// 服务器返回的格式，可以是 json
        success : function(data) {
            if(data.errorMsg){
                showMsg(data.errorMsg, "错误");
            }else{
                page.upload.finish(data.pathInfo,data.width,data.height);
            }
        }
    });
}
```

通过上述方法获取到文件信息之后，再通过“upload-pic.html”（源代码文件代码行 53～80 行）视图展现出来，这部分的设计代码如下所示：

```
<div class="img-select">
        <div class="up-tit">选择图片后可以在下框中调整您所需的部分。</div>
        <div class="operateBox">
            <span>上传图片后预览</span>

            <div class="operate" id="operate">
                <img/>
                <div class="i_see">
                    <div class="b_top"></div>
```

```
                <div class="b_right"></div>
                <div class="b_bottom"></div>
                <div class="b_left"></div>
                <div class="handle h_top_left"></div>
                <div class="handle h_top"></div>
                <div class="handle h_top_right"></div>
                <div class="handle h_right"></div>
                <div class="handle h_bottom_right"></div>
                <div class="handle h_bottom"></div>
                <div class="handle h_bottom_left"></div>
                <div class="handle h_left"></div>
                <div class="s_c"></div>
            </div>
            <div class="o_bg bg_top"></div>
            <div class="o_bg bg_right"></div>
            <div class="o_bg bg_bottom"></div>
            <div class="o_bg bg_left"></div>
        </div>
    </div>
</div>
```

上面的设计完成后，最后显示的效果如图 7-5 所示。

图 7-5

其中，在进行图片选取时，还可以对图片进行裁剪，有关这部分的功能请查看项目的源代码。

注意，在进行上面的整个调试时，必须保证有分布式文件系统服务可以访问。

7.7.3 富文本编辑器上传图片设计

在库存管理中，对商品内容的编辑建议使用富文本编辑器，这样可以编辑出图文并茂的内容。使用富文本编辑器上传图片的原理与 7.7.2 节中的图片上传的设计基本相同。

这里以使用开源的 ueditor 富文本编辑器为例进行说明。

在控制器 PicUtilController 的设计中，使用如下所示的 uploadimg 方法设计：

```
@Controller
@RequestMapping("/pic")
public class PicUtilController {
   @Value("${file.path.head:http://192.168.1.214:84/}")
   private String pathHead;

   @Autowired
   private FastefsClient fastefsClient;

   //ueditor 图片上传
   @RequestMapping(value = "/uploadimg", method= RequestMethod.POST,
produces="text/html;charset=UTF-8")
   public void uploadimg(@RequestParam("upfile") MultipartFile upfile,
HttpServletRequest request, HttpServletResponse response){
       try {
           String filename = fastefsClient.uploFile(upfile);

           Long shopid = 1L;

           AsyncThreadPool.getInstance().execute(new Runnable() {
               @Override
               public void run() {
                   try {
                       savePic(upfile, filename ,shopid);
                   } catch (Exception e) {
                       e.printStackTrace();
                   }
               }
```

```
        });

        Map<String, Object> data = new HashMap<String, Object>();
        data.put("original", upfile.getOriginalFilename());
        data.put("url", pathHead+filename);
        data.put("title", "");
        data.put("state", "SUCCESS");

        ObjectMapper mapper = new ObjectMapper();
        String ret =  mapper.writeValueAsString(data);

        response.setContentType("text/html;charset=utf8");
        response.getOutputStream().write(ret.getBytes());
        response.flushBuffer();
      }catch (Exception e){
        e.printStackTrace();
      }
    }
}
```

与商品图片上传设计不同的地方是返回参数有点不一样，主要是根据 ueditor 插件的需要进行调整和设定。

在新增商品 new.html 和编辑商品 edit.html 的页面上增加如下所示代码，引用 ueditor 插件：

```
<script type="text/javascript" charset="utf-8">
      window.UEDITOR_HOME_URL = "/ueditor/";
   </script>
   <script type="text/javascript" charset="utf-8"
th:src="@{/ueditor/editor_config.js}"></script>
   <script type="text/javascript" charset="utf-8"
th:src="@{/ueditor/editor_all.js}"></script>
   <script type="text/javascript">
      var ME = UE.getEditor('contents',
            {
               wordCount:false,
               initialFrameWidth:406,
               maximumWords:50000,
               wordOverFlowMsg:'最多输入 50000 个字符',
               toolbars:[
                   ['fullscreen', 'undo', 'redo', '|','bold', 'underline',
'strikethrough', 'superscript', 'subscript', 'removeformat',
                         'formatmatch','autotypeset', '|', 'forecolor',
'backcolor', 'cleardoc', '|','rowspacingtop', 'rowspacingbottom',
```

```
                         'lineheight','|','justifyleft', 'justifycenter',
'justifyright', 'justifyjustify', '|','imagenone', 'imageleft',
                         'imageright','imagecenter', '|','customstyle',
'paragraph', 'fontsize', '|','emotion','date', 'time','spechars',
                         '|','searchreplace', 'insertimage', 'wordimage',
'link']
                  ]});
   </script>
```

最后，必须在 ueditor 插件的配置文件“editor_config.js”（源代码文件代码行 38～41 行）中，更改如下所示的几行配置：

```
//图片上传配置区
,imageUrl:"/pic/uploadimg" //图片上传提交地址
,imagePath:""//图片修正地址，引用了 fixedImagePath，如有特殊需求，可自行配置
,imageFieldName:"upfile"  //图片数据的 key，若此处修改，需要在后台对应文件修改对应参数
```

这样，就可以使用富文本编辑器上传图片文件了。

设计完成后，显示的效果如图 7-6 所示。

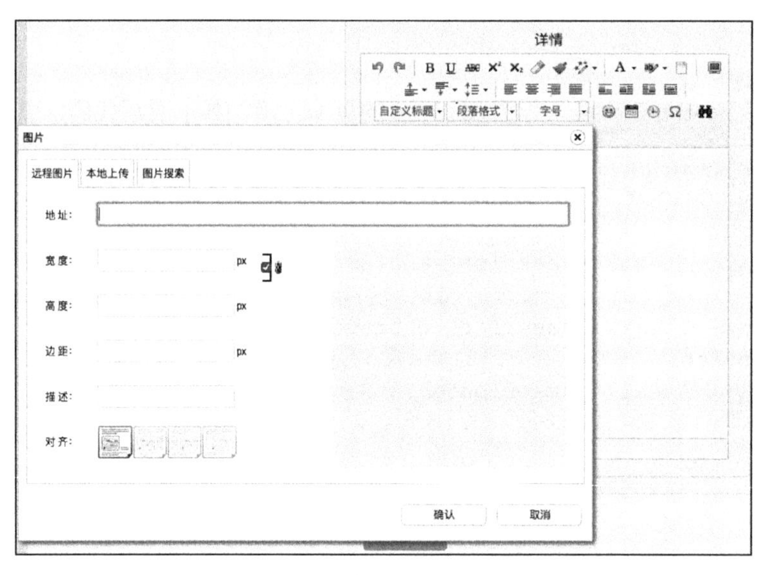

图 7-6

7.7.4 建立本地文件信息库

当一个文件上传之后，为了方便以后可以继续使用这个文件，我们可以在本地建立一个文

件信息库，用来保存一个文件的简要信息。实现方法如下。

首先，有关数据服务的设计部分在模块 goods-restapi 中。

本地信息的图片数据对象：

```
@Table(name = "t_picture")
@Data
public class Picture {
    @Id
    @GeneratedValue(strategy = GenerationType.IDENTITY)
    private Long id;//图片编号
    @Column(name = "path_info")
    private String pathInfo;//文件路径
    @Column(name = "file_name")
    private String fileName;//文件名
    private int width;//宽度
    private int height;//高度
    private String flag;//标志
    @DateTimeFormat(pattern = "yyyy-MM-dd HH:mm:ss")
    @Column(name = "created", columnDefinition = "timestamp default
current_timestamp")
    @Temporal(TemporalType.TIMESTAMP)
    private Date created;//创建时间
    private Long merchantid;//商家编号
}
```

对应的数据库表结构 t_picture 的定义：

```
CREATE TABLE 't_picture' (
  'id' bigint(20) NOT NULL AUTO_INCREMENT,
  'created' timestamp NOT NULL DEFAULT CURRENT_TIMESTAMP,
  'file_name' varchar(255) COLLATE utf8_bin DEFAULT NULL,
  'flag' varchar(255) COLLATE utf8_bin DEFAULT NULL,
  'height' int(11) DEFAULT NULL,
  'merchantid' bigint(20) DEFAULT NULL,
  'path_info' varchar(255) COLLATE utf8_bin DEFAULT NULL,
  'width' int(11) DEFAULT NULL,
  PRIMARY KEY ('id')
) ENGINE=InnoDB AUTO_INCREMENT=3 DEFAULT CHARSET=utf8 COLLATE=utf8_bin;
```

有关本地图片信息库的数据服务部分的实现，可以参照商品数据服务的设计方法，不再赘述。

成功上传文件之后，如何将文件的路径和简要信息保存到本地文件信息库中呢？

文件信息保存在控制器 PicUtilController 的 savePic 方法中，代码如下所示：

```
@Controller
@RequestMapping("/pic")
public class PicUtilController {
    @Value("${file.path.head:http://192.168.1.214:84/}")
    private String pathHead;

    @Autowired
    private PictureRestService pictureRestService;

    private String savePic(MultipartFile multipartFile, String filename, Long
shopid) throws Exception{
        BufferedImage image = ImageIO.read(multipartFile.getInputStream());

        PictureQo picture = new PictureQo();
        picture.setFileName(filename);
        picture.setHeight(image.getHeight());
        picture.setWidth(image.getWidth());
        picture.setPathInfo(pathHead);
        picture.setMerchantid(shopid);

        return pictureRestService.create(picture);
    }
}
```

在使用了本地文件信息库之后，在库存管理中创建和编辑商品时就可以使用已经上传的文件了。

为了能够更好地使用本地文件信息库，我们需要在控制器 PicUtilController 中创建一个分页查询本地文件信息库的方法 listPic，代码如下所示：

```
@Controller
@RequestMapping("/pic")
public class PicUtilController {
    @Value("${file.path.head:http://192.168.1.214:84/}")
    private String pathHead;

    @Autowired
    private PictureRestService pictureRestService;

    @RequestMapping(value = "/listPic", method = RequestMethod.POST)
    @ResponseBody
```

```
    public Page<Map<String, Object>> listPic(PictureQo pictureQo){
        String json = pictureRestService.findPage(pictureQo);
        Gson gson = TreeMapConvert.getGson();
        TreeMap<String,Object> page = gson.fromJson(json, new TypeToken<
TreeMap<String,Object>>(){}.getType());

        Pageable pageable = PageRequest.of(pictureQo.getPage(),
pictureQo.getSize(), null);
        java.util.List<PictureQo> list = new ArrayList<>();

        if(page != null && page.get("list") != null) {
            list = gson.fromJson(page.get("list").toString(), new
TypeToken<List<PictureQo>>() {
            }.getType());
        }
        String count = page.get("total").toString();

        return new PageImpl(list, pageable, new Long(count));
    }
}
```

其中，控制器使用链接“/listPic”为页面设计提供调用方法，返回本地文件信息的分页列表。

在页面上使用脚本定义 upload-page.js （源代码文件代码行 501～525 行），实现文件信息库分页查询结果的处理方法，代码如下所示：

```
function getDataHtml(pageNo,pagesize) {
    $.ajax({
        url: "/pic/listPic",
        dataType: "json",
        type: "POST",
        cache: false,
        data: {page: pageNo-1,size: pagesize || 8},
        success: function (data) {
            var $list = $('#upload-list').empty();
            $.each(data.content, function (i, v) {
                var html = "";
                html += '<div class="upload-item">'+
                    '<div class="img"><img src="'+ v.pathInfo + v.fileName +
'"/></div>'+
                    '<p>'+v.width+'x'+ v.height+'</p>'+
                    '<div class="selected"></div>'+
                    '</div>';
```

```
            $list.append($(html));
        })
        page.photos.setPosition();
        document.getElementById('pagebar').innerHTML =
PageBarNumList.getPageBar(data.number+1, data.totalPages, 3,
'getDataHtml',pagesize || 8,true);
    },
    error: function (e) {}
  });
}
```

设计完成之后，展示的效果如图 7-7 所示。

图 7-7

7.8 总体测试

在库存管理项目整体开发完成之后，可以进行一个总体测试。这个测试需要调用类目管理的微服务接口，所以在进行测试时，可按下列顺序启动各个模块。

（1）启动类目接口服务：catalog-restapi 模块。

（2）启动库存管理微服务 API 应用：goods-restapi 模块。

（3）启动库存管理 PC 端 Web 应用：goods-web 模块。

上面几个模块启动成功之后，可在浏览器打开如下链接地址：

```
http://localhost:8092
```

如果各个模块都能正常运行，则可以在库存管理首页中显示已有的商品列表，如图 7-8 所示。

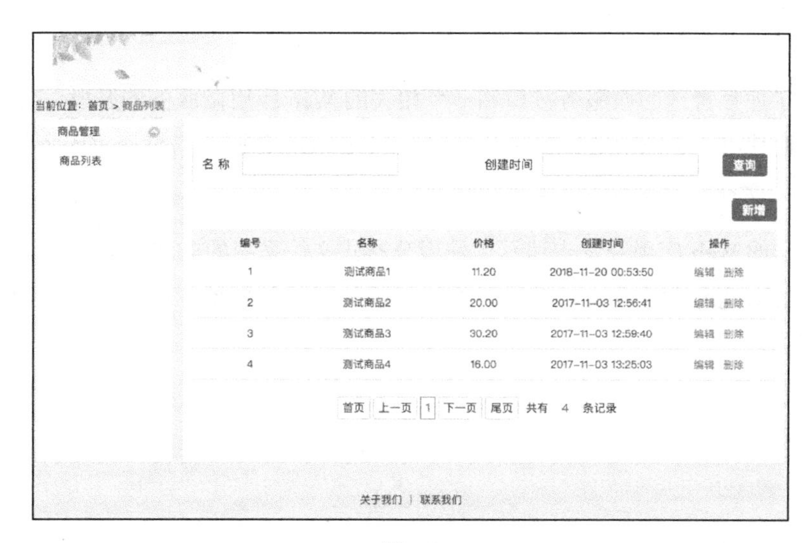

图 7-8

在这个页面中，我们可以新增或者编辑商品。编辑商品的操作界面如图 7-9 所示。

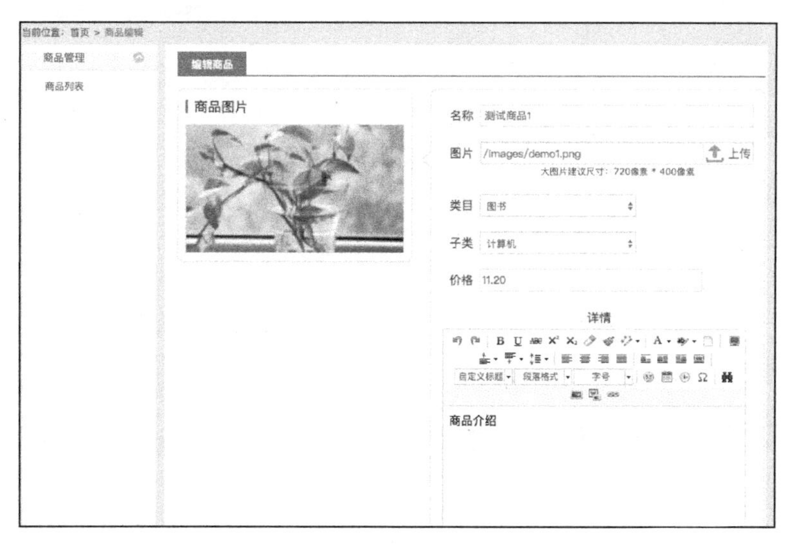

图 7-9

注：在模块 goods-restapi 的目录（doc）下面有一个库存管理项目的数据库脚本，这个脚本有一些模拟数据，可以方便读者进行功能调试。图 7-9 中显示的图片就是模拟数据显示的效果，这个图片是项目目录中的图片，可以在本地进行调试，并未使用分布式文件管理系统。

7.9 小结

本章介绍了库存管理的微服务接口和一个相关的 Web 应用微服务的开发。在这个项目的开发过程中，我们使用了半自动的数据库开发框架 MyBatis，体验了与使用 JPA 不同的开发实践。在生产应用中，读者可以根据实际情况选择使用。

同时，本章的 Web 应用开发也演示了使用分布式文件系统的方法，不管是使用 DFS，还是使用 OSS，其设计思路和实现方法基本一致，所以我们只需掌握一种开发方法，就能够在实际应用中应用自如。

第8章 海量订单系统微服务开发

订单系统是电商平台中一个非常重要的组成部分，而且它还是一个具有巨大流量和高并发访问的系统，与订单相关的服务涉及库存、支付、物流等。在设计订单系统时，我们选择使用支持海量数据的 NoSQL 数据库 MongoDB，配合使用反应式的 Spring Data MongoDB，实现高并发设计。

本章实例项目代码可从本书源代码中下载，在 IDEA 中检出，或通过页面直接下载使用。检出后请获取分支版本 V2.1。在这个分支中包含以下几个模块：

◎ order-object：订单公共对象设计。

◎ order-restapi：订单微服务接口应用设计。

◎ order-web：订单后台管理应用设计。

8.1 使用 MongoDB 支持海量数据

MongoDB 是一个分布式数据库，对于开发调试，我们只需一个单机版即可。

8.1.1 使用 Mongo 插件

如果使用的是 IDEA 开发工具，则为了方便查询数据库，也可以安装一个 Mongo 客户端插件。打开 IDEA 设置，在插件上搜索 Mongo 进行安装即可，安装完成后，如图 8-1 所示。

安装插件之后，就可以在设置中通过 Other Settings 连接 MongoDB，使用客户端来查询数据。图 8-2 是一个本地数据库连接的配置实例。

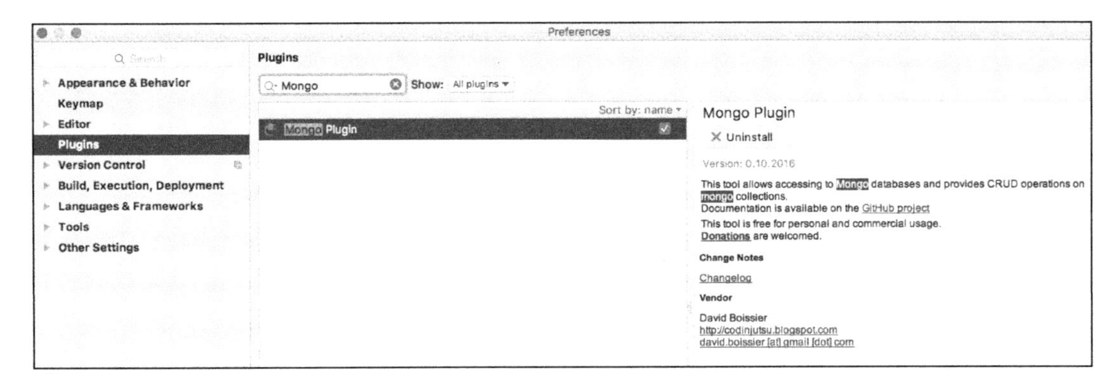

图 8-1

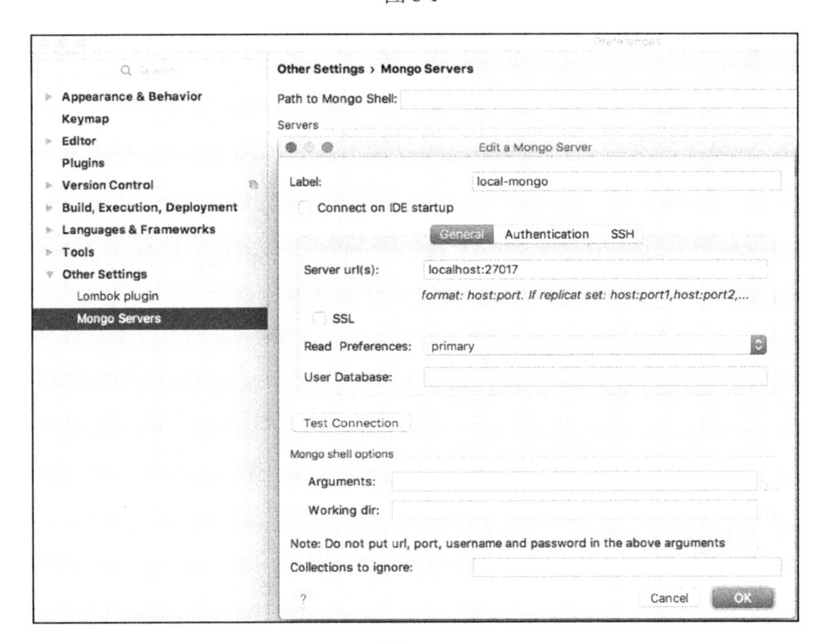

图 8-2

8.1.2 MongoDB 数据源相关配置

我们在模块 order-restapi 中进行 MongoDB 的设计，首先在项目对象模型 pom.xml 中引入相关依赖引用，代码如下所示：

```
    <dependency>
        <groupId>org.springframework.boot</groupId>
<artifactId>spring-boot-starter-data-mongodb-reactive</artifactId>
    </dependency>
```

这里引用的是反应式 Spring Data MongoDB 组件，它可以支持无事务的高并发非阻塞的异步请求调用。

在模块的配置文件 applicaption.yml 中，设定连接 MongoDB 服务器的数据源配置，代码如下所示：

```
#datasource
spring:
  data:
    mongodb:
      host: localhost
      port: 27017
#矫正 Mongo 查询时间
  jackson:
    timeZone: GMT+8
```

这里是开发环境的一个本地连接的简单配置，如果是生产环境，则可以设置用户名和密码，并且指定使用的数据库名称。

因为 MongoDB 使用了格林尼治时间（GMT），所以为了显示东八区的正确时间，我们在数据查询时做了“GMT+8”的配置。

8.2　订单文档建模

订单数据主要由订单及其明细数据组成，由于订单从生成开始到交易结束，会发生一系列状态变化，而这些状态一般可以固定下来，所以可以使用一个枚举类来实现。

8.2.1　订单及其明细数据

订单文档的建模由 Order 类实现，代码如下所示：

```
@Document
@Data
@NoArgsConstructor
public class Order {
    //订单 ID
    @Id
    private String id;
    //订单号
    @Indexed(name = "index_orderNo")
```

```
    private String orderNo;
    //用户编号
    private Long userid;
    //商家编号
    private Long merchantid;
    //订单金额
    private Double amount;
    //订单状态（0：未付款，1：已付款，2：已发货，3：已收货，4：已评价，-1：已撤销，-2：已
退款）
    private Integer status;
    //创建时间
    @DateTimeFormat(pattern = "yyyy-MM-dd HH:mm:ss")
    private Date created;
    //操作员
    private String operator;
    //修改时间
    @DateTimeFormat(pattern = "yyyy-MM-dd HH:mm:ss")
    private Date modify;
    //订单明细
    private List<OrderDetail> orderDetails = new ArrayList<>();

}
```

在上面的代码中，各个字段的属性已经有注释说明。注解@Data 为各个字段自动生成 getter/setter 方法。另外，注解@Id 可由数据库自动生成 ID，并且是文档的唯一索引；注解@Indexed 为订单编号创建了一个索引，从而提高了以订单号进行查询的性能。

订单明细的定义在类 OrderDetail 中，代码如下所示：

```
@Data
public class OrderDetail {
    //商品编号
    private Long goodsid;
    //商品名称
    private String goodsname;
    //商品图片
    private String photo;
    //购买数量
    private Integer nums;
    //单价
    private Double price;
    //金额
```

```
    private Double money;
    //时间戳
    @DateTimeFormat(pattern = "yyyy-MM-dd HH:mm:ss")
    private Date created;
}
```

在订单明细设计中，对于商品名称和图片数据等字段，使用冗余设计的方法，可以减少对库存管理中商品接口的调用。

订单明细虽然是一个独立的类，但它不是一个独立的文档。订单明细将与订单一起组成一个文档。这一点与关系数据库的设计不同，如果是 MySQL，则订单明细会使用另一个表结构，在查询时再使用关联关系获取数据，这样一来必将是很耗性能的。

8.2.2　订单状态枚举

订单状态在订单文档中保存时是一个整型字段，它对应订单的一个状态信息。一般来说，这种状态都较为固定，所以我们使用一个枚举定义 StatusEnum 来实现，这样在订单的查询设计中，就可以对各个订单状态进行转换，同时在订单的编辑中也可以列举出所有状态进行选择。代码如下所示：

```
public enum StatusEnum {
    UNPAID(Integer.valueOf(0), "未付款"),
    PAID(Integer.valueOf(1), "已付款"),
    SHIPPED(Integer.valueOf(2), "已发货"),
    RECEIVED(Integer.valueOf(3), "已收货"),
    EVALUATED(Integer.valueOf(4), "已评价"),
    REVOKED(Integer.valueOf(-1), "已撤销"),
    REFUNDED(Integer.valueOf(-2), "已退款");

    private Integer code;
    private String name;

    StatusEnum(Integer code, String name) {
        this.code = code;
        this.name = name;
    }

    public static boolean contains(Integer code) throws NullPointerException {
        if(null == code) {
            throw new NullPointerException("constant code is null");
```

```
        } else {
            StatusEnum[] var1 = values();
            int var2 = var1.length;

            for(int var3 = 0; var3 < var2; ++var3) {
                StatusEnum eum = var1[var3];
                if(code.equals(eum.getCode())) {
                    return true;
                }
            }

            return false;
        }
    }

    public static StatusEnum valueOf(Integer code) throws NullPointerException,
EnumConstantNotPresentException {
        if(null == code) {
            throw new NullPointerException("constant code is null");
        } else {
            StatusEnum[] var1 = values();
            int var2 = var1.length;

            for(int var3 = 0; var3 < var2; ++var3) {
                StatusEnum statusEnum = var1[var3];
                if(code.equals(statusEnum.getCode())) {
                    return statusEnum;
                }
            }

            throw new EnumConstantNotPresentException(StatusEnum.class,
code.toString());
        }
    }

    public Integer getCode() {
        return this.code;
    }

    public String getName() {
        return this.name;
    }
}
```

8.3 反应式 MongoDB 编程设计

反应式编程设计是 Spring Boot 2.0 及以上版本提供的一个新功能，这是一个非阻塞的异步调用设计，可以适应高并发的请求调用。在反应式编程中有两个基本概念：Flux 和 Mono。Flux 表示的是包含 0 到 *N* 个元素的异步序列，在该序列中可以包含三种不同类型的消息通知：正常的包含元素的消息、序列结束的消息和序列出错的消息。当消息通知产生时，订阅者中对应的方法 onNext()、onComplete()和 onError()会被调用。Mono 表示的是包含 0 或者 1 个元素的异步序列，在该序列中，包含的消息通知的类型与 Flux 相同。

8.3.1 基于 Spring Data 的存储库接口设计

Spring Data MongoDB 和 Spring Data 一样，有一个统一的规范设计。前面我们在 Spring Data JPA 中使用过这种规范，所以接下来的代码，读者会觉得很熟悉。

订单的存储库接口是 OrderRepository，实现代码如下所示：

```
@Repository
@Primary
public interface OrderRepository extends ReactiveMongoRepository<Order, String>
{
   Mono<Order> findByOrderNo(String orderNo);
}
```

注意，这里继承的接口开头带有"Reactive"，这是一个反应式的存储库接口。我们也可以使用"findBy"的方式再加上文档类的字段属性来声明方法，如 findByOrderNo，它的返回类型是一个 Mono<Order>的异步序列。

8.3.2 动态分页查询设计

在存储库接口设计中，可以使用注解@Query 灵活地定义复杂的查询。对于订单的分页查询，我们使用了如下所示的动态查询设计：

```
@Query("{ 'userid' : ?#{([0] == null) ? {$exists:true} : [0]}," +
        " 'merchantid' : ?#{([1] == null) ? {$exists:true} : [1]} ," +
        " 'status' : ?#{([2] == null) ? {$exists:true} : [2]}," +
        " 'created' : ?#{([3] == null) and ([4] == null)? {$exists:true} : { $gte:
[3], $lte: [4]}} }")
```

```
    Flux<Order> findAll(Long userid, Long merchantid, Integer status, Date start,
Date end, Sort sort);
```

这里我们提供了几个查询条件，它们分别是：用户编号（userid）、商家编号（merchantid）、订单状态（status）和订单创建日期（created）。这些查询条件如果值为空，则忽略不计，否则按提供的数值进行限定查询。其中，对于订单的创建日期的条件查询，使用了大于或等于（$gte）开始日期和小于或等于（$lte）结束日期的条件限制。最后，还可以对查询结果进行排序。

针对分页的查询接口声明，我们在服务类 OrderService 中使用了如下所示的设计：

```
@Service
public class OrderService {
    @Autowired
    private OrderRepository orderRepository;

    public Flux<Order> findAll(OrderQo orderQo){
        try{
            Sort sort = Sort.by(new Sort.Order(Sort.Direction.DESC, "created"));

            return orderRepository. findAll(orderQo.getUserid(),
orderQo.getMerchantid(),
                    orderQo.getStatus(), orderQo.getStart(), orderQo.getEnd(),
sort)
                    .skip(orderQo.getPage() * orderQo.getSize())
                    .limitRequest(orderQo.getSize());
        }catch (Exception e){
            e.printStackTrace();
            return null;
        }
    }

    public Mono<Long> getCount(){
        return orderRepository.count();
    }
}
```

首先对订单创建日期进行倒序排序，然后使用查询对象 OrderQo 传输查询参数，并对查询结果使用分页方式输出。需要注意的是，这里的输出结果是一个异步序列 Flux<Order>，它包含了订单的列表数据。如果是单个对象的数据输出，则可以使用异步序列 Mono，如上面代码中对订单总数查询的输出使用了 Mono<Long>序列。

8.4 Mongo 单元测试

针对前面的纯数据库方面的设计，我们可以使用一个单元测试进行验证。

一个生成订单数据的测试用例如下所示：

```
@RunWith(SpringRunner.class)
@ContextConfiguration(classes = {OrderRestApiApplication.class})
@SpringBootTest
@Slf4j
public class OrderTest {
    @Autowired
    private OrderService orderService;

    @Test
    public void insertData(){
        OrderDetail orderDetail1 = new OrderDetail();
        orderDetail1.setGoodsname("测试商品 1");
        orderDetail1.setGoodsid(1L);
        orderDetail1.setPrice(12.20D);
        orderDetail1.setNums(1);
        orderDetail1.setMoney(12.20D);
        orderDetail1.setPhoto("../images/demo1.png");

        OrderDetail orderDetail2 = new OrderDetail();
        orderDetail2.setGoodsname("测试商品 2");
        orderDetail2.setGoodsid(2L);
        orderDetail2.setPrice(20.00D);
        orderDetail2.setNums(2);
        orderDetail2.setMoney(40.00D);
        orderDetail2.setPhoto("../images/demo2.png");

        Order order = new Order();
        order.setOrderNo("123456");
        order.setUserid(1213L);
        order.setMerchantid(2222L);
        order.setAmount(52.20D);
        order.setStatus(1);
        order.setCreated(new Date());

        List<OrderDetail> orderDetails = new ArrayList<>();
        orderDetails.add(orderDetail1);
```

```
        orderDetails.add(orderDetail2);

        order.setOrderDetails(orderDetails);

        Mono<Order> response = orderService.save(order);

        Assert.notNull(response, "save erro");
        log.info("返回结果: {}", new Gson().toJson(response.block()));
    }
}
```

在这个测试用例设计中生成了一个订单，并为这个订单的明细数据生成了两个记录。如果打开 MongoDB 的调试日志，就可以从控制台中看到如下输出：

```
Inserting Document containing fields: [orderNo, userid, merchantid, amount,
status, created, orderDetails, _class] in collection: order
```

另外，为了更加清晰地看到测试结果，我们还在日志输出中通过“返回结果：{}”将这条生成的订单信息打印出来。

这时，也可以借助 MongoDB 的客户端查询测试的结果。

因为测试是在线程中执行反应式的数据操作，所以对于异步序列，必须在最后执行类似 block()这样的阻塞处理，才能完成反应式的调用过程，否则不可能达到预期的结果。

在接下来的各种增删改查的测试用例设计中，最后都进行了阻塞处理设计。例如，对分页查询的测试，我们使用如下所示的设计：

```
@Test
public void findAll() throws Exception{
    OrderQo orderQo = new OrderQo();

    List<Order> list = orderService.findAll(orderQo).collectList().block();

    Assert.notEmpty(list, "list is empty");

    log.info("总数: {}; 列表: {}", list.size(), new Gson().toJson(list));
}
```

执行这个测试用例后，可以在控制台日志中看到 MongoDB 的日志输出，如下所示：

```
find using query: { "userid" : { "$exists" : true }, "merchantid" : { "$exists" :
true }, "status" : { "$exists" : true }, "created" : { "$exists" : true } } fields:
```

```
Document{{}} for class: class com.demo.order.restapi.domain.Order in collection:
order
```

因为这里没有提供查询参数的数值，所示这是一个没有条件限制的查询，它会按分页结果查出订单的所有记录。

当我们为这些查询参数指定数据时，即可看到如下所示的查询日志输出：

```
find using query: { "userid" : 1213, "merchantid" : 2222, "status" : 1, "created" :
{ "$gte" : { "$date" : 1564538018885 }, "$lte" : { "$date" : 1567130018886 } } }
fields: Document{{}} for class: class com.demo.order.restapi.domain.Order in
collection: order
```

8.5　订单接口微服务开发

在对数据库进行单元测试之后，我们就可以开始微服务接口的开发了。完成数据库的开发之后，接口的开发就很简单了。下面的代码展示了订单数据查询和订单生成的设计实例：

```
@RestController
@RequestMapping("/order")
@Slf4j
public class OrderRestController {

    @Autowired
    private OrderService orderService;

    @GetMapping(value="/{id}")
    public Mono<Order> fnidById(@PathVariable String id) {
        return orderService.findById(id);
    }

    @GetMapping()
    public Flux<Order> findAll(Integer index, Integer size, Long userid, Long
merchantid,
                              Integer status, String start, String end){
        try {
            OrderQo orderQo = new OrderQo();

            if(CommonUtils.isNotNull(index)){
                orderQo.setPage(index);
            }
            if(CommonUtils.isNotNull(size)){
                orderQo.setSize(size);
```

```
            }
            if(CommonUtils.isNotNull(userid)){
                orderQo.setUserid(userid);
            }
            if(CommonUtils.isNotNull(merchantid)){
                orderQo.setMerchantid(merchantid);
            }
            if(CommonUtils.isNotNull(status)){
                orderQo.setStatus(status);
            }
            if(CommonUtils.isNotNull(start)){
                SimpleDateFormat sdf = new SimpleDateFormat("yyyy-MM-dd
HH:mm:ss");
                orderQo.setStart(sdf.parse(start));
            }
            if(CommonUtils.isNotNull(end)){
                SimpleDateFormat sdf = new SimpleDateFormat("yyyy-MM-dd
HH:mm:ss");
                orderQo.setEnd(sdf.parse(end));
            }

            return orderService.findAll(orderQo);
        } catch (Exception e) {
            e.printStackTrace();
        }
        return null;
    }

    @PostMapping()
    public Mono<Void> save(@RequestBody OrderQo orderQo) throws Exception{
        Order order = CopyUtil.copy(orderQo, Order.class);

        List<OrderDetail> detailList =
CopyUtil.copyList(orderQo.getOrderDetails(), OrderDetail.class);
        order.setOrderDetails(detailList);


        Mono<Void> response = orderService.save(order).then();

        log.info("新增=" + response);
        return response;
    }
}
```

由于使用反应式的编程方法，所以不管是哪一种接口的设计，最后都必须返回一个异步序列，例如 Mono 或者 Flux。

对于分页查询，则必须检测每个查询参数，只有非空，才提供相关的查询条件。注意日期类型的参数，因为在传输过程中只能使用文本方式，所以最后在提交查询条件时必须将其转换为日期类型的数据。

在订单生成的设计中，因为接收的参数是查询对象 OrderQo，所以最终必须将其转换成文档 Order。每一个订单明细都必须进行转换。

8.6 订单的分布式事务管理

集中式的数据管理可以在一个事务中完成，所以能保证数据的高一致性。微服务的多服务架构，使得数据可以由不同的微服务进行分散管理，所以想要保证数据的一致性，就必须有合理的设计。

对于订单来说，订单的状态变化与库存、物流、评价等各个服务息息相关，所以订单的状态变化，会涉及分布式事务管理的问题。比如当买家撤销订单时，库存服务的商品存量必须改变。

对于分布式事务管理，我们可以依据 CAP 原理的 BASE 理论实现数据最终一致性设计。

CAP（Consistency，Availability，Partition Tolerance）即一致性、可用性和分区容错性，三者不可兼得。

BASE（Basically Available，Soft State，Eventually Consistent）即基本可用、软状态和最终一致性。BASE 是对 CAP 中一致性和可用性进行权衡的结果。

在微服务设计中，数据最终一致性设计主要使用两种方法实现，一种是通过接口调用实现实时同步操作，另一种是使用消息通道以事件响应的方式进行异步处理。

这里，我们以订单取消为例，使用异步消息传输，实现分布式事务管理的数据最终一致性设计。

8.6.1 订单取消的消息生成

首先，在 order-restapi 模块的项目对象模型配置中引入 AMQP 的消息组件依赖，代码如下所示：

```
<!--消息总线-->
  <dependency>
      <groupId>org.springframework.cloud</groupId>
      <artifactId>spring-cloud-starter-bus-amqp</artifactId>
  </dependency>
```

其次，在配置文件中，设置连接 RabbitMQ 服务器的配置，代码如下所示：

```
spring:
  rabbitmq:
    addresses: amqp://localhost:5672
    username: develop
    password: develop
```

服务地址、端口、用户名和密码等参数需根据 RabbitMQ 的安装和配置进行设定。

下面，我们创建一个消息发送器 MessageSender，用来发送 MQ（Message Queue），代码如下所示：

```
  @Service
  public class MessageSender {
    private static Logger logger =
LoggerFactory.getLogger(MessageSender.class);
    @Autowired
    private AmqpTemplate amqpTemplate;

    public void OrderUpdateMsg(OrderQo orderQo){

        MessageProperties messageProperties = new MessageProperties();
        messageProperties.setDeliveryMode(MessageDeliveryMode.PERSISTENT);
        messageProperties.setContentType("UTF-8");

        String json  = new Gson().toJson(orderQo);

        Message message = new Message(json.getBytes(), messageProperties);

        amqpTemplate.send("ordermsg.update",  message);//接收端必须使用相同队列

        logger.info("发送订单变更消息：{}", json);
    }

}
```

这里使用查询对象 OrderQo 发送了一个完整的订单信息。

注意，这里的消息队列的名称设定为“ordermsg.update”，所以，消息接收方必须使用这个队列名称才能接收订单状态变化的相关信息。

最后，我们在订单修改这个接口中，使用消息发送器生成一条异步消息，代码如下所示：

```
@RestController
@RequestMapping("/order")
@Slf4j
public class OrderRestController {
    @Autowired
    private OrderService orderService;

    @Autowired
    private MessageSender messageSender;

    @PutMapping()
    public Mono<Void> update(@RequestBody OrderQo orderQo) throws Exception{
        Order order = CopyUtil.copy(orderQo, Order.class);
        order.setModify(new Date());

        List<OrderDetail> detailList =
CopyUtil.copyList(orderQo.getOrderDetails(), OrderDetail.class);
        order.setOrderDetails(detailList);

        Mono<Void> response = orderService.save(order).then();

        //发送 MQ 消息，通知订单修改
        messageSender.OrderUpdateMsg(orderQo);

        log.info("修改=" + response);
        return response;
    }
}
```

上面就是在分布式事务设计中消息生产方的一个设计实例。接下来，我们看看消息消费者是如何接收消息的，以完成一次分布式事务的过程。

8.6.2　订单取消的库存变化处理

接收订单取消的消息处理是在库存管理项目 goods-microservice 的 goods-restapi 模块中实现

的。其中，MQ 的组件依赖和服务器连接的配置与前面的基本相同。

在库存接口微服务应用中，我们只需设计一个订单消息接收器 MessageOrderReceiver，就可以完成消息监听、消息接收、消息处理的相关操作，代码如下所示：

```
@Component
public class MessageOrderReceiver {
    private static Logger logger =
LoggerFactory.getLogger(MessageOrderReceiver.class);
    @Autowired
    private GoodsService goodsService;

    @RabbitListener(queuesToDeclare = @Queue(value = "ordermsg.update"))
    public void orderUpdate(byte[] body) {
        logger.info("----------订单变更消息处理----------");
        try {
            OrderQo orderQo = new Gson().fromJson(new String(body, "UTF-8"),
OrderQo.class);
            if(orderQo != null) {
                logger.info("接收订单更新消息，订单编号=" + orderQo.getOrderNo());

                if (orderQo.getStatus() != null && orderQo.getStatus() < 0) {
                    List<OrderDetailQo> list = orderQo.getOrderDetails();
                    for (OrderDetailQo orderDetailQo : list) {
                        Goods goods =
goodsService.getById(orderDetailQo.getGoodsid());
                        if(goods != null){
                            Integer num  = goods.getBuynum() != null &&
goods.getBuynum() >0?
                                    goods.getBuynum() - 1 : 0;
                            goods.setBuynum(num);
                            goodsService.update(goods);
                            logger.info("更新了商品购买数量，商品名称=" +
goods.getName());
                        }
                    }
                }
            }
        } catch (Exception e) {
            e.printStackTrace();
        }
    }
}
```

这里我们监听了消息队列“ordermsg.update”，将接收的消息转换成查询对象 OrderQo，这样，即可根据订单状态和订单明细中的商品数据，决定是否执行商品库存存量减少的操作，完成一次分布式事务管理的整个流程。

8.7　订单管理后台微服务开发

订单管理后台微服务是为商家提供的一个 PC 端的 Web 微服务应用，它的设计在订单微服务项目的 order-web 模块中。在这个模块中，含有微服务接口调用和页面设计等内容，与前面章节中类目管理和库存管理项目的设计大同小异。这里只针对一些不同点进行详细介绍，其他方面可以参照前面章节。

8.7.1　订单查询主页设计

订单后台主页控制器 OrderController 的设计代码如下所示：

```
@RestController
@RequestMapping("/order")
public class OrderController {
    private static Logger logger =
LoggerFactory.getLogger(OrderController.class);

    @Autowired
    private OrderRestService orderRestService;

    @RequestMapping(value="/index")
    public ModelAndView index(ModelMap model) throws Exception{
        //订单状态枚举集合
        StatusEnum[] statuses = StatusEnum.values();
        model.addAttribute("statuses", statuses);
        return new ModelAndView("order/index");
    }

    @RequestMapping(value="/{id}")
    public ModelAndView findById(@PathVariable String id, ModelMap model) {
        String json = orderRestService.findById(id);
        OrderQo orderQo = new Gson().fromJson(json, OrderQo.class);

        model.addAttribute("status",
StatusEnum.valueOf(orderQo.getStatus()).getName());
```

```
        model.addAttribute("order", orderQo);

        return new ModelAndView("order/show");
    }

    @RequestMapping(value = "/list")
    public Page<Map<String, Object>> findAll(OrderQo orderQo) throws Exception{
        String json = orderRestService.findPage(orderQo);

        Pageable pageable = PageRequest.of(orderQo.getPage(), orderQo.getSize(),
null);

        List<OrderQo> list = new Gson().fromJson(json, new
TypeToken<List<OrderQo>>(){}.getType());

        for(OrderQo order : list){

order.setStatusStr(StatusEnum.valueOf(order.getStatus()).getName());
        }

        String count = orderRestService.getCount();

        return new PageImpl(list, pageable, new Long(count));
    }
}
```

这几个方法中都用到了订单状态的枚举类型集合 StatusEnum，使用这个集合，为我们在订单查询和参数转换中提供很多方便。

其中在分页查询中，调用了两次订单接口，一次用来取得订单列表，另一次用来取得订单总数。通过这个总数，才能计算出总的页数。另外，对于列表中订单状态的显示，在这里提前进行了转换处理，这样在后面的页面设计中，就可以直接使用。

基于订单状态的枚举集合，主页页面设计中的查询条件设计代码如下所示：

```
<li>
                            <label class="preInpTxt f-left">订单状态</label>
                            <select id="status" name="status">
                                <option value="">全部</option>
                                <option th:each="status:${statuses}"
th:value="${status.code}" th:text="${status.name}"></option>
                            </select>
                        </li>
```

通过引用订单状态的枚举集合变量 statuses，使用一个 th:each 循环语句，即可生成一个订单状态的下拉列表框。

8.7.2　订单状态修改设计

下面再来看看订单状态的修改设计。在控制器 OrderController 的设计中，使用如下所示的实现方法：

```
@RestController
@RequestMapping("/order")
public class OrderController {
    private static Logger logger =
LoggerFactory.getLogger(OrderController.class);

    @Autowired
    private OrderRestService orderRestService;

    @GetMapping("/edit/{id}")
    public ModelAndView update(@PathVariable String id, HttpServletRequest
request, ModelMap model) {
        String json = orderRestService.findById(id);
        OrderQo orderQo = new Gson().fromJson(json, OrderQo.class);

        //订单状态枚举集合
        StatusEnum[] statuses = StatusEnum.values();

        model.addAttribute("statuses", statuses);
        model.addAttribute("order", orderQo);

        return new ModelAndView("order/edit");
    }

    @PostMapping(value="/update")
    public String update(OrderQo orderQo, HttpServletRequest request) {
        String json = orderRestService.findById(orderQo.getId());
        OrderQo newOrder = new Gson().fromJson(json, OrderQo.class);

        newOrder.setStatus(orderQo.getStatus());
        newOrder.setModify(new Date());

        orderRestService.update(newOrder);
        logger.info("修改=" + orderQo.getId());
        return "1";
```

```
    }
}
```

这里，先从 OrderRestService 中取得一个订单数据，然后在页面 edit.html 中展示出来。当用户在页面上选择一个订单状态并提交之后，就会调用 OrderRestService 的 update 方法，请求数据库更新数据。

在页面 edit.html 的设计中，使用了一个弹出窗口，其完整代码如下所示：

```
<html xmlns:th="http://www.thymeleaf.org">
<script th:src="@{/scripts/order/edit.js}"></script>
<form id="saveForm" method="post">
   <input type="hidden" name="id" id="id" th:value="${order.id}"/>
<div class="addInfBtn" >
   <h3 class="itemTit"><span>子类信息</span></h3>
   <table class="addNewInfList">
       <tr>
           <th>订单号</th>
           <td width="200">
               <input class="inp-list w-200 clear-mr f-left" type="text"
th:value="${order.orderNo}" readonly="true" id="orderNo" name="orderNo"
maxlength="16" />
           </td>
           <th>状态</th>
           <td>
               <select id="status" name="status">
                   <option th:each="status:${statuses}"
th:value="${status.code}"
                           th:text="${status.name}"
                           th:selected="${status.code == order.status}"
                   ></option>
               </select>
           </td>
       </tr>
   </table>
   <div class="bottomBtnBox">
       <a class="btn-93X38 saveBtn" href="javascript:void(0)">确定</a>
       <a class="btn-93X38 backBtn" href="javascript:closeDialog(0)">返回</a>
   </div>
</div>

</form>
```

其中，订单编号设定为只读状态，即不能被修改，而订单的状态使用一个下拉列表框来显示。刚打开页面时，原有的订单状态会处于已经选定的状态。这样当用户在页面上选择另一个状态进行提交时，就可以对订单状态进行修改操作了。

8.8　集成测试

在开发完成之后，需要进行一个集成测试。在这个集成测试中，会用到消息队列，所以必须保证 RabbitMQ 服务器已经启动，并且程序与服务器的连接配置都正确无误。

按下列顺序启动各个微服务模块：

（1）库存管理微服务 API 应用：goods-restapi。

（2）订单微服务应用接口设计：order-restapi。

（3）订单后台管理应用：order-web。

上面各个模块启动成功之后，通过浏览器打开如下链接地址，即订单 Web 应用的后台管理首页：

```
http: //Localhost: 8095
```

如果打开成功，并且已有订单数据，则可以看到如图 8-3 所示页面。

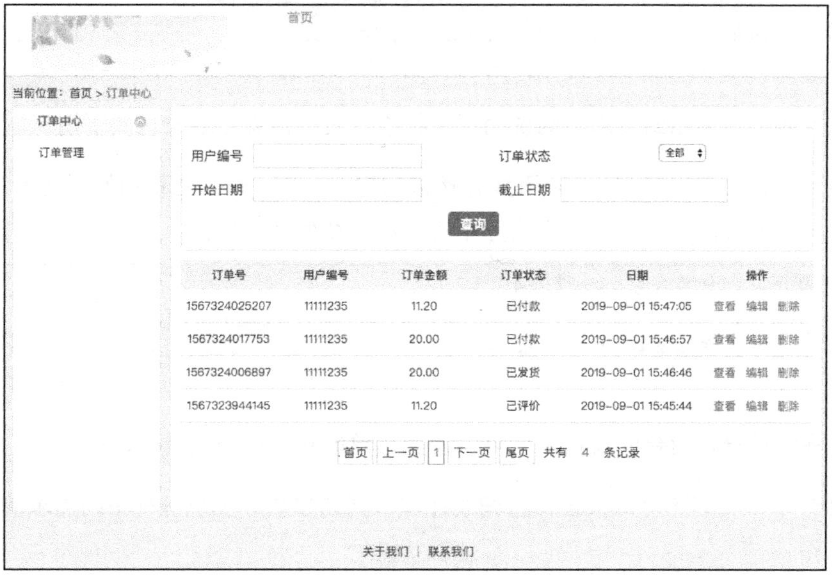
首页
当前位置：首页 > 订单中心
订单中心
订单管理
用户编号
订单状态
全部
开始日期
截止日期
查询
订单号 用户编号 订单金额 订单状态 日期 操作
1567324025207 11111235 11.20 已付款 2019-09-01 15:47:05 查看 编辑 删除
1567324017753 11111235 20.00 已付款 2019-09-01 15:46:57 查看 编辑 删除
1567324006897 11111235 20.00 已发货 2019-09-01 15:46:46 查看 编辑 删除
1567323944145 11111235 11.20 已评价 2019-09-01 15:45:44 查看 编辑 删除
首页 上一页 1 下一页 尾页 共有 4 条记录
关于我们 | 联系我们

图 8-3

现在我们编辑一下订单，选择图 8-3 中第一个已付款的订单，单击“编辑”选项，在弹出的编辑窗口中，将状态修改为已撤销，如图 8-4 所示。

图 8-4

单击“确定”按钮，如果页面上返回了编辑成功的提示，则说明修改操作已经完成。

查看订单接口和库存接口的控制台输出日志，看看分布式事务的消息是否已经处理完成。如果一切正常，则可以在订单接口的控制台中看到如下所示的输出日志：

```
MessageSender - 发送订单变更消息:
{"id":"5d6b777971d7ad663e4ac3dd","orderNo":"1567324025207","userid":11111235,
"merchantid":123456,"amount":11.2,"status":-1,"created":"Sep 1, 2019 3:47:05
PM","modify":"Sep 1, 2019 3:50:27
PM","orderDetails":[{"goodsid":1,"goodsname":"测试商品
1","photo":"/images/demo1.png","nums":1,"price":11.2,"money":11.2}],"page":0,
"size":10}
```

如果能看到上面所示的日志，则说明订单状态变更的消息已经发送到了消息队列上。

再切换到库存接口的控制台，查看库存接口的输出日志。如果能看到如下所示的输出日志，则说明消息已经处理成功，同时也说明分布式事务已经处理完毕。

```
接收到订单更新消息，订单编号=1567324025207
...
更新了商品购买数量，商品名称=测试商品 1
...
```

这时，在订单管理后台的首页上，可以看到订单的状态已修改成功，如图 8-5 所示。

在图 8-5 中，我们还可以按各种查询条件和不同的参数，实现各种不同需求的分页数据的列表查询操作。

图 8-5

8.9 小结

本章我们使用 MongoDB 开发了一个可以支持海量数据的订单系统，并且使用 Spring 5 的反应式编程设计，实现了支持非阻塞异步调用的高并发微服务订单接口，所以这是一个高性能的订单微服务应用系统。有关反应式编程设计，由于其异步调用的特性，使得其只能支持无事务管理的数据库设计。而对于微服务设计来说，其本身就是一种分布式的应用，所以有关事务管理的设计，只能使用分布式的事务管理来实现。在本章订单状态变更所引起的事务管理实例中，我们使用消息队列实现了分布式事务管理中数据最终一致性的设计。

第 9 章 移动商城的设计和开发

移动商城是电商平台的重要组成部分，它面向终端用户，为用户提供商品浏览、选购、订单查询和个人信息管理等服务。

在移动商城的设计中，将使用前面章节开发的微服务接口，并通过这些接口服务实现分类和商品的展示，以及订单的生成和查询等。基于这些接口的调用，移动商城的设计就是一些页面的交互界面的设计，所以在移动商城的设计中，我们将主要使用 HTML5（H5）页面设计。

移动商城的设计是一个独立的项目，项目代码可从本书源代码中下载，本章实例使用的是 V2.1 分支。

移动商城项目使用了类目、商品、订单三个服务接口，所以我们需要在项目对象模型 pom 中增加如下几个依赖引用，对相关接口服务进行调用：

```
<!--订单服务-->
    <dependency>
        <groupId>com.demo</groupId>
        <artifactId>order-object</artifactId>
        <version>2.1-SNAPSHOT</version>
    </dependency>

    <!--商品服务-->
    <dependency>
        <groupId>com.demo</groupId>
        <artifactId>goods-object</artifactId>
        <version>2.1-SNAPSHOT</version>
    </dependency>

    <!--类目服务-->
    <dependency>
```

```
        <groupId>com.demo</groupId>
        <artifactId>catalog-object</artifactId>
        <version>2.1-SNAPSHOT</version>
    </dependency>
```

9.1 移动商城首页设计

移动商城首页主要用于展示商品，所以首页设计包含商品搜索查询和列表显示两大功能。

在首页中使用一个控制器设计 GoodsController，在这个控制器中提供首页的链接和数据查询功能，代码如下所示：

```
@RestController
@RequestMapping("/goods")
public class GoodsController {

    @Autowired
    private GoodsRestService goodsRestService;

    @RequestMapping(value="/index")
    public ModelAndView index(ModelMap model, HttpServletRequest request) throws
Exception{
        String sortsid = request.getParameter("sortsid");
        return new ModelAndView("goods/index", "sortsid", sortsid);
    }

    @RequestMapping(value = "/list")
    public Page<Map<String, Object>> findAll(GoodsQo goodsQo) {
        String json = goodsRestService.findPage(goodsQo);

        Gson gson = TreeMapConvert.getGson();
        TreeMap<String,Object> page = gson.fromJson(json, new TypeToken<
TreeMap<String,Object>>(){}.getType());

        Pageable pageable = PageRequest.of(goodsQo.getPage(), goodsQo.getSize(),
null);
        List<GoodsQo> list = new ArrayList<>();

        if(page != null && page.get("list") != null) {
            list = gson.fromJson(page.get("list").toString(), new
TypeToken<List<GoodsQo>>() {
            }.getType());
```

```
        }
        String count = page.get("total").toString();

        return new PageImpl(list, pageable, new Long(count));
    }
}
```

单击上面的首页链接“/index”，将返回一个 H5 单页设计的页面视图“index.html”。另外，链接“/list”是一个商品列表数据查询设计，使用查询对象 GoodsQo 传递参数，调用了商品服务接口 GoodsRestService 的 findPage 来获取分页列表数据。

页面视图“index.html”的设计由页面设计和 JavaScript 两部分组成，其中页面设计的主体部分的实现代码如下所示：

```
<body>
   <div class="mainBox pt-194">
       <div class="topFixedArea">
           <div class="searchBox">
               <input class="searchInput" id="searchInput" type="text"
placeholder="搜索商品" value="" />
               <label class="searchIcon" for="searchInput"></label>
               <div class="searchGo" ><a href="javascript:searchGo();">Go</a>
</div>
           </div>
           <header class="navigatorBox">
               <nav class="navigator fiveNav">
                   <a class="current" href="/goods/index">商品</a>
                   <a href="/sorts/index">分类</a>
                   <a href="/order/index">订单</a>
                   <a href="javascript:void(0)">购物车</a>
                   <a href="/order/switch">个人</a>
               </nav>
           </header>
       </div>
       <section class="orderList">
           <ul class="dataUl">
           </ul>
       </section>
       <input type="hidden" id="totalPage" value="1"/>
   </div>
   <div th:replace="fragments/footer :: footer"></div>
</body>
```

在页面的主体设计中，主要包含以下三个功能：

◎　商品搜索查询

◎　页面导航设计

◎　列表数据显示

这些功能数据访问主要通过 JavaScript 实现，代码如下所示：

```
<script>
    /*<![CDATA[*/
    var goods_name;
      var pageNum = 0;
      $(function () {
         listData(pageNum, 10);
         // 滑动加载更多
         new Pull_Event({
            prompt_selector: '.dataUl',
            prompt_method: 'append',//before|prepend|append|after
            handle: function() {
               var _this = this;
               var totalPage = $('#totalPage').val();
               pageNum++;
               if (pageNum >= totalPage){
                  _this.destroy();
                  return;
               }
               setTimeout(function() {
                  listData(pageNum, 10, function () {
                     _this.done();
                  });
               }, 500);
            }
         });

      });

      function searchGo(){
         goods_name = $('#searchInput').val();
         //alert(goods_name);
         $(".dataUl").empty();
         listData(pageNum, 10);
      }
```

```
    //刷新页面数据
    function listData(pageNum, pageSize, callback)
    {
        var $dataUl = $(".dataUl");
        $.ajax({
            url:"./list",
            data:{
                name:goods_name,
                sortsid:sortsid,
                page:pageNum,
                size:pageSize
            },
            type: "GET",
            dataType: "json",
            success:function(data){
                $('#totalPage').val(data.totalPages);
                var html = '';

                $.each(data.content, function (i, v) {
                    html += '<li>';
                    html += '<div class="orderInfList">';
                    html += '<div class="goodsPicList">';
                    html += '<a href="./' + v.id + '"><img src="' + v.photo +
'" /></a>';
                    html += '</div>';
                    html += '<div class="orderInfTxt clearPb">';
                    html += '<p>' + v.name + '</p>';
                    html += '<p>价格：¥' + v.price.toFixed(2) + '</p>';
                    html += '<p>已购买：' + (v.buynum==null?'0':v.buynum) +
'</p>';
                    html += '</div>';
                    html += '</div>';
                    html += '</li>';

                });
                $dataUl.append(html);
                callback && callback();
            }
        });
    }
```

```
    /*]]>*/
</script>
```

这里的分页设计与 PC 端的分页设计略有不同。在 PC 端的分页设计中，有一个分页的工具条，可以通过单击“下页”或“上页”按钮进行查询。而这里的分页设计主要是通过屏幕的滑动下拉事件来完成的，当操作界面进行翻屏滑动时，将自动完成分页查询。这个功能主要是由上面代码中的下拉事件“Pull_Event”实现的。

其中，数据的查询和显示由 listData 函数实现，即通过链接./list 调用控制器 GoodsController 获取数据，然后使用页面上的<ul>控件输出数据视图。

控制器和页面这两部分设计完成之后，移动商城首页的显示效果如图 9-1 所示。

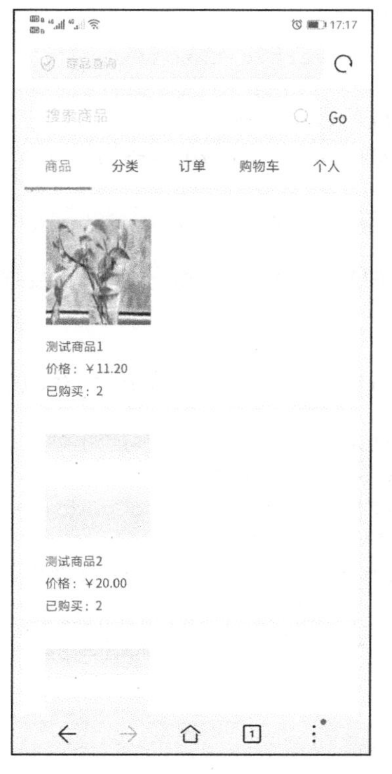

图 9-1

9.2 商城的分类查询设计

商城的分类查询主要用于展示一个一级分类列表，通过一级分类列表提供的分类 ID（作为参数），跳转到商品控制器中进行商品查询。

分类查询主要是通过分类列表进行跳转的。分类主页的控制器 SortsController 的设计代码如下所示：

```
@RestController
@RequestMapping("/sorts")
public class SortsController {

    @Autowired
    private SortsRestService sortsRestService;


    @RequestMapping(value="/index")
    public ModelAndView findAll() {
        Gson gson = TreeMapConvert.getGson();
        List<SortsQo> sortses = gson.fromJson(sortsRestService.findList(), new
TypeToken<List<SortsQo>>(){}.getType());
        return new ModelAndView("sorts/index", "sortses", sortses);
    }
}
```

即通过链接“/index”所在的方法中，取得分类列表数据，然后返回分类主页视图设计“index.html”。

分类主页视图设计是一个 H5 单页，主体部分的实现代码如下所示：

```
<section class="orderList">
        <ul th:each="sorts:${sortses}">
            <li th:onclick="'javascript:gotoGoods('+${sorts.id}+');'">
                <div class="orderInfList">
                    <div class="orderInfTxt clearPb">
                        <p><a th:href="'/goods/index?sortsid='+${sorts.id}"
th:text="${sorts.name}"></a></p>
                    </div>
                </div>
            </li>
        </ul>
    </section>
```

这里只是简单地使用一个“th:each”循环语句，将一级分类列表逐条进行显示。当在操作界面上单击一个分类时，将使用分类 ID 作为参数，跳转到商品控制器设计中进行商品查询。

分类查询的显示效果如图 9-2 所示。

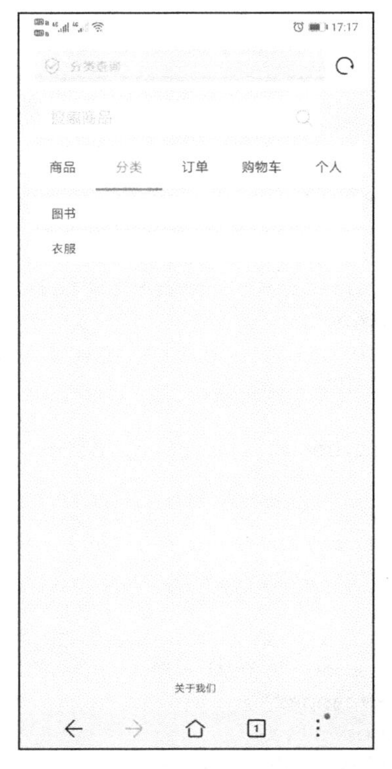

图 9-2

9.3　商品详情页设计

首先通过控制器调用商品服务接口 GoodsRestService 的 findById 获取数据，然后返回一个页面视图设计“show.html”，其中，控制器的实现代码如下所示：

```
@RestController
@RequestMapping("/goods")
public class GoodsController {
    @Autowired
    private GoodsRestService goodsRestService;

    @RequestMapping(value="/{id}")
    public ModelAndView findById(@PathVariable Long id) {
        String json = goodsRestService.findById(id);
        GoodsQo goodsQo = new Gson().fromJson(json, GoodsQo.class);
        return new ModelAndView("goods/show", "goods", goodsQo);
    }
}
```

页面视图设计“show.html”是一个 H5 单页，实现代码如下所示：

```
<!DOCTYPE html>
<html xmlns:th="http://www.thymeleaf.org">
   <head>
      <meta charset="utf-8" />
      <meta content="yes" name="apple-mobile-web-app-capable"/>
      <meta content="black" name="apple-mobile-web-app-status-bar-style"/>
      <meta name="format-detection" content="telephone=no"/>
      <title>商品内容</title>
      <link th:href="@{/styles/main.css}" rel="stylesheet" type="text/css" />
      <style type="text/css">

article,aside,dialog,footer,header,section,footer,nav,figure,menu{display:bl
ock}
      </style>
      <script th:src="@{/scripts/jquery-1.10.2.min.js}"></script>
      <script th:src="@{/scripts/viewscale.js}"></script>
   </head>
   <body>
   <div class="swiper-container" style="height:450px;">
      <div class="swiper-wrapper">
         <div class="swiper-slide">
            <img th:src="${goods.photo}"/>
         </div>
      </div>
   </div>
      <div class="spxq_prize">
         <div class="intro" th:text="${goods.name}">商品名称</div>
         <div class="info">
            <span class="prize">
               <em>价格：￥</em><em id="priceShow1" original="0.1"
th:text="${goods.price}">67</em>
            </span>
         </div>
      </div>
   <div class="contents">
      <div class="abstract"></div>
      <div th:text="${goods.contents}">
      </div>
   </div>
   <div class="fix-bottom-buy">
      <input id="goodsid" name="goodsid" type="hidden"
th:value="${goods.id}"/>
      <div class="col-2">
```

```
            <a id="addCartBtn" href="javascript:void(0)"
onclick="history.back();" class="btn white">返回商城</a>
            <a id="buyNowBtn" th:href="'/order/accounts/'+${goods.id}"
class="btn red">立即购买</a>
        </div>
    </div>
    </body>
</html>
```

详情页显示了商品的详细信息，并且提供了“立即购买”的跳转链接。单击“立即购买”按钮后将进行用户登录状态检查。

商品详情页设计完成之后，显示效果如图 9-3 所示。

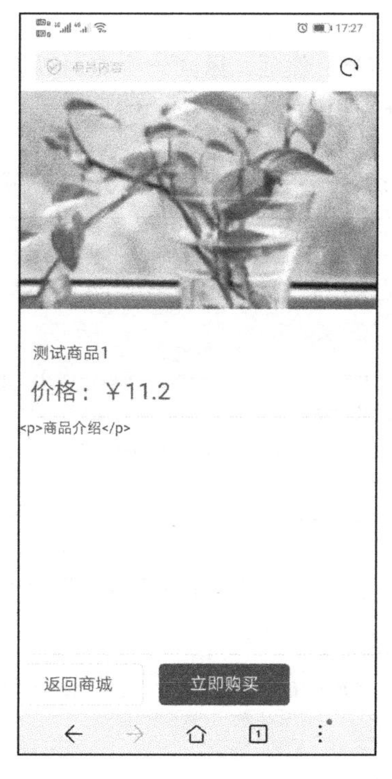

图 9-3

9.4　用户下单功能实现

当用户在商品详情页中单击“立即购买”按钮之后，将调用 OrderController 控制器，代码如下所示：

```
@RestController
@RequestMapping("/order")
@Slf4j
public class OrderController {
    @Autowired
    private GoodsRestService goodsRestService;

    @RequestMapping(value="/accounts/{id}")
    public ModelAndView accounts(ModelMap model, @PathVariable Long id) {
        String json = goodsRestService.findById(id);
        GoodsQo goodsQo = new Gson().fromJson(json, GoodsQo.class);
        return new ModelAndView("order/accounts", "goods", goodsQo);
    }
}
```

首先通过商品 ID 取得商品信息，然后，返回一个账号视图设计。在这个视图设计中，一方面显示商品的价格，另一方面进行用户登录状态检查。

账号视图设计“accounts.html”是一个 H5 单页，完整的实现代码如下所示：

```
<!DOCTYPE html>
<html xmlns:th="http://www.thymeleaf.org">
    <head>
        <meta charset="utf-8" />
        <meta content="yes" name="apple-mobile-web-app-capable"/>
        <meta content="black" name="apple-mobile-web-app-status-bar-style"/>
        <meta name="format-detection" content="telephone=no"/>
        <title>结算</title>
        <link th:href="@{/styles/microApply.css}"  rel="stylesheet"
type="text/css"/>
        <link th:href="@{/styles/globalWap.css}"  rel="stylesheet"
type="text/css"/>
        <style type="text/css">
            article,aside,dialog,footer,header,section,footer,nav,figure,
menu{display:block}
        </style>
        <script th:src="@{/scripts/viewscale.js}"></script>
        <script th:src="@{/scripts/jquery-1.10.2.min.js}"></script>
        <script th:src="@{/scripts/Event_alert.js}"></script>
    </head>
    <body>
        <div class="content prompt1" >
            <div class="verifyErro">
                <span></span>
```

```
                <p class="swit">请登录您的账号! </p>
                <p class="countdown"></p>
            </div>
            <div class="sure"><input class="longinBtn" type="submit" value="确 定
"/></div>
        </div>
        <input id="goodsid" name="goodsid" type="hidden"
th:value="${goods.id}"/>
        <input id="merchantid" name="goodsid" type="hidden"
th:value="${goods.merchantid}"/>
        <div class="content prompt2" >
            <div class="verifyErro">
                <span></span>
                <p class="swit" th:text="'订单金额: ¥' + (${goods.price} ?
${#numbers.formatDecimal(goods.price,0,'COMMA',2,'POINT')} :'')">确认购买吗?
</p>
                <p class="countdown"></p>
            </div>
            <div class="sure"><input class="accountsBtn" type="submit" value="
确 定"/></div>
        </div>
        <div class="copy">关于我们</div>
    </body>
    <script>
        /*<![CDATA[*/
        $(function(){
            var storage = window.localStorage;
            var user = storage.getItem("user");
            var userid;
            var goodsid = $('#goodsid').val();
            var merchantid =$('#merchantid').val();

            if(user){
                var a = JSON.parse(user);
                userid = a.userid;
                //console.log(a.userid);
                $('.prompt1').hide();
                $('.prompt2').show();
            }else {
                $('.prompt2').hide();
                $('.prompt1').show();
            }

            $('.longinBtn').click(function(){
```

```
            window.location.href = "/order/verify";
        });

        $('.accountsBtn').click(function(){
            $.ajax({
                url:"../buyone",
                data:{
                    id:goodsid,
                    subsid:userid,
                    merchantid:merchantid
                },
                type: "POST",
                dataType: "json",
                success:function(data){
                    if(data && (parseInt(data) > 0)){
                        alertEC("购买成功！");
                    }else{
                        alertEC("下单失败！");
                    }
                }
            });
            setTimeout(function(){
                window.location.href="../index";
            }, 600);
        });
    });
    /*]]>*/
  </script>
</html>
```

在这个设计中，首先对用户的账号进行检查。如果是未登录状态，则转到登录页面提示用户登录。

如果用户已经登录，则提示用户确认购买，然后执行购买下单的操作。如果下单成功，则提示“购买成功”，并从操作界面跳转到订单列表页面。

注意：这里为了“跑通”整个下单的操作流程，省略了支付的环节。

用户进行购买下单的操作是通过控制器 OrderController 实现的，代码如下所示：

```
@RestController
@RequestMapping("/order")
@Slf4j
public class OrderController {
```

```
    @Autowired
    private OrderRestService orderRestService;
    @Autowired
    private GoodsRestService goodsRestService;

    @RequestMapping(value="/buyone", method = RequestMethod.POST)
    public String buyone(GoodsQo buyone) {
        String json = goodsRestService.findById(buyone.getId());
        GoodsQo goodsQo = new Gson().fromJson(json, GoodsQo.class);
        if(goodsQo != null){
            Integer sum = 1;
            OrderDetailQo orderDetailQo = new OrderDetailQo();
            orderDetailQo.setGoodsid(goodsQo.getId());
            orderDetailQo.setGoodsname(goodsQo.getName());
            orderDetailQo.setPrice(goodsQo.getPrice());
            orderDetailQo.setPhoto(goodsQo.getPhoto());
            orderDetailQo.setNums(sum);
            orderDetailQo.setMoney(sum * goodsQo.getPrice());

            List<OrderDetailQo> list = new ArrayList<>();
            list.add(orderDetailQo);

            OrderQo orderQo = new OrderQo();
            orderQo.setOrderDetails(list);
            //借用分类 ID 来传输用户编号
            orderQo.setUserid(buyone.getSubsid());
            orderQo.setMerchantid(goodsQo.getMerchantid());
            orderQo.setAmount(sum * goodsQo.getPrice());
            orderQo.setOrderNo(new Long((new Date()).getTime()).toString());
            //已付款
            orderQo.setStatus(StatusEnum.PAID.getCode());
            orderQo.setCreated(new Date());

            String response = orderRestService.create(orderQo);

            log.info("====下单结果: "+response);

            //更新库存
            if(response != null) {
                Integer buynum = goodsQo.getBuynum() == null ? sum : sum +
goodsQo.getBuynum();
                goodsQo.setBuynum(buynum);
                goodsRestService.update(goodsQo);
                //下单成功
                return "1";
```

```
            }else{
                //下单失败
                return "-1";
            }
        }
        //系统异常
        return "-2";
    }
}
```

首先获取商品信息和用户信息，然后根据这些信息，调用订单服务接口创建一个新订单，最后调用商品服务接口更新库存信息。

如果下单成功，则通过上面的视图设计，提示下单成功。提示信息会停留 600ms，随后自动跳转到订单的主页中。在订单主页中用户可以看到订单列表。

9.5 商城的用户登录与账号切换设计

在移动商城的设计中，除商品和分类查询是完全开放权限的页面外，其他涉及个人隐私的个人信息、订单查询和购物车等都必须进行权限管理。

有关用户权限管理的功能，在这里根据移动设备的特点，使用了本地存储的方式，提供了用户登录设计和账号切换设计。

注意，为了节省篇幅，这里的用户信息只是一个演示数据，并没有跟实际用户服务进行绑定。

9.5.1 用户登录设计

在用户登录设计中，为了保证用户身份的真实性，可以由用户提供手机号，并通过短信接收到的验证码进行验证。

用户登录设计主要在视图 verify.html 中实现，这是一个 H5 单页设计，主要使用本地存储来保存用户的登录状态，代码如下所示：

```
<!DOCTYPE html>
<html xmlns:th="http://www.thymeleaf.org">
    <head>
        <meta charset="utf-8" />
        <meta content="yes" name="apple-mobile-web-app-capable"/>
```

```
        <meta content="black" name="apple-mobile-web-app-status-bar-style"/>
        <meta name="format-detection" content="telephone=no"/>
        <script th:src="@{/scripts/viewscale.js}"></script>
        <script th:src="@{/scripts/jquery-1.10.2.min.js}"></script>
        <title>用户登录</title>
        <link th:href="@{/styles/microApply.css}"  rel="stylesheet"
type="text/css"/>
        <style type="text/css">

article,aside,dialog,footer,header,section,footer,nav,figure,menu{display:bl
ock}
        </style>
    </head>
    <body>
        <div class="content">
            <div class="iphone">
                <p class="tips">手机号码</p>
                <input type="text" placeholder="" value="13500001111"/>
            </div>
            <div class="verifyBox">
                <p class="tips">验证码</p>
                <input type="text" placeholder="" value="123456"/>
            </div>
            <div class="verifyErro" style="display:none;">
                <span></span>
                <p class="tips">验证码错误</p>
                <p class="countdown"></p>
            </div>
            <div class="sure"><input class="verifyBtn" type="submit" value="确 定
"/></div>
        </div>
        <div class="copy">关于我们</div>
    </body>
    <script>
    /*<![CDATA[*/
        $(function(){
            $('.verifyBtn').click(function(){
        //验证失败
                //$(".verifyErro").show();
                var storage = window.localStorage;

                var customer = new Object();
                customer.phone="13500001111";
                customer.userid="11111235";
```

```
                var str = JSON.stringify(customer);
                storage.setItem("user", str);
                window.location.href = "./index";
            });

            $('.verifyBox').find('input').click(function(){
                $(".verifyErro").hide();
            });
        });
    /*]]>*/
    </script>
</html>
```

这里为了简化设计，我们把手机号和验证码都写进了程序中。

当用户通过验证后，将在本地存储中登记用户的手机号和用户 ID，让用户处于登录状态中，直到用户切换账号时，才退出当前登录状态。所以在测试时，直接单击“确定”按钮后，即可保存用户的登录状态。

用户登录设计完成之后，显示效果如图 9-4 所示。

图 9-4

用户登录之后，当需要进行身份确认时，就可以通过本地存储取得用户信息，执行相关的操作流程。

9.5.2 账号切换设计

如果用户没有清除移动设备的缓存，则本地存储将长期存在。为了让用户能够退出登录状态，或者切换到另一个账号进行操作，这里提供了一个切换账号设计。

切换账号视图设计“switch.html”是一个 H5 单页，实现代码如下所示：

```
<!DOCTYPE html>
<html xmlns:th="http://www.thymeleaf.org">
    <head>
        <meta charset="utf-8" />
        <meta content="yes" name="apple-mobile-web-app-capable"/>
        <meta content="black" name="apple-mobile-web-app-status-bar-style"/>
        <meta name="format-detection" content="telephone=no"/>
        <script th:src="@{/scripts/viewscale.js}"></script>
        <script th:src="@{/scripts/jquery-1.10.2.min.js}"></script>
        <title>切换账号</title>
        <link th:href="@{/styles/microApply.css}"  rel="stylesheet"
type="text/css"/>
        <style type="text/css">

article,aside,dialog,footer,header,section,footer,nav,figure,menu{display:bl
ock}
        </style>
    </head>
    <body>
        <div class="content">
            <div class="iphone">
                <p class="swit">切换登录账号</p>
            </div>
            <div class="sure"><input class="switchBtn" type="submit" value="确 定
"/></div>
        </div>
        <div class="copy">关于我们</div>
    </body>
    <script>
    /*<![CDATA[*/
        $(function(){
            $('.switchBtn').click(function(){
                var storage = window.localStorage;
```

```
                storage.removeItem("user");
                window.location.href = "./index";
            });
        });
    /*]]>*/
    </script>
</html>
```

从上面的代码可以看出，只要在本地存储中清除用户登录时保存的用户对象，就可以退出登录状态，然后将用户引导到订单查询的主页上，在这里会自动要求用户进行登录。

切换账号设计完成之后，显示效果如图 9-5 所示。

图 9-5

9.6 订单查询设计

在订单查询设计中，主要是使用订单列表的方式显示每一个特定用户的订单。

首先在 OrderController 控制器中，设计一个订单的主页链接，通过主页显示订单列表及其详细信息，代码如下所示：

```
@RestController
@RequestMapping("/order")
@Slf4j
public class OrderController {
    @Autowired
    private OrderRestService orderRestService;

    @RequestMapping(value="/index")
    public ModelAndView index(ModelMap model) throws Exception{
        return new ModelAndView("order/index");
    }

    @RequestMapping(value = "/list")
    public Page<Map<String, Object>> findAll(OrderQo orderQo) {
        String json = orderRestService.findPage(orderQo);

        Pageable pageable = PageRequest.of(orderQo.getPage(), orderQo.getSize(),
null);

        List<OrderQo> list = new Gson().fromJson(json, new
TypeToken<List<OrderQo>>(){}.getType());

        for(OrderQo order : list){

order.setStatusStr(StatusEnum.valueOf(order.getStatus()).getName());
        }

        String count = orderRestService.getCount();

        return new PageImpl(list, pageable, new Long(count));
    }
}
```

在上面的代码中，通过“/index”链接，返回订单查询的主页视图设计“index.html”。

订单查询的主页视图设计与商品查询设计相似，都是通过屏幕的滑动下拉实现自动分页功能的，不同之处在于权限管理和信息显示处理设计。

为了保证每个用户只能查询自己的订单，在订单列表查询视图设计中会检查用户的登录状态。如果用户未登录，则提示用户登录，实现代码如下所示：

```
<script>
    var storage = window.localStorage;

    var user = storage.getItem("user");
```

```
        var userid;
        var orderno;

        if(user){
            var a = JSON.parse(user);
            userid = a.userid;
        }else{
            window.location.href = "./verify";
    }
</script>
```

另外，在订单的信息处理中，使用了如下所示的设计：

```
<script>
/*<![CDATA[*/
        //刷新页面数据
        function listData(pageNum, pageSize, callback)
        {
            var $dataUl = $(".dataUl");
            $.ajax({
                url:"./list",
                data:{
                    orderNo:orderno,
                    userid:userid,
                    page:pageNum,
                    size:pageSize
                },
                type: "GET",
                dataType: "json",
                success:function(data){
                    $('#totalPage').val(data.totalPages);
                    var html = '';

                    $.each(data.content, function (i, v) {
                        html += '<li>';
                        html += '<div class="orderInfList">';
                        html += '<div class="orderInfTxt clearPb">';
                        html += '<p>订 单 号：' + v.orderNo + '(' +
v.statusStr + ')</p>';
                        html += '<p>订单金额：￥' + v.amount.toFixed(2) + '</p>';
                        html += '<p>下单时间：' + new Date(v.created).format
("yyyy-MM-dd HH:mm:ss") + '</p>';
                        html += '</div>';
                        html += '<div class="orderPicList">';
                        $.each(v.orderDetails, function (j, w) {
```

```
                       html += '<img src="' + w.photo + '" />';
                    });
                    html += '</div>';
                    html += '</div>';
                    html += '</li>';

                });
                $dataUl.append(html);
                callback && callback();
             }
          });
       }
       /*]]>*/
</script>
```

在上面的代码中使用了四个参数进行查询，即订单号（orderNo）、用户编号（userid）、页码（page）和每页行数（size）。其中，订单号可以由用户输入，如果用户未提供订单号，则显示所有的订单。同时，针对订单金额的小数位数也进行了设定，以避免因为浮点数的原因出现很长的小数位，影响用户体验。订单明细数据则以商品图片的形式进行显示。

订单查询设计完成之后，显示效果如图 9-6 所示。

图 9-6

9.7 集成测试

当移动商城设计完成之后，可以进行一个集成测试。在这个集成测试中，可以按下列顺序启动相关应用：

◎ catolog-restapi：类目接口服务应用。

◎ goods-restapi：商品接口服务应用。

◎ order-restapi：订单接口服务应用。

◎ mall-microservice：移动商城服务应用。

◎ order-web：订单管理应用。

启动完成之后，可以通过注册中心查看所有应用的启动情况，如图 9-7 所示。

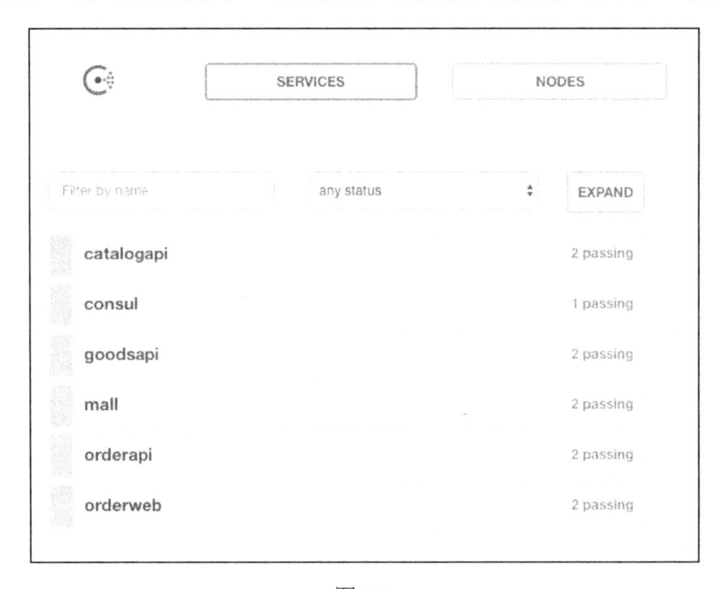

图 9-7

下面在浏览器中输入如下链接，打开移动商城进行测试：

```
http://localhost:7090
```

如果打开成功，则可以将浏览器调整成手机或 iPad 的显示界面，模拟移动设备操作，如图 9-8 所示。

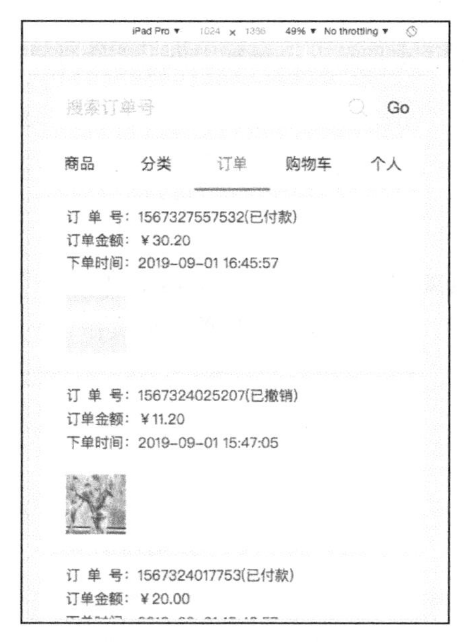

图 9-8

当在手机或者 iPad 上进行测试时，请确认手机或 iPad 与电脑处于同一个局域网中，然后将上面的“localhost”改成电脑上的 IP 地址进行访问。在 iPad 上打开的移动商城首页如图 9-9 所示。这里用到的 IP 地址是“192.168.0.104”。

图 9-9

在手机上测试时，可以参考前面在开发讲解中提供的各种场景的效果图。

当我们在测试中进行了一些操作之后，会生成一些数据，这时可以通过如下链接打开 PC 端的订单管理后台，查看订单列表，进行订单管理操作。

```
http://localhost:8095
```

打开链接之后，可以看到如图 9-10 所示页面。这是第 8 章的工作成果，即订单管理后台主页的操作界面。在这个界面中，可以进行一些订单管理操作。

图 9-10

9.8 小结

本章使用前面章节设计的各种接口服务，设计并开发了一个移动端的商城。在这个设计中，演示了微服务接口的调用方法，同时，针对移动设备进行了一些 H5 的单页设计实践。在整个开发过程中，读者可以更加深刻地体会到微服务之间的接口调用是非常方便的。而使用 Spring Cloud 工具套件进行移动端应用的开发，同样是轻量级且令人感到愉快的。

第 10 章
商家管理后台与SSO设计

在本书的电商平台实例中，商家是这个平台的主角，商家管理后台是专门为这个主角提供的一个安全可靠的操作平台。在商家管理后台中，商家可以进行商品管理、订单管理、物流管理、会员管理、评价管理等各个方面的管理工作。这些管理功能及其服务功能分别由不同的微服务项目实现，并通过不同的应用进行部署。现在我们要做的，就是将这些分布在不同应用中的管理功能，组成一个具有相同访问控制设计的管理后台。

单点登录（Single Sign On，SSO）设计可以将这种分散的应用，通过统一的访问控制和权限管理，整合成一个有机整体，为分布式环境中的不同应用，提供一个统一的登录控制和授权认证管理。商家管理员只需在任何一个应用中登录一次，就可以得到使用其他应用的权限。所以，不管商家管理后台的功能由多少个微服务应用组成，对于一个商家管理员来说，它始终只是一个完整的平台。

商家管理后台的设计和开发主要由商家管理开发和 SSO 开发两部分组成。其中，商家管理开发主要包含商家信息管理及其权限体系设计两部分。

这些设计集中在商家管理微服务项目 merchant-microservice 中进行开发，完整的源代码可以从本书源代码中下载，本章的实例对应分支 V2.1。

商家及其权限体系设计由 merchant-object、merchant-domain、merchant-restapi、merchant-client 和 merchant-web 等模块组成。SSO 设计由 merchant-sso 模块和 merchant-security 模块组成。SSO 的客户端接入可通过 merchant-web 模块进行体验。

10.1 商家权限体系的设计及开发

商家权限体系设计由权限管理模型和菜单管理模型两大功能模型组成。其中，权限管理模型包含商家、用户、角色等实体设计，菜单管理模型包含资源、模块、分类等实体设计。两大模型之间通过角色与资源的关联关系，组成一个完整的权限菜单体系结构，如图 10-1 所示。

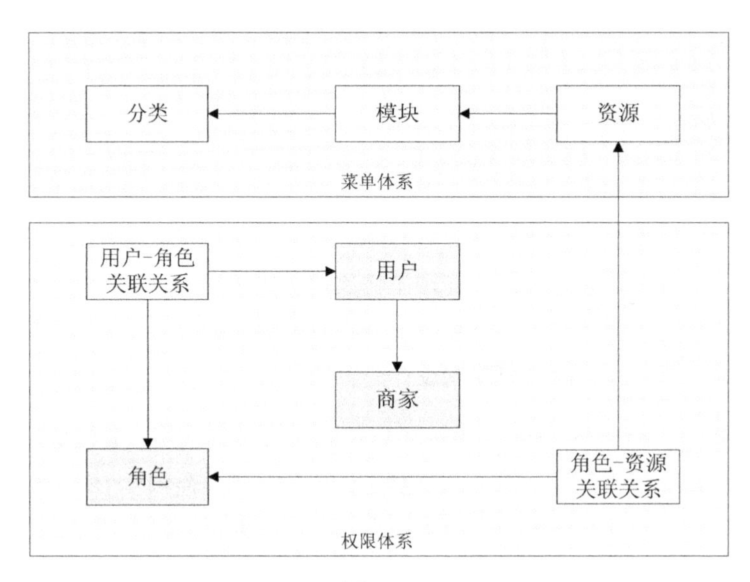

图 10-1

在图 10-1 中，实体之间的关联关系使用单向关联设计，关联关系如下所示：

◎ 用户从属于商家，是多对一的关联关系。

◎ 用户拥有角色，是多对多的关联关系。

◎ 角色拥有资源，是多对多的关联关系。

◎ 资源从属于模块，是多对一的关联关系。

◎ 模块从属于分类，是多对一的关联关系。

在图 10-1 所示的关联关系中，箭头所指一方为关联关系的主键，另一方为外键。其中，用户与角色、角色与资源分别使用一个中间表来存储关联关系。

这些对象所对应的物理模型，经过 PowerDesigner 设计之后，最后完成的表格定义及其关联关系如图 10-2 所示。

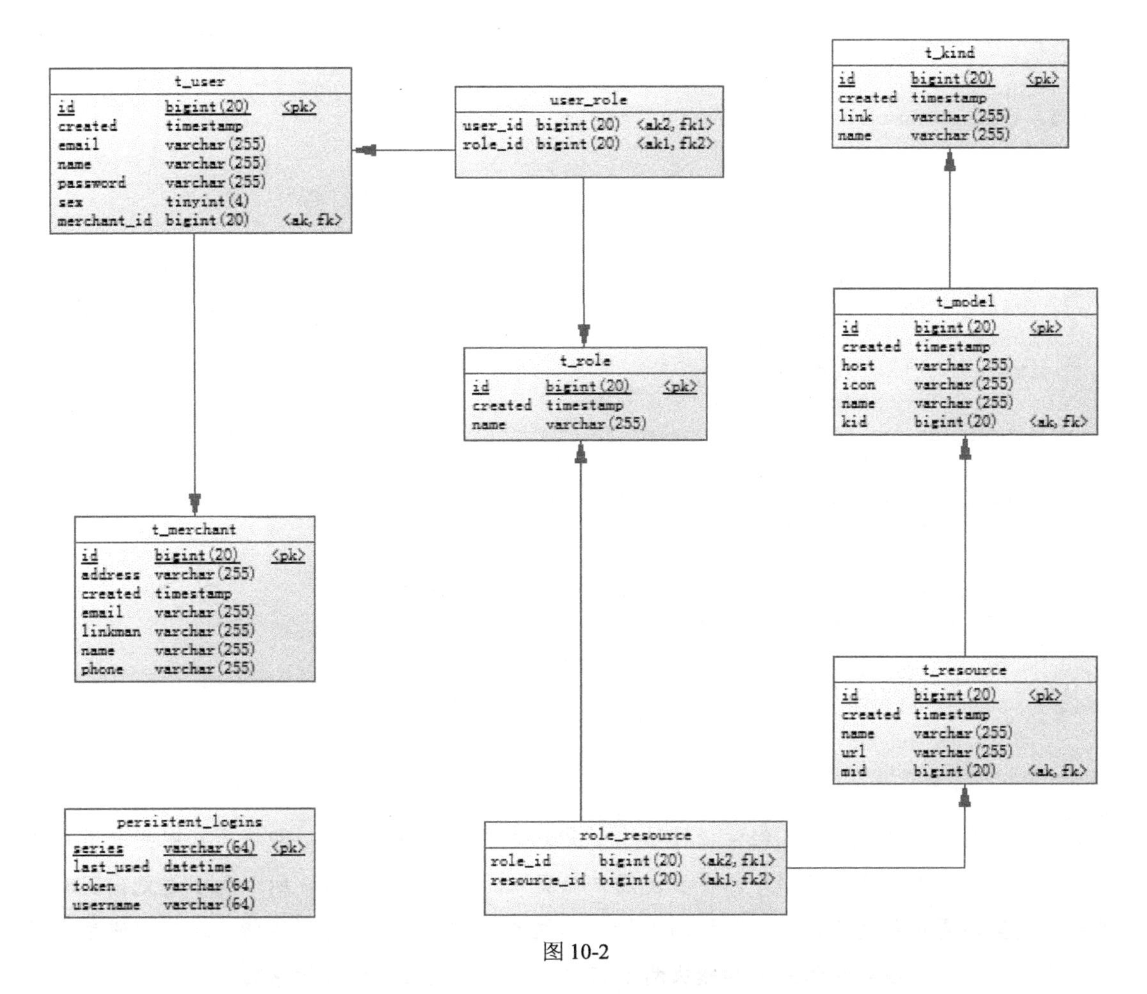

图 10-2

在图 10-2 中，商家、用户、角色、资源、模块和分类等表格分别为 t_merchant、t_user、t_role、t_resource、t_model 和 t_kind，用户与角色、角色与资源的关联关系的表格分别为 user_role 和 role_resource。此外，表格 persistent_logins 是在用户处于登录状态时，用来存储临时数据的。

10.1.1　权限管理模型设计

权限管理模型主要由商家、用户、角色、资源、模块和分类等实体组成。下面对这些实体分别进行简要说明。

商家实体主要由 ID、名称、邮箱、电话、地址、联系人和创建日期等属性组成，实现代码如下所示：

```
@Entity
@Table(name = "t_merchant")
public class Merchant implements java.io.Serializable{
    @Id
    @GeneratedValue(strategy = GenerationType.IDENTITY)
    private Long id;
    private String name;
    private String email;
    private String phone;
    private String address;
    private String linkman;
    @DateTimeFormat(pattern = "yyyy-MM-dd HH:mm:ss")
    @Column(name = "created", columnDefinition = "timestamp default
current_timestamp")
    @Temporal(TemporalType.TIMESTAMP)
    private Date created;

//    @OneToMany(cascade = { },mappedBy ="merchant")
//    private List<User> users;

    public Merchant() {
    }
    ...
}
```

注意，在上面的代码中已经注释掉了一个关联关系@OneToMany，即从商家中关联用户的设计。因为在后面的用户建模中，会实现用户与商家的反向关联设计，所以为了避免出现双向关联，这里不再进行关联设计。这样的设计，不仅可以提高数据的访问性能，还可以避免出现循环调用的情况。在后面的分类和模块两个实体中，都将遵循这种设计原则。

用户实体主要由ID、名称、密码、邮箱、性别和创建日期等属性组成，实现代码如下所示：

```
@Entity
@Table(name = "t_user")
public class User implements java.io.Serializable{
    @Id
    @GeneratedValue(strategy = GenerationType.IDENTITY)
    private Long id;
    private String name;
    private String password;
    private String email;
    @Column(name = "sex", length = 1, columnDefinition = "tinyint")
    private Integer sex;
```

```
    @DateTimeFormat(pattern = "yyyy-MM-dd HH:mm:ss")
    @Column(name = "created", columnDefinition = "timestamp default
current_timestamp")
    @Temporal(TemporalType.TIMESTAMP)
    private Date created;

    @ManyToMany(cascade = {},fetch = FetchType.EAGER)
    @JoinTable(name = "user_role",
            joinColumns = {@JoinColumn(name = "user_id")},
            inverseJoinColumns = {@JoinColumn(name = "role_id")})
    private List<Role> roles;

    @ManyToOne
    @JoinColumn(name = "merchant_id")
    @JsonIgnore
    private Merchant merchant;

    public User() {
    }
    ...
}
```

其中，@ManyToMany 是一个多对多的正向关联关系，这里使用一个中间表 user_role 保存关联关系的数据。

@ManyToOne 是一个反向关联设计，即使用 merchant_id 作为用户实体的外键，与商家实体建立关联关系。

角色实体由 ID、名称和创建日期等属性组成，实现代码如下所示：

```
@Entity
@Table(name = "t_role")
public class Role implements java.io.Serializable{
    @Id
    @GeneratedValue(strategy = GenerationType.IDENTITY)
    private Long id;
    private String name;
    @DateTimeFormat(pattern = "yyyy-MM-dd HH:mm:ss")
    @Column(name = "created", columnDefinition = "timestamp default
current_timestamp")
    @Temporal(TemporalType.TIMESTAMP)
    private Date created;

    @ManyToMany(cascade = {}, fetch = FetchType.EAGER)
```

```
    @JoinTable(name = "role_resource",
            joinColumns = {@JoinColumn(name = "role_id")},
            inverseJoinColumns = {@JoinColumn(name = "resource_id")})
    private List<Resource> resources;

    public Role() {
    }
    ...
}
```

角色实体与资源实体是一个多对多的关联关系，因此使用@ManyToMany 进行设置。通过这种关联关系，可以将权限管理模型与菜单管理模型组成一个完整的商家权限体系。

资源实体由 ID、名称、统一资源定位和创建日期等属性组成，实现代码如下所示：

```
@Entity
@Table(name = "t_resource")
public class Resource implements java.io.Serializable{
    @Id
    @GeneratedValue(strategy = GenerationType.IDENTITY)
    private Long id;
    private String name;
    private String url;
    @DateTimeFormat(pattern = "yyyy-MM-dd HH:mm:ss")
    @Column(name = "created", columnDefinition = "timestamp default
current_timestamp")
    @Temporal(TemporalType.TIMESTAMP)
    private Date created;

    @ManyToOne
    @JoinColumn(name = "mid")
    @JsonManagedReference
    private Model model;

    public Resource() {
    }
    ...
}
```

资源实体与模块的关联关系同样使用@ManyToOne 进行反向关联设计，这与用户与商家的关联关系的设计原理相同。

模块实体由 ID、名称、主机、图标和创建日期等属性组成，实现代码如下所示：

```
@Entity
@Table(name = "t_model")
public class Model implements java.io.Serializable{
    @Id
    @GeneratedValue(strategy = GenerationType.IDENTITY)
    private Long id;
    private String name;
    private String host;
    private String icon;
    @DateTimeFormat(pattern = "yyyy-MM-dd HH:mm:ss")
    @Column(name = "created", columnDefinition = "timestamp default
current_timestamp")
    @Temporal(TemporalType.TIMESTAMP)
    private Date created;

    @ManyToOne
    @JoinColumn(name = "kid")
    @JsonIgnore
    private Kind kind;

    public Model() {
    }
    ...
}
```

模块实体的关联关系设计与资源实体的关联设计一样，也是使用@ManyToOne 进行反向关联设计的。

分类实体由 ID、名称、链接服务和创建日期等属性组成，实现代码如下所示：

```
@Entity
@Table(name = "t_kind")
public class Kind implements java.io.Serializable{
    @Id
    @GeneratedValue(strategy = GenerationType.IDENTITY)
    private Long id;
    private String name;
    private String link;
    @DateTimeFormat(pattern = "yyyy-MM-dd HH:mm:ss")
    @Column(name = "created", columnDefinition = "timestamp default
current_timestamp")
    @Temporal(TemporalType.TIMESTAMP)
    private Date created;
```

```
    public Kind() {
    }
    ...
}
```

分类实体在菜单模型结构中是一个顶级菜单，所以不需要进行关联设计。

单向关联设计可以提高数据的访问性能，但也有不足的地方。比如，在角色实体中，已经实现了角色实体与资源实体的单向关联设计，因此从角色实体中查询资源列表，则是非常容易的。但是反过来，从资源实体中查询角色列表就有些费力了。为了弥补这种不足，可以使用 SQL 查询语句实现，具体会在后面的持久化设计中进行说明。

10.1.2 权限管理模型的持久化设计

在权限管理模型设计完成之后，为各个实体创建一个存储库接口，并与 JPA 的存储库接口进行绑定，就可以给实体赋予操作行为，实现实体的持久化设计。这一过程，其实就是存储库接口设计的工作。

例如，可以创建一个如下所示的存储库接口实现商家实体的持久化设计：

```
@Repository
public interface MerchantRepository extends JpaRepository<Merchant, Long>,
JpaSpecificationExecutor<Merchant> {

}
```

在这个接口设计中，通过继承 JpaRepository，可以让这个接口具有增删改查的操作功能。再通过继承 JpaSpecificationExecutor，就可以进行复杂的分页查询设计。如果不做其他特殊的查询设计，这样就已经完成了商家实体的持久化设计了。

如果对于一个实体，还需要实现一些复杂的查询设计，如对用户实体进行持久化设计，则使用如下所示的代码：

```
@Repository
public interface UserRepository extends JpaRepository<User, Long>,
JpaSpecificationExecutor<User> {
    @Query("select distinct u from User u where u.name= :name")
    User findByName(@Param("name") String name);

    @Query("select u from User u " +
            "left join u.roles r " +
```

```
        "where r.name= :name")
    User findByRoleName(@Param("name") String name);

    @Query("select distinct u from User u where u.id= :id")
    User findById(@Param("id") Long id);

    @Query("select u from User u " +
            "left join u.roles r " +
            "where r.id = :id")
    List<User> findByRoleId(@Param("id") Long id);
}
```

这里多了几个使用注解“@Query”进行自定义查询设计的声明方法。

其中，findByName 和 findById 主要使用 distinct 进行了去重查询，以避免在多对多的关联查询中，出现数据重复的情况。

另外，findByRoleName 和 findByRoleId 就是前面提到的，为弥补单向关联设计的不足而设计的查询。findByRoleName 实现了从角色名称中查询用户列表的功能，而 findByRoleId 实现了从角色 ID 中查询用户列表的功能。

在角色实体存储库接口设计中，也需要增加一个查询设计，代码如下所示：

```
@Repository
public interface RoleRepository extends JpaRepository<Role, Long>,
JpaSpecificationExecutor<Role> {
    @Query("select o from Role o " +
            "left join o.resources r " +
            "where r.id = :id")
    List<Role> findByResourceId(@Param("id") Long id);
}
```

在这个设计中，findByResourceId 是一个反向关联查询，即使用资源 ID 查询角色列表。

其他实体的持久化设计与商家实体的持久化设计类似，只需为它们创建一个存储库接口就可以了。

10.1.3　权限管理模型的服务封装

在领域服务开发中，服务层的实现是对存储库接口调用的一种封装设计，这样，不但可以在存储库接口调用过程中实现统一的事务管理，还可以增加其他功能。

下面我们以用户服务层的开发为例进行说明，其他各个业务服务层的开发与此类似，不再赘述。

在用户服务层的设计中，增删改查各个操作的实现代码如下所示：

```
@Service
@Transactional
public class UserService {
    @Autowired
    private UserRepository userRepository;

    public String insert(User user){
        try {
            User old = findByName(user.getName());
            if(old == null) {
                userRepository.save(user);
                return user.getId().toString();
            }else{
                return "用户名 '" + old.getName()+  "' 已经存在！";
            }

        }catch (Exception e){
            e.printStackTrace();
            return e.getMessage();
        }
    }

    public String update(User user){
        try {
            userRepository.save(user);
            return user.getId().toString();
        }catch (Exception e){
            e.printStackTrace();
            return e.getMessage();
        }
    }

    public String delete(Long id){
        try {
            userRepository.deleteById(id);
            return id.toString();
        }catch (Exception e){
            e.printStackTrace();
```

```
            return e.getMessage();
        }
    }

    public  User findOne(Long id){
        return  userRepository.findByUserId(id);
    }

    public List<User> findAll(){
        return userRepository.findAll();
    }
}
```

在这个设计中，注解@Transactional 实现了隐式的事务管理功能。由于登录用户必须以用户名为依据，所以在新增用户名时，做了同名检测。

用户领域服务的分页查询功能的实现代码如下所示：

```
@Service
@Transactional
public class UserService {
    @Autowired
    private UserRepository userRepository;

    public Page<User> findAll(UserQo userQo){
        Sort sort = Sort.by(Sort.Direction.DESC, "created");
        Pageable pageable  = PageRequest.of(userQo.getPage(), userQo.getSize(),
sort);

        return userRepository.findAll(new Specification<User>(){
            @Override
            public Predicate toPredicate(Root<User> root, CriteriaQuery<?> query,
CriteriaBuilder criteriaBuilder) {
                List<Predicate> predicatesList = new ArrayList<Predicate>();

                if(CommonUtils.isNotNull(userQo.getName())){
                    predicatesList.add(criteriaBuilder.like(root.get("name"),
"%" + userQo.getName() + "%"));
                }
                if(CommonUtils.isNotNull(userQo.getMerchant())){
predicatesList.add(criteriaBuilder.equal(root. get("merchant"),
userQo.getMerchant().getId()));
                }
                if(CommonUtils.isNotNull(userQo.getCreated())){
```

```
predicatesList.add(criteriaBuilder.greaterThan(root.get("created"),
userQo.getCreated()));
                }

                query.where(predicatesList.toArray(new Predicate[predicatesList.
size()]));

                return query.getRestriction();
            }
        }, pageable);
    }
}
```

这里主要使用 findAll 方法实现分页查询的功能，并通过查询对象 userQo 传递查询参数，这些参数包含了用户名称、商家对象和创建日期等属性。

在领域服务设计中，我们使用了一些查询对象，这些查询对象统一在 merchant-object 模块中实现。查询对象的属性基本上与实体对象的属性相互对应，并且还增加了几个分页查询的属性。

查询对象的实现代码如下所示：

```
public class UserQo extends PageQo implements java.io.Serializable{
    private Long id;
    private String name;
    private String password;
    private String email;
    private Integer sex;
    @DateTimeFormat(pattern = "yyyy-MM-dd HH:mm:ss")
    private Date created;

    private List<RoleQo> roles = new ArrayList<>();

    private MerchantQo merchant;

    public UserQo() {
    }
    ...
}
```

在完成服务层开发之后，商家权限体系的设计基本告一段落。下面我们对商家管理微服务进行设计。

10.2 商家管理微服务设计

商家管理微服务是一个独立的 REST API 应用，这个应用通过接口服务对外提供商家信息管理、商家权限管理和菜单资源管理等方面的功能。

商家管理微服务开发在 merchant-restapi 模块中实现，有关这一类型模块的依赖引用、配置、启动程序的设计等，可以参考前面章节中有关 REST API 微服务开发中的相关说明，不再重复。

商家管理微服务将直接调用权限管理模型的领域服务，在调用之前，我们可以对领域服务层进行一个单元测试，以验证领域服务层的程序正确性。同时，也可以通过单元测试生成一个管理员用户，以方便后面的操作体验。

10.2.1 商家管理服务层单元测试

首先，在 merchant-restapi 模块中，对 10.1 节开发的各个领域服务进行测试，从而对整个商家业务领域的开发进行全面的验证。这些测试包括各个实体的创建、数据获取、对象更新、删除和分页查询等内容。

创建商家及其用户实体的测试用例如下所示：

```
@RunWith(SpringRunner.class)
@ContextConfiguration(classes = {JpaConfiguration.class,
MerchantRestApiApplication.class})
@SpringBootTest
public class UserTest {
    private static Logger logger = LoggerFactory.getLogger(UserTest.class);
    @Autowired
    private UserService userService;
    @Autowired
    private RoleService roleService;
    @Autowired
    private ResourceService resourceService;
    @Autowired
    private ModelService modelService;
    @Autowired
    private KindService kindService;
    @Autowired
    private MerchantService merchantService;

    @Test
```

```
public void insertData(){
    Kind kind = new Kind();
    kind.setName("商家系统");
    kind.setLink("merchantweb");
    kindService.save(kind);
    Assert.notNull(kind.getId(), "create kind error");

    Model model = new Model();
    model.setName("用户管理");
    model.setHost("/user/index");
    model.setKind(kind);
    modelService.save(model);
    Assert.notNull(model.getId(), "create model error");

    Resource resource = new Resource();
    resource.setName("用户修改");
    resource.setUrl("/user/edit/**");
    resource.setModel(model);
    resourceService.save(resource);
    Assert.notNull(resource.getId(), "create resource error");

    Role role = new Role();
    role.setName("商家管理员");
    List<Resource> resources = new ArrayList<>();
    resources.add(resource);
    role.setResources(resources);
    roleService.save(role);
    Assert.notNull(role.getId(), "create role error");

    Merchant merchant = new Merchant();
    merchant.setName("测试商家");
    merchantService.save(merchant);
    Assert.notNull(merchant.getId(), "create merchant error");

    User user = new User();
    user.setName("admin");
    BCryptPasswordEncoder bpe = new BCryptPasswordEncoder();
    user.setPassword(bpe.encode("123456"));
    user.setEmail("admin@com.cn");
    List<Role> roles = new ArrayList<>();
    roles.add(role);
    user.setRoles(roles);
    user.setMerchant(merchant);
```

```
        userService.save(user);
        Assert.notNull(user.getId(), "create user error");
    }
}
```

在这个测试用例中，包含了商家业务模型中所有实体的创建，这些实体包括分类、模块、资源、角色、商家、用户等。如果测试通过，则可以生成一个由分类、模块和资源组成的三级菜单，同时创建一个具有所属商家、具有一个角色和相关访问资源权限的用户实体。这个用户实体的用户名和密码为“admin/123456”。在后面的开发中，我们可以使用这个用户来登录系统。

如果测试不能通过，则可以根据断言中提示的错误信息，在相关的服务组件中查找出错的原因。

获取实体的测试用例如下所示：

```
@Test
public void getData(){
    User user = userService.findOne(1L);
    Assert.notNull(user, "not find");
    logger.info("====user===={}", new Gson().toJson(user));
}
```

这个测试用例通过用户 ID 获取用户信息，如果测试通过，则输出用户实体的完整信息，包括用户、用户拥有的角色和角色包含的资源等。

分页查询的测试如下所示：

```
@Test
public void findAll() throws Exception{
    SimpleDateFormat sdf = new SimpleDateFormat("yyyy-MM-dd HH:mm:ss");
    Date date = sdf.parse("2017-01-01 00:00:00");
    UserQo userQo = new UserQo();
    userQo.setCreated(date);

    Merchant merchant = merchantService.findOne(1L);
    MerchantQo merchantQo = CopyUtil.copy(merchant, MerchantQo.class);
    userQo.setMerchant(merchantQo);

    Page<User> page = userService.findAll(userQo);

    Assert.notEmpty(page.getContent(), "list is empty");
```

```
    List<User> list = page.getContent();
    for(User user : list){
        logger.info("====user===={},", new Gson().toJson(user));
    }
}
```

这个测试用例使用查询对象 UserQo 配置了分页查询的参数，来执行用户信息的分页查询。在查询参数中设定了创建日期和所属商家等属性。在查询成功后，将输出每条记录的信息，这些信息有用户对象、用户拥有的角色、角色关联的资源和资源所属的模块等。

其他有关更新和删除等测试，可以参照上面的方法进行设计。

单元测试在进行工程打包时，可以作为程序正确性的一个验证手段。如果测试不通过，则不能成功打包。当使用 Maven 进行项目管理时，这项功能默认是打开的。如果想要在关闭打包时执行测试，可以在工程中使用下面所示的配置：

```
<plugin>
    <groupId>org.apache.maven.plugins</groupId>
    <artifactId>maven-surefire-plugin</artifactId>
    <version>2.20</version>
    <configuration>
        <skipTests>true</skipTests>
    </configuration>
</plugin>
```

10.2.2 商家服务的接口开发

在商家管理的 REST API 应用中，包含了商家信息管理、商家用户权限管理和菜单资源管理等接口的开发。每一个接口的设计我们分别使用一个 RestController 来实现。这些接口的设计基本上大同小异，下面我们以用户接口的设计为例进行说明。

用户的查询接口是使用 GET 方法实现的，几种查询接口的实现方法如下所示：

```
@RestController
@RequestMapping("/user")
public class UserController {
    private static Logger logger = LoggerFactory.getLogger(UserController.
class);

    @Autowired
    private UserService userService;
```

```
    @RequestMapping("/{id}")
    public String findById(@PathVariable Long id) {
        return new Gson().toJson(userService.findOne(id));
    }

    @RequestMapping("/names/{name}")
    public String findByName(@PathVariable String name) {
        return new Gson().toJson(userService.findByName(name));
    }

    @RequestMapping("/list")
    public String findList() {
        return new Gson().toJson(userService.findAll());
    }

    @RequestMapping(value = "/page")
    public String findPage(Integer index, Integer size, String name, Long
merchantId) {
        try {
            UserQo userQo = new UserQo();

            if(CommonUtils.isNotNull(index)){
                userQo.setPage(index);
            }
            if(CommonUtils.isNotNull(size)){
                userQo.setSize(size);
            }
            if(CommonUtils.isNotNull(name)){
                userQo.setName(name);
            }
            if(CommonUtils.isNotNull(merchantId)){
                MerchantQo merchantQo = new MerchantQo();
                merchantQo.setId(merchantId);
                userQo.setMerchant(merchantQo);
            }

            Page<User> users = userService.findAll(userQo);

            Map<String, Object> page = new HashMap<>();
            page.put("content", users.getContent());
            page.put("totalPages", users.getTotalPages());
            page.put("totalelements", users.getTotalElements());

            return new Gson().toJson(page);
```

```
        } catch (Exception e) {
            e.printStackTrace();
        }
        return null;
    }
}
```

这些查询接口有单个对象查询、列表查询和分页查询等。因为是接口调用，所以查询的结果最终都是以 JSON 结构的方式返回文本数据。

如果要新建一个商家用户，则可以使用 POST 方法实现，代码如下所示：

```
@RestController
@RequestMapping("/user")
public class UserController {
    private static Logger logger =
LoggerFactory.getLogger(UserController.class);

    @Autowired
    private UserService userService;

    @RequestMapping(value="/save", method = RequestMethod.POST)
    public String save(@RequestBody UserQo userQo) throws Exception{
        User user = CopyUtil.copy(userQo, User.class);

        List<Role> roleList = CopyUtil.copyList(userQo.getRoles(), Role.class);
        user.setRoles(roleList);
        user.setMerchant(CopyUtil.copy(userQo.getMerchant(), Merchant.class));

        String ret = userService.insert(user);

        logger.info("新增=" + ret);
        return ret;
    }
}
```

当创建实体提交给数据服务进行处理时，必须将输入参数中的查询对象转化为实体，使用实体调用领域服务进行数据保存。并且在创建一个商家用户实体时，为了保证商家用户的合法性，还必须指定用户的所属商家，并且给其分配一个角色，这样，这个商家用户才可以用来登录商家系统。

商家用户的更新设计可以使用 PUT 方法实现，代码如下所示：

```
@RestController
@RequestMapping("/user")
public class UserController {
   private static Logger logger =
LoggerFactory.getLogger(UserController.class);

   @Autowired
   private UserService userService;

   @RequestMapping(value="/update", method = RequestMethod.PUT)
   public String update(@RequestBody UserQo userQo) throws Exception{
      User user = CopyUtil.copy(userQo, User.class);

      List<Role> roleList = CopyUtil.copyList(userQo.getRoles(), Role.class);
      user.setRoles(roleList);
      user.setMerchant(CopyUtil.copy(userQo.getMerchant(), Merchant.class));

      String ret = userService.update(user);

      logger.info("修改=" + ret);
      return ret;
   }
}
```

商家用户的更新设计与创建一个商家用户的实现方法相差不多，不同之处在于请求方法及传输的参数。

删除一个商家用户的设计可以使用 DELETE 方法实现，代码如下所示：

```
@RestController
@RequestMapping("/user")
public class UserController {
   private static Logger logger = LoggerFactory.getLogger(UserController.
class);

   @Autowired
   private UserService userService;

   @RequestMapping(value="/delete/{id}",method = RequestMethod.DELETE)
   public String delete(@PathVariable Long id) throws Exception {
      String ret = userService.delete(id);
      logger.info("删除=" + ret);
      return ret;
   }
```

```
}
```

当要删除的实体具有关联关系时，则必须先删除它们之间的关联关系，然后才能执行删除操作。例如，在角色删除的设计中，使用了如下所示的设计：

```
@RequestMapping(value="/delete/{id}",method = RequestMethod.DELETE)
public String delete(@PathVariable Long id) throws Exception {
    //让具有此角色的用户脱离关系
    List<User> userList = userService.findByRoleId(id);
    if(userList != null && userList.size() > 0){
        for(User user : userList){
            for(Role role : user.getRoles()){
                if(role.getId().equals(id)){
                    user.getRoles().remove(role);
                    userService.update(user);
                    break;
                }
            }
        }
    }
    //安全删除角色
    String ret = roleService.delete(id);
    logger.info("删除=" + ret);
    return ret;
}
```

即在删除角色之前，要保证角色没有被用户关联。如果已经存在关联关系，则必须将这些关联关系删除之后，才能成功删除角色。

在完成接口开发之后，可以启动 REST API 应用，对一些查询接口可以使用浏览器进行一个简单的测试。例如，对于用户信息的分页查询，可以使用如下所示的链接进行测试：

```
http://localhost:9081/user/page
```

如果数据库中存在商家用户数据，则打开链接之后，可以看到如图 10-3 所示的 JSON 结构的数据。

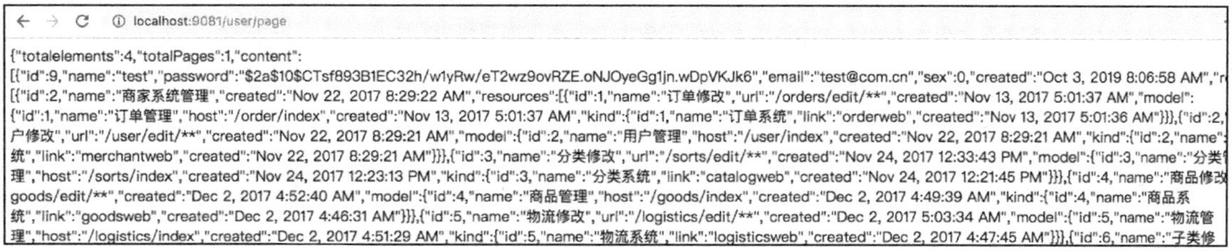

← → C ⓘ localhost:9081/user/page

{"totalelements":4,"totalPages":1,"content":
[{"id":9,"name":"test","password":"$2a$10$CTsf893B1EC32h/w1yRw/eT2wz9ovRZE.oNJOyeGg1jn.wDpVKJk6","email":"test@com.cn","sex":0,"created":"Oct 3, 2019 8:06:58 AM","r
[{"id":2,"name":"商家系统管理","created":"Nov 22, 2017 8:29:22 AM","resources":[{"id":1,"name":"订单修改","url":"/orders/edit/**","created":"Nov 13, 2017 5:01:37 AM","model":
{"id":1,"name":"订单管理","host":"/order/index","created":"Nov 13, 2017 5:01:37 AM","kind":{"id":1,"name":"订单系统","link":"orderweb","created":"Nov 13, 2017 5:01:36 AM"}}},{"id":2,
户修改","url":"/user/edit/**","created":"Nov 22, 2017 8:29:21 AM","model":{"id":2,"name":"用户管理","host":"/user/index","created":"Nov 22, 2017 8:29:21 AM","kind":{"id":2,"name":
统","link":"merchantweb","created":"Nov 22, 2017 8:29:21 AM"}}},{"id":3,"name":"分类修改","url":"/sorts/edit/**","created":"Nov 24, 2017 12:33:43 PM","model":{"id":3,"name":"分类
理","host":"/sorts/index","created":"Nov 24, 2017 12:23:13 PM","kind":{"id":3,"name":"分类系统","link":"catalogweb","created":"Nov 24, 2017 12:21:45 PM"}}},{"id":4,"name":"商品修改
goods/edit/**","created":"Dec 2, 2017 4:52:40 AM","model":{"id":4,"name":"商品管理","host":"/goods/index","created":"Dec 2, 2017 4:49:39 AM","kind":{"id":4,"name":"商品系
统","link":"goodsweb","created":"Dec 2, 2017 4:46:31 AM"}}},{"id":5,"name":"物流修改","url":"/logistics/edit/**","created":"Dec 2, 2017 5:03:34 AM","model":{"id":5,"name":"物流管
理","host":"/logistics/index","created":"Dec 2, 2017 4:51:29 AM","kind":{"id":5,"name":"物流系统","link":"logisticsweb","created":"Dec 2, 2017 4:47:45 AM"}}},{"id":6,"name":"子类修

图 10-3

对于上面设计的这些接口调用方法，我们都以 FeignClient 的方式进行了封装。更详细的信息可以参照前面章节中相关内容的说明。商家服务的接口调用设计，在模块 merchant-client 中实现。在后面的开发中，我们只需在项目管理中配置模块 merchant-client 的依赖引用，就可以使用这些接口调用方法实现商家管理的各项功能设计了。

10.3 SSO 设计

Spring Security 是一个功能强大、可定制的身份验证和访问控制框架。Spring Security OAuth2 是一个基于 Spring 框架支持第三方应用授权的工具组件。通过使用 Spring Security OAuth2，我们可以在商家后台中进行单点登录（SSO）设计，从而为多个微服务应用的系统集成，使用统一的安全控制管理。

SSO 设计分为服务端和客户端两大部分。SSO 服务端为每个应用提供了统一的访问控制和授权认证服务，是一个 Web UI 微服务应用，在模块 merchant-sso 中进行开发，包含了用户登录设计、主页设计和认证服务设计等方面的内容。SSO 客户端是指为用户提供本地服务的程序。

10.3.1 SSO 的基本配置

SSO 的基本配置与一般的 Web UI 应用项目配置基本相同，即在 Web UI 应用项目配置的基础上，增加 Spring Cloud OAuth2 的依赖引用，代码如下所示：

```
<dependency>
    <groupId>org.springframework.cloud</groupId>
    <artifactId>spring-cloud-starter-oauth2</artifactId>
</dependency>
```

这个组件已经包含了 Security 和 OAuth2 两套组件体系，其中，Security 提供了访问控制功能，OAuth2 提供了第三方应用授权认证的服务。

在应用的配置文件 application.yml 中，设定 SSO 应用的服务端口，并设置一个 cookie 保存用户的登录信息，代码如下所示：

```
server:
  port: 8000
  session:
    cookie:
      name: SESSIONID
```

为保证第三方应用在授权之后能够被正常访问，我们必须在配置文件中增加接入 SSO 客户端返回地址的列表，并使用正确的格式“http://域名或 IP：端口/login”进行设定，代码如下所示：

```
#SSO 客户端返回地址的列表
ssoclient:
  redirecturis:
    - http://localhost:8081/login
    - http://127.0.0.1:8081/login
```

10.3.2 SSO 第三方应用授权设计

为了给接入 SSO 的第三方应用（这里指接入 SSO 服务的其他微服务应用）进行授权，我们创建了一个配置类 AuthServerConfig，它继承了 AuthorizationServerConfigurerAdapter，代码如下所示：

```
@Configuration
@EnableAuthorizationServer
@EnableConfigurationProperties(Clienturls.class)
public class AuthServerConfig extends AuthorizationServerConfigurerAdapter {
    @Autowired
    private Clienturls clienturls;

    @Override
    public void configure(AuthorizationServerSecurityConfigurer oauthServer)
throws Exception {
        oauthServer.tokenKeyAccess("permitAll()")
                .checkTokenAccess("isAuthenticated()");
    }

    @Override
    public void configure(ClientDetailsServiceConfigurer clients) throws
Exception {
```

```
        clients.inMemory()
                .withClient("ssoclient")
                .secret(passwordEncoder().encode("ssosecret"))
                .authorizedGrantTypes("authorization_code")
                .scopes("user_info")
                .autoApprove(true)
                .redirectUris(clienturls.getRedirecturis());
    }

    @Bean
    public JwtAccessTokenConverter jwtAccessTokenConverter() {
        JwtAccessTokenConverter converter = new JwtAccessTokenConverter();
        converter.setSigningKey("demoSige");
        return converter;
    }

    @Override
    public void configure(AuthorizationServerEndpointsConfigurer endpoints)
throws Exception {
        endpoints.accessTokenConverter(jwtAccessTokenConverter());
    }

    @Bean
    public BCryptPasswordEncoder passwordEncoder() {
        return new BCryptPasswordEncoder();
    }
}
```

在上面的配置类中，包含以下主要功能：

（1）使用注解@EnableAuthorizationServer 开启 SSO 服务器的功能。

（2）重写第一个 configure，开启使用 Token 进行授权的功能。

（3）重写第二个 configure，为客户端指定表单页面授权的方式，即 authorization_code，并且设定客户端授权时使用的用户名和密码分别为 ssoclient 和 ssosecret。同时，导入配置中的客户端返回地址列表，并设定客户端返回地址列表为 redirectUris。另外，通过 autoApprove(true)设定为自动确认授权，省略了客户端授权时必须手动确认的步骤。

（4）重写第三个 configure，使用安全的 JwtAccessToken。这里有关密钥的使用，我们只简单地使用一个文本 demoSige，如果想使用更加安全的方式，则可以使用 KeyStore 生成密钥进行配置。

10.3.3 SSO 登录认证设计

下面提供一个登录界面，用来接收用户输入的用户名和密码等信息，实现用户登录操作。在登录认证中，使用 Spring Security 对用户名和密码进行验证。

创建一个 MyUserDetails 类，实现 Spring Security 的 UserDetails，代码如下所示：

```
public class MyUserDetails implements UserDetails {
    private String username;

    private String password;

    private Collection<? extends GrantedAuthority> authorities;

    private User user;

    public MyUserDetails(String username, String password, Collection<? extends
GrantedAuthority> authorities, User user) {
        this.username = username;
        this.password = password;
        this.authorities = authorities;
        this.user = user;
    }
    ...
}
```

这样就可以导入我们自定义的用户体系，提供给 Spring Security 进行认证了。

创建一个 MyUserDetailsService 类，实现 Spring Security 的 UserDetailsService，为接下来的认证服务提供用户信息和导入用户的角色，代码如下所示：

```
@Component
public class MyUserDetailsService implements UserDetailsService {

    @Autowired
    private UserService userService;

    @Override
    public UserDetails loadUserByUsername(String username) throws
UsernameNotFoundException {
        User user = userService.findByName(username);
```

```
        if (user == null) {
            throw new UsernameNotFoundException("用户不存在！");
        }


        List<SimpleGrantedAuthority> authorities = new ArrayList<>();

        List<Role> roles = user.getRoles();
        if(roles != null)
        {
            for (Role role : roles) {
                SimpleGrantedAuthority authority = new
SimpleGrantedAuthority(role.getName());
                authorities.add(authority);
            }
        }

        MyUserDetails myUserDetails = new MyUserDetails(username,
user.getPassword(), authorities, user);

        return myUserDetails;
    }
}
```

这样，当 Spring Security 进行认证时，就会调用我们的用户并且取得相关的角色，从而完成登录时的用户名和密码验证，并且为用户配置相应的权限。

为了让上面的设计生效，我们还需要创建一个配置类，即 SecurityConfig 类。它继承了 Spring Security 的 WebSecurityConfigurerAdapter，代码如下所示：

```
   @Configuration
public class SecurityConfig extends WebSecurityConfigurerAdapter {

    @Autowired
    private MyUserDetailsService myUserDetailsService;

    @Autowired
    @Qualifier("dataSource")
    private DataSource dataSource;
```

```
    @Bean(name = BeanIds.AUTHENTICATION_MANAGER)
    @Override
    public AuthenticationManager authenticationManagerBean() throws Exception {
        return super.authenticationManagerBean();
    }

    @Override
    protected void configure(AuthenticationManagerBuilder auth)
            throws Exception {
        auth //remember me
                .eraseCredentials(false)
                .userDetailsService(myUserDetailsService).passwordEncoder(new
BCryptPasswordEncoder());
    }

    @Override
    protected void configure(HttpSecurity http) throws Exception {
        http.antMatcher("/**")
                .authorizeRequests()
                .antMatchers( "/login")
                .permitAll()
                .antMatchers("/images/**", "/checkcode", "/scripts/**",
"/styles/**")
                .permitAll()
                .anyRequest()
                .authenticated()
                .and().sessionManagement().sessionCreationPolicy(SessionCreati
onPolicy.NEVER)
                .and().exceptionHandling().accessDeniedPage("/deny")
                .and().rememberMe().tokenValiditySeconds(86400).tokenRepositor
y(tokenRepository())
                .and()
                .formLogin().loginPage("/login").permitAll().successHandler(lo
ginSuccessHandler())
                .and().logout()
                .logoutUrl("/logout").permitAll()
                .logoutSuccessUrl("/signout");


    }
```

```
    @Bean
    public JdbcTokenRepositoryImpl tokenRepository(){
        JdbcTokenRepositoryImpl jtr = new JdbcTokenRepositoryImpl();
        jtr.setDataSource(dataSource);
        return jtr;
    }

    @Bean
    public LoginSuccessHandler loginSuccessHandler(){
        return new LoginSuccessHandler();
    }
}
```

在这个配置类中，做了如下设定：

（1）设定用户服务为上面定义的 MyUserDetailsService。

（2）指定登录页面链接为/login，这样可以通过控制器设计指定视图文件。

（3）指定登录成功的处理程序 loginSuccessHandler。

（4）忽略对图片等静态资源的验证。

（5）指定拒绝访问的错误提示链接/deny。

（6）使用 rememberMe()设定来记住用户的登录状态。

（7）指定使用本地数据源存储用户登录状态的临时数据。

针对上面的配置类设计，我们创建一个控制器，设定一个登录链接/login，并为其指定一个界面设计页面 login.html，代码如下所示：

```
@Controller
public class LoginController {
    @RequestMapping("/login")
    public String login(){
        return "login";
    }
}
```

在界面设计页面 login.html 中，主要使用一个表单设计，提供具有用户名和密码等输入控件的登录界面，代码如下所示：

```
...
```

```
<form th:action="@{/login}" id="loginForm" method="post">
            <div class="loginTit png"></div>
            <ul class="infList">
               <li class="grayBox">
                  <label for="username" class="username-icon"></label>
                  <input id="username" class="username" name="username"
type="text" placeholder="您的用户名"/>
                  <div class="close png hide"></div>
               </li>
               <li class="grayBox">
                  <label class="pwd-icon" id="pwd"></label>
                  <input id="password" name="password" class="pwd"
type="password" placeholder="登录密码"/>
                  <div class="close png hide"></div>
               </li>
               <li class="" id="isCheckCode" style="display: none;">
                  <label class="validateLabel" ></label>
                  <input id="checkCode" name="checkCode" class="checkCode"
type="text" placeholder="验证码" />
                  <img onclick="reloadImg();" style="cursor: pointer"
th:src="@{/images/imagecode}" id="validateImg" alt="验证码" class="codePic"
title="验证码。点击此处更新验证码。"/>
                  <a class="getOther" href="javascript:void(0);"
onclick="reloadImg();" title="点击此处可以更新验证码。">更新</a>
               </li>
            </ul>
            <ul class="infList reloadBtn" style="display: none;">
               <li>
                  <a href="javascript:void(0);" onclick="tologin();">本页面
已经失效。请点击此处重新登录。</a>
               </li>
            </ul>
            <div class="loginBtnBox">
               <div class="check-box"><input type="hidden" value="0"
id="remember-me" name="remember-me" onclick="if(this.checked){this.value =
1}else{this.value=0}" /><span class="toggleCheck no-check" id="repwd"></span>
记住我</div>
               <input type="button" id="loginBtn" onclick="verSubmit()"
value="登 录" class="loginBtn png" />
            </div>
         </form>
...
```

完成设计的登录界面，其显示效果类似于一个浮动窗口，如图 10-4 所示。

图 10-4

10.3.4　有关验证码的说明

当用户第一次登录时，是看不到验证码的；当用户第一次登录失败需要再次登录时，将会被要求输入验证码。

有关验证码的实现，这里主要做两点说明，即验证码的输出和验证码的检验。

验证码的输出是一个图像，代码如下所示：

```
@RequestMapping(value = "/images/imagecode")
public String imagecode(HttpServletRequest request, HttpServletResponse
response)
      throws Exception {
   OutputStream os = response.getOutputStream();
   Map<String,Object> map = ImageCode.getImageCode(60, 20, os);

   String simpleCaptcha = "simpleCaptcha";
   request.getSession().setAttribute(simpleCaptcha,
map.get("strEnsure").toString().toLowerCase());
   request.getSession().setAttribute("codeTime",new Date().getTime());

   try {
      ImageIO.write((BufferedImage) map.get("image"), "JPEG", os);
   } catch (IOException e) {
      return "";
```

```
    }
    return null;
}
```

即在页面上使用“/images/imagecode”这个链接，就可以返回一个含有几个随机数字组成的验证码图像。在输出验证码时，使用 session 保存验证码的数据，为下一环节检验验证码提供依据。

关于验证码的检验，其实现代码如下所示：

```
@RequestMapping(value = "/checkcode")
@ResponseBody
public String checkcode(HttpServletRequest request, HttpSession session)
        throws Exception {
    String checkCode = request.getParameter("checkCode");
    Object simple = session.getAttribute("simpleCaptcha") ; //验证码对象
    if(simple == null){
        request.setAttribute("errorMsg", "验证码已失效，请重新输入！");
        return "验证码已失效，请重新输入！";
    }

    String captcha = simple.toString();
    Date now = new Date();
    Long codeTime = Long.valueOf(session.getAttribute("codeTime")+"");
    if(StringUtils.isEmpty(checkCode) || captcha ==
null !(checkCode.equalsIgnoreCase(captcha))){
        request.setAttribute("errorMsg", "验证码错误！");
        return "验证码错误！";
    }else if ((now.getTime()-codeTime) / 1000 / 60 > 5){//验证码有效长度为 5min
        request.setAttribute("errorMsg", "验证码已失效，请重新输入！");
        return "验证码已失效，请重新输入！";
    }else {
        session.removeAttribute("simpleCaptcha");
        return "1";
    }
}
```

把用户输入的内容与上面 session 保存的数据进行对比，如果相同，则可检验通过。

在完成上面的设计之后，当用户第一次登录失败时，会显示如图 10-5 所示的登录界面。

图 10-5

10.3.5　SSO 的主页设计

如果是在一个接入了 SSO 服务的第三方应用中进行登录，则登录成功之后，SSO 服务端会根据应用的链接地址返回到相关的应用中。如果是在 SSO 服务端中进行登录，则默认返回 SSO 服务端的主页。在主页设计中，我们提供了访问其他应用的链接。

SSO 的主页设计，大体上由两部分组成。第一部分是一个控制器的设计，实现代码如下所示：

```
@Controller
public class LoginController {

   @RequestMapping("/")
   public String index(ModelMap model, Principal principal) throws Exception{
      MyUserDetails myUserDetails = (MyUserDetails)
SecurityContextHolder.getContext().getAuthentication().getPrincipal();
      User user = myUserDetails.getUser();
      //分类列表（顶级菜单）
      List<Kind> kindList = new ArrayList<>();
      List<Long> kindIds = new ArrayList<>();
      for(Role role : user.getRoles()){
         for(Resource resource : role.getResources()){
            //去重，获取分类列表
            Long kindId = resource.getModel().getKind().getId();
            if(! kindIds.contains(kindId)){
               kindList.add(resource.getModel().getKind());
```

```
                kindIds.add(kindId);
            }
        }
    }

    model.addAttribute("kinds", kindList);
    model.addAttribute("principal", principal);
    return "home";
  }
}
```

首先，通过 SecurityContextHolder 取得登录用户的完整信息。然后，根据登录用户，围绕用户的关联关系，就可以整理出这个用户能够访问的顶级菜单。最后，使用分类列表 kinds 将这个顶级菜单提供给主页视图使用。

第二部分是一个页面视图设计，其中有关处理分类列表部分的设计，在 SSO 主页 home.html 的导航部分实现，代码如下所示：

```
<div class="new-icon" th:each="kind:${kinds}">
                                    <div class="icon-pic">
                                        <p><a
th:href="${'javascript:gotoService(&quot;'+kind.link+'&quot;, &quot;
&quot;);'}" class="linka"  ><img src="/images/home/BigIconFirm.png" /></a></p>
                                    </div>

                                    <div class="icon-txt">
                                        <dl>
                                            <dt>
                                            <p><a
th:href="'javascript:gotoService(\''+${kind.link}+'\', \'\');'" class="linka"
th:text="${kind.name}"></a></p>
                                            <span><img
src="/images/home/FourStar.jpg" /></span>
                                            </dt>
                                        </dl>
                                    </div>
                                </div>
```

这里使用了 Thymeleaf 的一个循环语句 th:each，将分类列表中包含的每一条记录在页面中展示出来。每条记录都包含一个图像和一个文本链接。其中，对于每一个链接的访问，使用 gotoService 函数进行页面跳转。

在完成上面的设计之后，可以进行一个简单的测试。

启动 merchant-sso 应用，在浏览器上输入如下所示的链接：

```
http://localhost:8000
```

打开链接后，即可进入登录界面。在登录界面上输入前面单元测试中生成的用户名和密码，即“admin/123456”。登录成功后，即可打开 SSO 的主页，如图 10-6 所示。

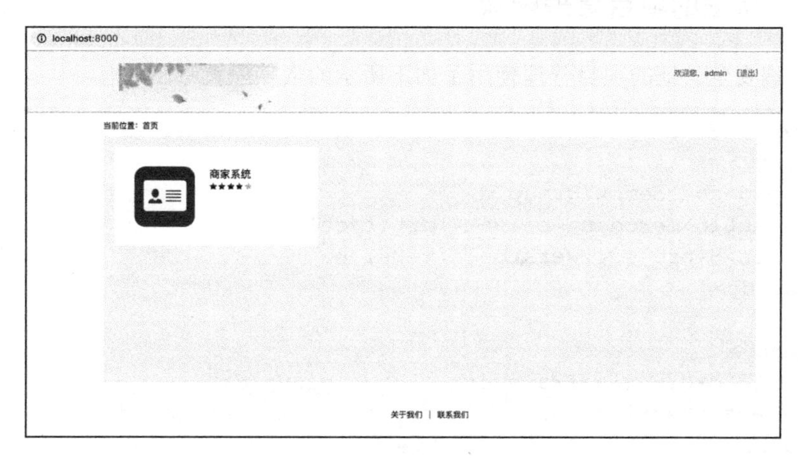

图 10-6

注意：图 10-6 中显示的应用列表，将由用户拥有的权限决定。假如我们为一个用户指定了更多的权限，那么这个用户就会获得更多的访问资源，如图 10-7 所示。

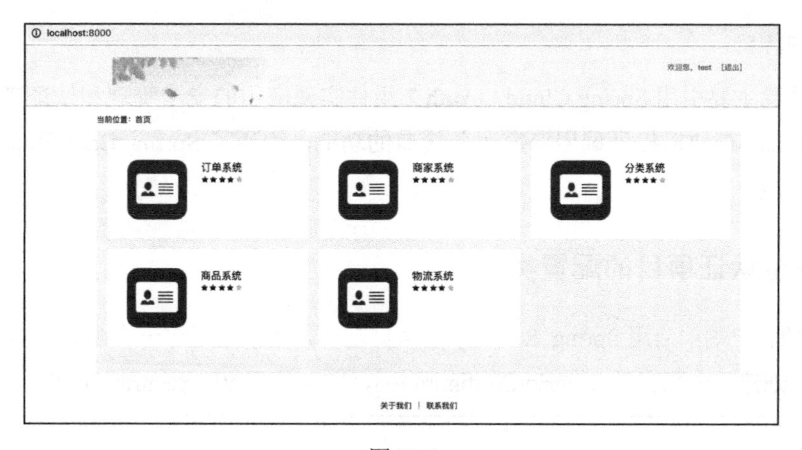

图 10-7

10.4 SSO 客户端设计

下面通过模块 merchant-security 对 SSO 客户端安全认证部分的实现进行封装，以便各个接入 SSO 的客户端应用进行引用。

10.4.1 安全认证的项目管理配置

SSO 客户端安全认证的项目管理使用了如下所示的依赖配置：

```
<dependencies>
    <dependency>
        <groupId>com.demo</groupId>
        <artifactId>merchant-client</artifactId>
        <version>${project.version}</version>
    </dependency>

    <dependency>
        <groupId>org.springframework.cloud</groupId>
        <artifactId>spring-cloud-starter-oauth2</artifactId>
    </dependency>

    <dependency>
        <groupId>org.springframework.boot</groupId>
        <artifactId>spring-boot-starter-data-redis</artifactId>
    </dependency>
</dependencies>
```

这个配置除主要引用 Spring Cloud OAuth 2 组件实现应用的安全管理和认证功能外，还引用了 merchant-client 模块以提供调用商家服务接口的功能，引用了 Spring Boot Redis 组件以提供使用缓存的功能。

10.4.2 安全认证项目的配置类

在 SSO 的客户端中启用 Spring Security 的认证功能，主要是通过一个配置类实现的。如下代码所示，我们创建一个配置类 SecurityConfiguration，它继承于 WebSecurityConfigurerAdapter：

```
@Configuration
@EnableOAuth2Sso
@EnableConfigurationProperties(SecuritySettings.class)
public class SecurityConfiguration extends WebSecurityConfigurerAdapter {
```

```
    @Autowired
    private AuthenticationManager authenticationManager;
    @Autowired
    private SecuritySettings settings;

    @Autowired
    private RoleRestService roleRestService;
    @Autowired
    private RedisCache redisCache;

    @Bean(name = BeanIds.AUTHENTICATION_MANAGER)
    @Override
    public AuthenticationManager authenticationManagerBean() throws Exception
{
        return super.authenticationManagerBean();
    }

    @Override
    public void configure(HttpSecurity http) throws Exception {
        http.antMatcher("/**")
                .authorizeRequests()
                .antMatchers( "/login**")
                .permitAll()
                .antMatchers(settings.getPermitall())
                .permitAll()
                .anyRequest()
                .authenticated()
                .and().csrf().requireCsrfProtectionMatcher(csrfSecurityRequest
Matcher())
                .csrfTokenRepository(csrfTokenRepository()).and()
                .addFilterAfter(csrfHeaderFilter(), CsrfFilter.class)
                .logout()
                .logoutUrl("/logout").permitAll()
                .logoutSuccessUrl(settings.getLogoutsuccssurl())
                .and()
                .exceptionHandling().accessDeniedPage(settings.getDeniedpage()
);
    }

    @Bean
    public CustomFilterSecurityInterceptor customFilter() throws Exception{
        CustomFilterSecurityInterceptor customFilter = new
CustomFilterSecurityInterceptor();
        customFilter.setSecurityMetadataSource(securityMetadataSource());
        customFilter.setAccessDecisionManager(accessDecisionManager());
```

```
        customFilter.setAuthenticationManager(authenticationManager);
        return customFilter;
    }

    @Bean
    public CustomAccessDecisionManager accessDecisionManager() {
        return new CustomAccessDecisionManager();
    }

    @Bean
    public CustomSecurityMetadataSource securityMetadataSource() {
        return new CustomSecurityMetadataSource(roleRestService, redisCache);
    }
}
```

这个配置类主要实现了以下功能：

（1）使用注解@EnableOAuth2Sso 启用应用的 SSO 客户端功能。

（2）通过重写 configure 方法，来使用一些自定义的安全配置。其中，SecuritySettings 是一个自定义的配置类，提供了成功退出时的链接配置、允许访问的链接配置和拒绝访问的链接配置等设置参数。

（3）在配置中通过一个自定义过滤器 customFilter 引入其他几个以 custom 开头的自定义设计，包括安全管理元数据和权限管理验证等设计。

10.4.3 权限管理验证设计

用户权限验证设计主要由两部分设计组成，分别为安全资源元数据管理和用户访问资源权限检查设计。

创建一个安全资源元数据管理类 CustomSecurityMetadataSource，实现安全资源元数据管理设计，代码如下所示：

```
public class CustomSecurityMetadataSource implements
FilterInvocationSecurityMetadataSource {
    private static final Logger logger =
LoggerFactory.getLogger(CustomSecurityMetadataSource.class);
    public static final String MERCHANT_CENTER_ROLES_ALL =
"MERCHANT_CENTER_ROLES_ALL_";
    private PathMatcher pathMatcher = new AntPathMatcher();
```

```
    private RoleRestService roleRestService;
    private RedisCache redisCache;

    @Override
    public Collection<ConfigAttribute> getAllConfigAttributes() {
        return null;
    }

    public CustomSecurityMetadataSource(RoleRestService roleRestService,
RedisCache redisCache) {
        super();
        this.roleRestService = roleRestService;
        this.redisCache = redisCache;
    }

    private List<RoleQo> loadResourceWithRoles() {
        String roles = roleRestService.findList();
        List<RoleQo> list = new Gson().fromJson(roles, new
TypeToken<List<RoleQo>>() {}.getType());
        if(list != null) {
            redisCache.set(MERCHANT_CENTER_ROLES_ALL + "LIST", list, 180);
        }
        return list;
    }

    @Override
    public Collection<ConfigAttribute> getAttributes(Object object)
            throws IllegalArgumentException {
        String url = ((FilterInvocation) object).getRequestUrl();

        //logger.info("请求资源: " + url);
        //先从缓存中取角色列表
        Object objects = redisCache.get(MERCHANT_CENTER_ROLES_ALL + "LIST");
        List<RoleQo> roleQoList = null;
        if (CommonUtils.isNull(objects)) {
            roleQoList = loadResourceWithRoles();//如果缓存不存在，则从 API 中读取角
                                                    //色列表
        } else{
            roleQoList = ( List<RoleQo>)objects;
        }

        Collection<ConfigAttribute> roles = new ArrayList<>();//有权限的角色列表

        //检查每个角色的资源，如果与请求资源匹配，则加入角色列表。为后面权限检查提供依据
```

```
        if(roleQoList != null && roleQoList.size() > 0) {
            for (RoleQo roleQo : roleQoList) {//循环角色列表
                List<ResourceQo> resourceQos = roleQo.getResources();
                if(resourceQos != null && resourceQos.size() > 0) {
                    for (ResourceQo resourceQo : resourceQos) {//循环资源列表
                        if (resourceQo.getUrl() != null &&
pathMatcher.match(resourceQo.getUrl()+"/**", url)) {
                            ConfigAttribute attribute = new
SecurityConfig(roleQo.getName());
                            roles.add(attribute);
                            logger.debug("加入权限角色列表===角色资源：{}，角色名称：
{}===", resourceQo.getUrl(), roleQo.getName());
                            break;
                        }
                    }
                }
            }
        }
        return roles;
    }
}
```

在这个设计中，主要通过重写 FilterInvocationSecurityMetadataSource 的 getAttributes 方法，从用户访问的 URL 资源中，检查系统的角色列表中是否存在互相匹配的权限设置。如果存在，则将其存入一个安全元数据的角色列表中。这个列表将为后面的权限检查提供依据。

从这里可以看出，对于一个资源，如果我们不指定哪个角色可以访问，则所有用户都可以访问。

因为资源的元数据管理使用了动态加载的方法，所以对用户的权限管理也能实现在线更新，同时，这里还借助了缓存技术提高元数据的访问性能。

有了安全资源的元数据管理，我们就可以对用户的行为进行实时权限检查了。

创建一个权限检查的实现类 CustomAccessDecisionManager，对一个用户是否有权限访问资源进行实时权限检查。这个类实现了 AccessDecisionManager，代码如下所示：

```
public class CustomAccessDecisionManager implements AccessDecisionManager {
    private static final Logger logger =
LoggerFactory.getLogger(CustomAccessDecisionManager.class);

    @Override
```

```
    public void decide(Authentication authentication, Object object,
                      Collection<ConfigAttribute> configAttributes)
            throws AccessDeniedException, InsufficientAuthenticationException {
        if (configAttributes == null) {
            return;
        }

        //从 CustomSecurityMetadataSource(getAttributes)中获取请求资源所需的角色集合
        Iterator<ConfigAttribute> iterator = configAttributes.iterator();

        while (iterator.hasNext()) {
            ConfigAttribute configAttribute = iterator.next();
            //有权限访问资源的角色
            String needRole = configAttribute.getAttribute();
            logger.debug("具有权限的角色：" + needRole);
            //在用户拥有的权限中检查是否有匹配的角色
            for (GrantedAuthority ga : authentication.getAuthorities()) {
                if (needRole.equals(ga.getAuthority())) {
                    return;
                }
            }
        }
        //如果所有用户角色都不匹配，则用户没有权限
        throw new AccessDeniedException("没有权限访问！");
    }
}
```

在这个设计中，通过重写 AccessDecisionManager 的权限决断方法 decide，将安全管理元数据中的角色与用户的角色进行比较，如果用户的角色与元数据的角色匹配，则说明用户有访问权限，否则用户没有访问权限。

10.4.4 客户端应用接入 SSO

有了 SSO 客户端的安全管理封装之后，对于一个需要接入 SSO 的 Web 应用，只需在应用的项目管理配置中增加对 SSO 客户端安全管理组件的引用，就可以使用 SSO 的功能了。

下面我们以商家管理应用模块 merchant-web 为例进行说明，其他 Web UI 应用可以参照这种方法接入 SSO。在商家管理后台中，需要接入 SSO 的客户端应用有库存管理、订单管理、物流管理等，可以根据实际需要决定。

首先，在项目配置管理中引用 SSO 客户端安全管理的封装组件，代码如下所示：

```
<!--单点登录-->
  <dependency>
      <groupId>com.demo</groupId>
      <artifactId>merchant-security</artifactId>
      <version>${project.version}</version>
  </dependency>
```

因为是在同一个项目工程中引用的，所以使用了项目的版本号。如果是其他应用引用的，则将上面的版本改为 2.1-SNAPSHOT。

其次，在应用的配置文件 application.yml 中使用如下所示设置：

```
spring:
  redis:
    host: 127.0.0.1
    port: 6379
security:
  oauth2:
    client:
      client-id: ssoclient
      client-secret: ssosecret
      access-token-uri: http://localhost:8000/oauth/token
      user-authorization-uri: http://localhost:8000/oauth/authorize
    resource:
      token-info-uri: http://localhost:8000/oauth/check_token

securityconfig:
  logoutsuccssurl: /tosignout
  permitall:
    - /test/**
    - /actuator/**
  deniedpage: /deny
  ssohome: http://localhost:8000/
```

其中，redis 使用了本地的服务器，security.oauth2 配置项是 Spring Cloud OAuth2 组件使用的一些配置参数。我们使用这些参数设置 clientId 和 clientSecret，即 SSO 服务端设计配置类中设定的客户端 ID 和密钥。而 accessTokenUri 和 userAuthorizationUri 分别用来指定获取令牌和进行认证的端点。

securityconfig 配置项下面的几个设置，是由配置类 SecuritySettings 提供的几个自定义配置参数设定的。其中，ssohome 为接入 SSO 的客户端应用提供了一个访问 SSO 首页的链接。

除上面这些配置外，对于接入了 SSO 的 Web 应用，在数据编辑和管理方面还需要做一些调整，以保证数据的创建和编辑能够正常提交。另外，接入了 SSO 的应用还可以根据用户权限自动分配菜单。

10.4.5　有关跨站请求的相关设置

在使用 Spring Security 之后，必须在页面中增加跨站请求伪造防御的相关设置，才能在创建或编辑数据时正常提交表单，否则有关表单提交的请求，将会被拒绝访问。

首先统一在页面模板 loyout.html 的头部增加如下所示代码：

```
<meta name="_csrf" th:content="${_csrf.token}"/>
<meta name="_csrf_header" th:content="${_csrf.headerName}"/>
```

然后在一个公共调用的 public.js 中增加如下所示代码，以接收来自页面的传递参数：

```
$(function () {
    var token = $("meta[name='_csrf']").attr("content");
    var header = $("meta[name='_csrf_header']").attr("content");
    $(document).ajaxSend(function(e, xhr, options) {
        xhr.setRequestHeader(header, token);
    });
});
```

这样做的目的是让后台能够验证页面表单提交的合法性，从而对数据提交起到一定的保护作用。

10.4.6　根据用户权限自动分配菜单

通过登录用户的关联对象，我们可以取得一个用户的菜单列表，从而可以根据用户权限自动分配用户的系统菜单。

在应用的主页控制器 UserController 中使用如下所示的实现方法：

```
@Controller
@RequestMapping("/user")
public class UserController extends BaseController{

    @RequestMapping("/index")
    public String index(ModelMap model, Principal user, HttpServletRequest
request) throws Exception{
        List<ModelQo> menus = super.getModels(user.getName(), request);
        model.addAttribute("menus", menus);
```

```
        model.addAttribute("user", user);
        model.addAttribute("ssohome", ssohome);
        return "user/index";
    }
}
```

其中，getModels 就是获取用户菜单的具体实现，代码如下所示：

```
public abstract class BaseController {
    private PathMatcher pathMatcher = new AntPathMatcher();

    @Autowired
    private UserRestService userService;

    @Value("${spring.application.name}")
    private String serviceName;

    public List<ModelQo> getModels(String userName, HttpServletRequest
request){
        //根据登录用户获取用户对象
        String json =  userService.findByName(userName);
        UserQo user = new Gson().fromJson(json, UserQo.class);

        //根据匹配分类获取模块（二级菜单）列表
        List<ModelQo> modelList = new ArrayList<>();
        List<Long> modelIds = new ArrayList<>();
        for(RoleQo role : user.getRoles()){
            for(ResourceQo resource : role.getResources()){
                String link = resource.getModel().getKind().getLink();//分类顶级
                                                                      //菜单链接
                //获取模块列表，去重
                if(! modelIds.contains(resource.getModel().getId())
                        && pathMatcher.match(serviceName, link)){
                    modelList.add(resource.getModel());
                    modelIds.add(resource.getModel().getId());
                }
            }
        }

        return modelList;
    }
}
```

首先从用户的角色中，找出其关联的资源列表；然后从每一个资源中找出与当前应用名称互相匹配的模块对象，最后经过去重整理之后得到的模块列表，就是一个应用的菜单体系。

通过使用这个模块列表，就可以在应用的导航页面 nav.html 上使用如下所示的设计，循环输出菜单：

```
<ul >
        <li th:each="model:${menus}"><a th:classappend="${page ==
'${model.host}' ? 'currentPageNav' : ''}" th:href="@{${model.host}}"
th:text="${model.name}"></a></li>
      </ul>
```

通过上面这些设计，即可实现根据用户权限自动分配菜单的功能。

完成上面的开发之后，就可以进行测试了。

首先确认注册中心已经启动，然后分别启动 merchant-restapi 应用、merchant-sso 应用和 merchant-web 应用。

在所有应用启动成功之后，通过浏览器打开商家系统 Web 应用的链接：

```
http://localhost:8081
```

打开链接后，在弹出的登录界面中输入前面单元测试中生成的用户名和密码进行登录。登录成功后，即可打开商家系统 merchant-web 应用的主页。

商家系统只有一个用户管理功能，所以它的主页如图 10-8 所示。在这里，商家管理员可以进行用户管理的操作。

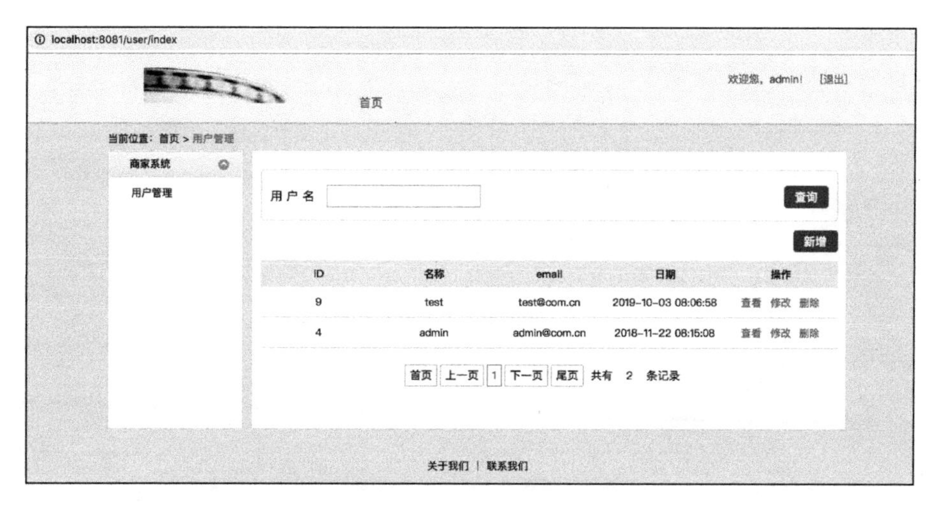

图 10-8

10.5 小结

本章通过商家权限体系和 SSO 设计，构造了一个安全可靠的商家管理后台。在商家管理后台中，商家用户通过统一权限管理，可以使用在分布式环境中任何其他已经接入 SSO 的微服务应用。商家管理后台设计以一种更加完善的方式，将各个分散开发的微服务应用组合成一个功能丰富的整体，充分体现了微服务架构设计的强大优势。

其中，商家权限体系设计，以访问资源为基础建立了三级菜单体系，并通过角色与资源的关系，将用户权限与菜单组成一个有机的整体。

商家的角色及其菜单的管理配置，必须由平台运营方进行操作。在第 11 章的平台管理后台的开发中，将实现管理商家的权限配置的功能。

第 11 章 平台管理后台与商家菜单资源管理

平台管理后台是为电商平台的运营方提供服务的，它主要包含商家管理和一些公共配置管理的功能。在商家管理的设计中，包括商家的注册、审核、商家用户的权限管理和菜单资源管理等功能。除一些公共管理功能的设计外，平台管理后台本身也有安全控制管理的设计。

平台管理后台的项目工程为 manage-microservice，完整的源代码可以从本书源代码中下载。

本章实例代码的分支为 V2.1，检出请注意更新。平台管理后台的开发主要包含两大部分内容，一部分是管理后台本身的访问控制管理设计，另一部分是商家及其菜单资源管理。这两部分的功能都在模块 manage-web 中实现。

11.1 平台管理后台数据服务设计

平台管理后台是一个独立的应用系统，它有自身的用户体系和独立的权限管理设计。平台管理后台的访问控制及其权限管理主要由操作员、角色和部门等实体组成，这几个实体的关联关系是：一个操作员只能从属于一个部门，同时一个操作员可以拥有多个角色。

11.1.1 实体建模

为实现访问控制及简单的权限管理设计，我们定义了三个实体对象，分别是操作员、角色和部门。

操作员的实体对象 Operators 主要由名称、邮箱、性别、密码和所属部门等属性组成，实现代码如下所示：

```
@Entity
@Table(name = "t_operator")
```

```
public class Operators extends IdEntity {
    private String name;
    private String email;
    private Integer sex;
    @DateTimeFormat(pattern = "yyyy-MM-dd HH:mm:ss")
    @Column(name = "created", columnDefinition = "timestamp default
current_timestamp")
    @Temporal(TemporalType.TIMESTAMP)
    private Date created;
    private String password;

    @ManyToOne
    @JoinColumn(name = "did")
    @JsonBackReference
    private Department department;

    @ManyToMany(cascade = {}, fetch = FetchType.EAGER)
    @JoinTable(name = "operator_part",
          joinColumns = {@JoinColumn(name = "operator_id")},
          inverseJoinColumns = {@JoinColumn(name = "part_id")})
    private List<Part> parts = new ArrayList<>();

    public Operators() {
    }
    ...
}
```

在这一设计中，主要实现了操作员的关联关系。一方面以多对一的关系关联了部门实体，即一个操作员只能属于一个部门；另一方面以多对多的关系关联了角色实体，即一个操作员可以拥有多个角色。

角色的实体对象 Part 主要由名称和创建时间等属性组成，实现代码如下所示：

```
@Entity
@Table(name = "t_part")
public class Part extends IdEntity {
    private String name;
    @DateTimeFormat(pattern = "yyyy-MM-dd HH:mm:ss")
    @Column(name = "created", columnDefinition = "timestamp default
current_timestamp")
    @Temporal(TemporalType.TIMESTAMP)
    private Date created;


    public Part() {
```

```
    }
    ...
}
```

这个角色设计并没有关联资源，有关它的访问权限设计将在本章后面使用一种更加简单的方式实现。

部门的实体对象 Department 主要由名称和创建时间等属性组成，实现代码如下所示：

```
@Entity
@Table(name = "t_department")
public class Department extends IdEntity {
    private String name;
    @DateTimeFormat(pattern = "yyyy-MM-dd HH:mm:ss")
    @Column(name = "created", columnDefinition = "timestamp default
current_timestamp")
    @Temporal(TemporalType.TIMESTAMP)
    private Date created;

    public Department() {
    }
    ...
}
```

在实体对象之间的关联关系设计中，使用了单向关联的设计原则，即在部门实体设计中，不再与操作员建立关联关系。如果需要从部门中查询操作员，则可以通过使用 SQL 查询语句实现。

在上面的实体对象设计中，都继承了一个抽象类 BaseId，用它实现了对象中 ID 主键的定义，代码如下所示：

```
@MappedSuperclass
public abstract class BaseId implements Serializable {

    private static final long serialVersionUID = 1L;

    @Id
    @GeneratedValue(strategy = GenerationType.IDENTITY)
    private Long id;

    public Long getId() {
        return id;
    }

    public void setId(Long id) {
```

```
        this.id = id;
    }
}
```

11.1.2 为实体赋予行为

为实体定义一个存储库接口，通过绑定 JPA 存储库，就可以为之赋予一些基本行为，实现实体的持久化设计。在存储库接口的定义中，还可以通过声明方法增加一个实体的其他操作方法。

对于 11.1.1 节的操作员实体对象来说，可以通过如下方式设计它的操作方法：

```
@Repository
public interface OperatorRepository extends JpaRepository<Operators, Long>,
JpaSpecificationExecutor<Operators> {
    @Query("select t from Operators t where t.name =?1 and t.email =?2")
    Operators findByNameAndEmail(String name, String email);

    @Query("select distinct u from Operators u where u.name= :name")
    Operators findByName(@Param("name") String name);

    @Query("select distinct u from Operators u where u.id= :id")
    Operators findById(@Param("id") Long id);

    @Query("select o from Operators o " +
            "left join o.parts p " +
            "where p.id= :id")
    List<Operators> findByPartId(@Param("id") Long id);
}
```

这里声明了几个方法，都是通过 SQL 查询语句扩展操作员实体对象操作行为的。其中，findByPartId 实现了通过部门 ID 查询操作员列表的功能。

另外，在角色实体和部门实体的持久化设计中，只要创建一个简单的存储库接口，通过绑定 JPA 接口，就可以实现基本操作，不再赘述。

11.1.3 数据访问服务设计

数据访问服务是对存储库接口调用的一个服务层封装设计，通过服务层的开发，可以为存储库接口的调用提供统一的事务管理，实现其他扩展设计。

下面以操作员实体数据访问服务开发为例进行说明。

对于一般的增删改查的操作，可以使用如下所示的设计：

```
@Service
@Transactional
public class OperatorService {
    @Autowired
    private OperatorRepository operatorRepository;

    public String insert(Operators operators){
        try{
            Operators old = findByName(operators.getName());
            if(old == null){
                operatorRepository.save(operators);
                return operators.getId().toString();
            }else{
                return "用户名 '" + old.getName()+ "' 已经存在! ";
            }

        }catch (Exception e){
            e.printStackTrace();
            return e.getMessage();
        }
    }

    public String update(Operators operators){
        try{
            operatorRepository.save(operators);
            return operators.getId().toString();
        }catch (Exception e){
            e.printStackTrace();
            return e.getMessage();
        }
    }

    public String delete(Long id){
        try{
            operatorRepository.deleteById(id);
            return id.toString();
        }catch (Exception e){
            e.printStackTrace();
            return e.getMessage();
        }

    }
```

```
    public List<Operators> findAll(){
        return operatorRepository.findAll();
    }

    public Operators findOne(Long id){
        return operatorRepository.findByOperatorId(id);
    }

    public Operators findByName(String name){
        return operatorRepository.findByName(name);
    }

    public List<Operators> findByPartId(Long partId){
        return operatorRepository.findByPartId(partId);
    }
}
```

这些方法都是通过调用操作员实体的存储库接口实现数据存取操作的。其中，对于操作员来说，因为需要使用用户名进行登录验证，所以在新增数据时使用了去重检查。

对于分页查询来说，可以通过定义一个 Specification 实现复杂的查询，代码如下所示：

```
@Service
@Transactional
public class OperatorService {
    @Autowired
    private OperatorRepository operatorRepository;

    public Page<Operators> findAll(OperatorsVo operatorsVo){
        Sort sort = Sort.by(Sort.Direction.DESC, "created");
        Pageable pageable  = PageRequest.of(operatorsVo.getPage(),
operatorsVo.getSize(), sort);

        return operatorRepository.findAll(new Specification<Operators>(){
            @Override
            public Predicate toPredicate(Root<Operators> root, CriteriaQuery<?>
query, CriteriaBuilder criteriaBuilder) {
                List<Predicate> predicatesList = new ArrayList<Predicate>();

                if(CommonUtils.isNotNull(operatorsVo.getName())){
                    predicatesList.add(criteriaBuilder.like(root.get("name"),
"%" + operatorsVo.getName() + "%"));
                }
```

```
            if(CommonUtils.isNotNull(operatorsVo.getCreated())){

predicatesList.add(criteriaBuilder.greaterThan(root.get("created"),
operatorsVo.getCreated()));
            }

            query.where(predicatesList.toArray(new
Predicate[predicatesList.size()]));

            return query.getRestriction();
         }
      }, pageable);
   }
}
```

其中，分页查询的参数可以根据需要进行设计，这里只提供了操作员名称和创建日期两个参数进行查询。

11.1.4 单元测试

在完成数据访问服务设计之后，可以进行一个单元测试，以验证设计是否正确。

下面是一个插入数据的测试用例，通过这个测试用例我们可以创建一个登录系统的管理员用户：

```
@RunWith(SpringRunner.class)
@ContextConfiguration(classes = {JpaConfiguration.class,
ManageRestApiApplication.class})
@SpringBootTest
public class BbServiceTest {
   private static Logger logger =
LoggerFactory.getLogger(BbServiceTest.class);
   @Autowired
   private OperatorService operatorService;
   @Autowired
   private PartService partService;
   @Autowired
   private DepartmentService departmentService;

   @Test
   public void insertData(){
      Part part = new Part();
      part.setName("admins");
```

```
        partService.save(part);

        Department department = new Department();
        department.setName("技术部");
        departmentService.save(department);

        Operators operators = new Operators();
        operators.setName("admin");
        operators.setSex(1);

        operators.setDepartment(department);

        List<Part> partList = operators.getParts();
        partList.add(part);
        operators.setParts(partList);

        BCryptPasswordEncoder bc = new BCryptPasswordEncoder();
        operators.setPassword(bc.encode("123456"));

        operatorService.insert(operators);
        assert operators.getId() > 0 : "create error";
    }
}
```

这个测试用例执行了以下操作：

（1）创建了一个角色，名称为 admins（也可以把它当成一个用户组）。

（2）创建了一个部门，名称为技术部。

（3）创建了一个用户，名称为 admin，并给用户设定密码为 123456。

如果测试成功通过，则这些生成的数据可以为后面的开发所使用。我们可以使用 admin 这个用户作为系统管理员登录系统。

其他测试用例可以参照这个方法来设计。

11.2 平台管理后台的访问控制设计

这里的访问控制设计使用了 Spring Secutiry 来实现，这些内容与第 10 章 SSO 设计中的访问控制部分的实现方法相差不多，不同之处在于这里并不需要 OAuth 2，而对权限管理的设计也使用了一种更为简便的方法来实现。下面略过一些相同的地方，只针对不同点进行说明。这些设计都是在模块 manage-web 中实现的。

11.2.1　在访问控制中使用操作员

创建一个 MyUserDetails 类，实现 Spring Secutiry 的 UserDetails，从而导入 Operators 用户及其权限管理，代码如下所示：

```
public class MyUserDetails implements UserDetails {

    private String username;

    private String password;

    private Collection<? extends GrantedAuthority> authorities;

    private Operators operators;

    public MyUserDetails(String username, String password, Collection<? extends
GrantedAuthority> authorities, Operators operators) {
        this.username = username;
        this.password = password;
        this.authorities = authorities;
        this.operators = operators;
        this.operators.setPassword(null);
    }
        ...
}
```

创建一个 MyUserDetailsService 服务类，并在配置类 SecurityConfiguration 中进行引用。这样就可以让 Spring Secutiry 使用我们定义的用户及其权限进行安全访问控制认证了。具体的实现细节可参考第 10 章的 SSO 设计。

11.2.2　平台管理后台的权限管理设计

这里的权限管理使用了一种较为简单的方法来实现，即通过使用配置参数实现权限管理，实现方法如下。

首先，在模块的应用配置中增加如下所示的配置项：

```
securityconfig:
  logoutsuccssurl: /
```

```
permitall:
  - /druid/**
  - /bbs**
deniedpage: /deny
urlroles: /**/new/** = admins;
          /**/edit/** = admins,editors;
          /**/delete/** = admins
```

这些配置参数由自定义的一个配置类 SecuritySettings 实现。

其中，urlroles 为权限管理的配置参数。这个配置参数通过请求的 URL 设定用户的访问权限。这里只设置了两个角色（或者说用户组）的权限，它们分别是 admins 和 editors。在 URL 资源配置中，结合通配符“*”，分别使用关键字 new、edit 和 delete 表示新建、编辑和删除操作。

在控制器的设计中，同样需要使用这些关键字设置 URL，例如下面所示的一些@Request Mapping 设计：

```
@RequestMapping("/new")
@RequestMapping(value="/edit/{id}")
@RequestMapping(value="/update", method = RequestMethod.POST)
@RequestMapping(value="/delete/{id}")
```

其次，在安全资源管理的元数据管理 CustomSecurityMetadataSource 中，使用如下所示的设计：

```
public CustomSecurityMetadataSource  (String urlroles) {
        super();
        this.urlroles = urlroles;
        resourceMap = loadResourceMatchAuthority();
    }

    private Map<String, Collection<ConfigAttribute>>
loadResourceMatchAuthority() {

        Map<String, Collection<ConfigAttribute>> map = new HashMap<String,
Collection<ConfigAttribute>>();

        if(urlroles != null && !urlroles.isEmpty()){
            String[] resouces = urlroles.split(";");
            for(String resource : resouces){
                String[] urls = resource.split("=");
                String[] roles = urls[1].split(",");
                Collection<ConfigAttribute> list = new
ArrayList<ConfigAttribute>();
```

```
            for(String role : roles){
                ConfigAttribute config = new SecurityConfig(role.trim());
                list.add(config);
            }
            //key: url, value: roles
            map.put(urls[0].trim(), list);
        }
    }else{
        logger.error("'securityconfig.urlroles' must be set");
    }

    logger.info("Loaded UrlRoles Resources.");
    return map;
}
```

这个设计表示，当系统启动时，导入上面权限配置的数据作为安全管理的元数据，给后面的权限检查提供依据。

最后，在权限检查 CustomAccessDecisionManager 的设计中，使用如下所示的设计：

```
public class CustomAccessDecisionManager implements AccessDecisionManager
{
    protected Log log = LogFactory.getLog(getClass());

    @Override
    public void decide(Authentication authentication, Object object,
                Collection<ConfigAttribute> configAttributes)
            throws AccessDeniedException, InsufficientAuthenticationException {
        if (configAttributes == null) {
            return;
        }

        //config urlroles
        Iterator<ConfigAttribute> iterator = configAttributes.iterator();

        while (iterator.hasNext()) {
            ConfigAttribute configAttribute = iterator.next();
            //need role
            String needRole = configAttribute.getAttribute();
            //user roles
            for (GrantedAuthority ga : authentication.getAuthorities()) {
                if (needRole.equals(ga.getAuthority())) {
                    return;
                }
```

```
            }
            log.info("need role is " + needRole);
        }
        throw new AccessDeniedException("Cannot Access!");
    }
}
```

当用户访问的资源中包含安全管理的元数据时，就检查用户的角色列表中是否有与之匹配的角色，以此达到权限验证的目的。

这种简化的设计要求我们在创建角色时，其名字必须与配置中的名字相匹配，即使用前面配置中的 admins 和 editors。

如果想要通过数据管理的方式控制权限，实现更加丰富的权限管理功能，则可以参照 10.4 节中的内容。

在完成上面所有设计后，就可以开始进行测试了。

直接启动 manage-web 应用，启动成功之后，在浏览中输入如下所示的链接登录系统：

```
http://localhost:8099
```

使用前面单元测试时生成的用户名 admin 即可登录系统。登录系统后可以对操作员及其角色等数据进行管理，如图 11-1 所示。

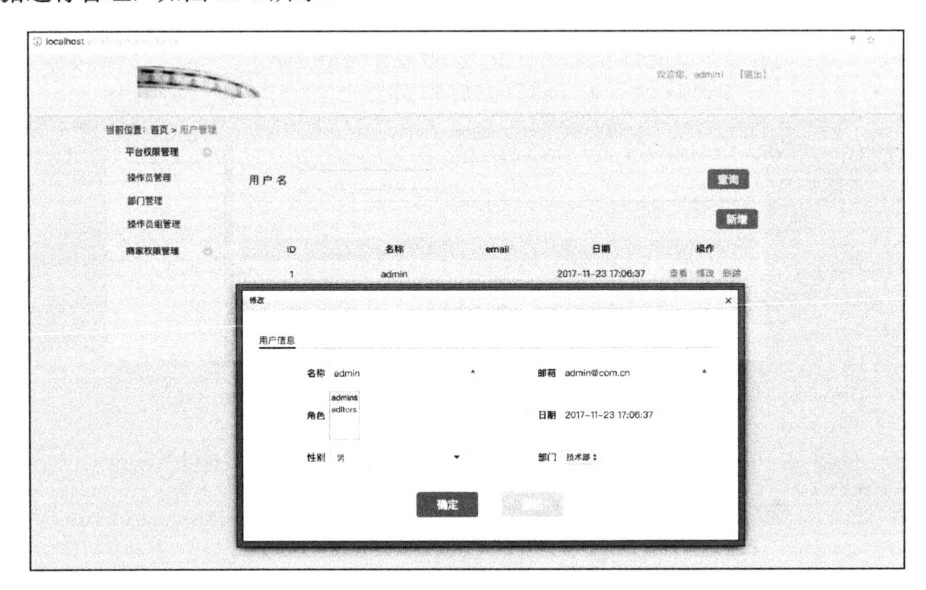

图 11-1

11.3　商家的注册管理设计

对商家的注册管理设计主要是通过调用商家服务的 REST API 实现的。

在注册一个商家时，除创建一个商家对象外，还必须为商家创建一个用户，这样商家才能使用这个用户登录商家管理后台。

在商家的查询对象设计中增加两个字段，用来表示商家所属用户的简要信息，代码如下所示：

```
public class MerchantQo extends PageQo implements Serializable {
    private Long id;
    private String name;
    private String email;
    private String phone;
    private String address;
    private String linkman;
    @DateTimeFormat(
        pattern = "yyyy-MM-dd HH:mm:ss"
    )
    private Date created;
    private String userName;
    private String passWord;

    public MerchantQo() {
    }
    ...
}
```

其中，userName 和 passWord 分别用来表示商家用户的用户名和密码。

这样在新建商家的页面设计 new.html 中，就可以使用如下所示的表单设计了：

```
<form id="saveForm" action="./save" method="post">
    <table class="addNewInfList">
        <tr>
            <th>名称</th>
            <td width="240">
                <input class="inp-list w-200 clear-mr f-left" type="text"
id="name" name="name" maxlength="32" />
                <span class="tipStar f-left">*</span>
            </td>
```

```
            <th>邮箱</th>
            <td width="240">
                <input class="inp-list w-200 clear-mr f-left" type="text"
id="email" name="email" maxlength="128" />
            </td>
        </tr>
        <tr>
            <th>电话</th>
            <td width="240">
                <input class="inp-list w-200 clear-mr f-left" type="text"
id="phone" name="phone" maxlength="32" />
                <span class="tipStar f-left">*</span>
            </td>
            <th>地址</th>
            <td width="240">
                <input class="inp-list w-200 clear-mr f-left" type="text"
id="address" name="address" maxlength="255" />
            </td>
        </tr>
        <tr>
            <th>联系人</th>
            <td width="240">
                <input class="inp-list w-200 clear-mr f-left" type="text"
id="linkman" name="linkman" maxlength="128" />
            </td>
            <th>日期</th>
            <td>
                <input  onfocus="WdatePicker({dateFmt:'yyyy-MM-dd HH:mm:ss'})"
type="text" class="inp-list w-200 clear-mr f-left" id="created"
name="created"/>
            </td>
        </tr>
        <tr>
            <th>用户名</th>
            <td width="240">
                <input class="inp-list w-200 clear-mr f-left" type="text"
id="userName" name="userName" maxlength="128" />
                <span class="tipStar f-left">*</span>
            </td>
            <th>密码</th>
            <td width="240">
                <input class="inp-list w-200 clear-mr f-left" type="password"
id="passWord" name="passWord" maxlength="32" />
```

```
                <span class="tipStar f-left">*</span>
            </td>
        </tr>
    </table>
    <div class="bottomBtnBox">
        <a class="btn-93X38 saveBtn" href="javascript:void(0)">确定</a>
        <a class="btn-93X38 backBtn" href="javascript: closeDialog()">返回</a>
    </div>
</form>
```

商家用户的用户名和密码可以在创建商家时填写。在完成设计后，创建商家的设计效果如图 11-2 所示。

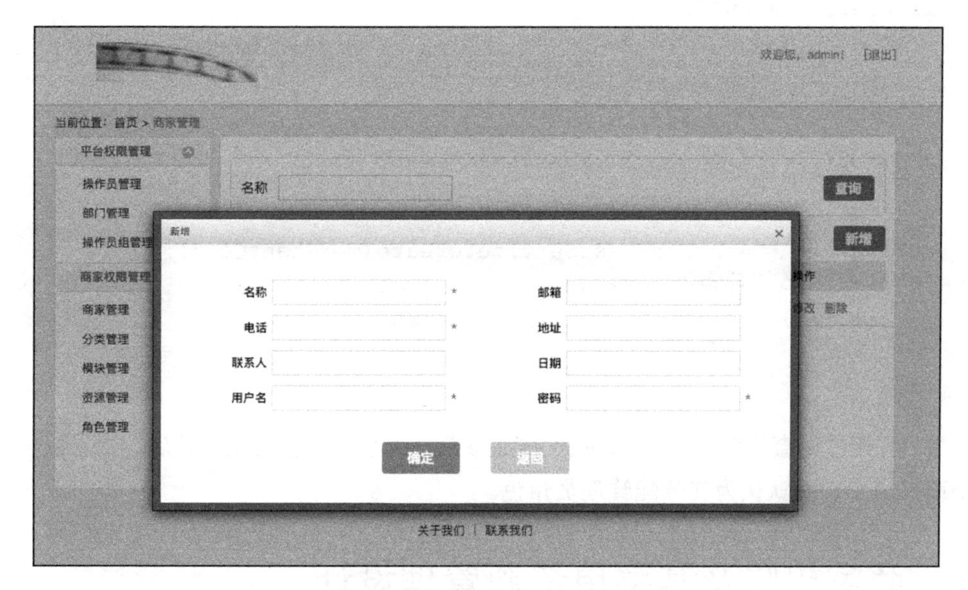

图 11-2

当新增商家提交表单时，可通过控制器实现对商家服务 MerchantRestService 进行远程调用，并检查用户名是否已经被注册，实现代码如下所示：

```
@Controller
@RequestMapping("/merchant")
public class MerchantController{
    private static Logger logger = LoggerFactory.getLogger
(MerchantController.class);

    @Autowired
```

```
    private MerchantRestService merchantRestService;
    @Autowired
    private UserRestService userRestService;


    @RequestMapping(value="/save", method = RequestMethod.POST)
    @ResponseBody
    public String save(MerchantQo merchantQo, HttpServletRequest request) throws
Exception{
        String json = userRestService.findByName(merchantQo.getUserName());
        UserQo userQo = new Gson().fromJson(json, UserQo.class);
        if(userQo != null){
            String str = "用户名'" + merchantQo.getUserName() + "'已经存在，请重新
输入！ ";
            logger.info(str);
            return str;
        }

        String ret = merchantRestService.create(merchantQo);
        logger.info("新增=" + ret);
        return ret;
    }
}
```

这里，直接使用查询对象 MerchantQo 传递参数，商家服务在接收请求后，会创建一个商家和一个商家用户，并默认为其分配管理员角色。

11.4 商家权限及其菜单资源管理设计

在商家的菜单体系中，我们设计了一个三级菜单，分别为分类、模块和资源。其中，分类菜单是顶级菜单，表示一个微服务应用；模块菜单是一个二级菜单，表示一个应用功能（实体）的主页；资源菜单是三级菜单，表示一个实体的增删改查中某一个具体的操作的权限。

在平台管理后台中，必须对这些菜单进行统一管理。下面就对各个菜单的管理及其设计分别加以说明。

11.4.1 分类菜单管理设计

分类菜单是一个顶级菜单，它所连接的是一个 Web 微服务应用，如库存管理、订单管理等，

所以顶级菜单只在 SSO 首页中进行展示。

在分类菜单中管理包括增删改查等操作内容，下面以分类菜单查询的设计为例进行说明。

首先使用控制器设计 MerchantKindController，通过调用商家服务 KindRestService 取得分类菜单数据；然后将查询结果转换为视图输出，即返回 show.html 的视图设计，实现代码如下所示：

```
@Controller
@RequestMapping("/merchantkind")
public class MerchantKindController {
    private static Logger logger =
LoggerFactory.getLogger(MerchantKindController.class);

    @Autowired
    private KindRestService kindRestService;

    @RequestMapping(value="/{id}")
    public String show(ModelMap model, @PathVariable Long id) {
        String json = kindRestService.findById(id);
        model.addAttribute("kind", new Gson().fromJson(json, KindQo.class));
        return "merchantkind/show";
    }
}
```

在 show.html 的视图设计中，通过对话框的方式显示了 show.html 的页面内容。其中，页面设计部分的实现代码如下所示：

```
<html xmlns:th="http://www.thymeleaf.org">
<div class="addInfBtn">
    <h3 class="itemTit"><span>分类信息</span></h3>
    <table class="addNewInfList">
        <tr>
            <th>名称</th>
            <td width="240"><input class="inp-list w-200 clear-mr f-left"
type="text" th:value="${kind.name}" readonly="true"/></td>
            <th>链接服务</th>
            <td width="240">
                <input class="inp-list w-200 clear-mr f-left" type="text"
th:value="${kind.link}" readonly="true" />
            </td>
        </tr>
        <tr>
```

```
            <th>日期</th>
            <td>
                <input  onfocus="WdatePicker({dateFmt:'yyyy-MM-dd HH:mm:ss'})"
type="text" class="inp-list w-200 clear-mr f-left" th:value="${kind.created} ?
${#dates.format(kind.created,'yyyy-MM-dd HH:mm:ss')} :''" />
            </td>
        </tr>
    </table>
    <div class="bottomBtnBox">
        <a class="btn-93X38 backBtn" href="javascript:closeDialog(0)">返回</a>
    </div>
</div>
```

完成设计后的显示效果如图 11-3 所示。

图 11-3

图 11-3 所显示的内容是一个“订单系统”的分类菜单的查询信息，其中“链接服务”使用的是订单微服务应用的实例名称。当操作者打开使用微服务名称作为顶级菜单的链接时，将通过服务名称找到相应的链接地址再进行访问。

11.4.2 模块菜单管理设计

模块菜单是商家管理后台的一个二级菜单，它表示一个应用中的一个业务类型。例如，在顶级菜单“订单系统”中可以包含“订单管理”和“订单报表”等模块菜单。

在模块菜单中包括菜单的增删改查等操作内容，下面以新建模块菜单的设计为例进行说明。

如下所示是一个新建模块菜单的控制器 MerchantModelController 的设计：

```
@Controller
@RequestMapping("/merchantmodel")
public class MerchantModelController {
    private static Logger logger =
LoggerFactory.getLogger(MerchantModelController.class);

    @Autowired
    private KindRestService kindRestService;

    @Autowired
    private ModelRestService modelRestService;

    @RequestMapping("/new")
    public String create(ModelMap model, HttpServletRequest request){
        String json = kindRestService.findList();
        List<KindQo> kindQos = new Gson().fromJson(json, new
TypeToken<List<KindQo>>() {}.getType());
        //缓存模块列表
        request.getSession().setAttribute("kinds", kindQos);
        model.addAttribute("kinds", kindQos);
        return "merchantmodel/new";
    }

    @RequestMapping(value="/save", method = RequestMethod.POST)
    @ResponseBody
    public String save(ModelQo modelQo, HttpServletRequest request) throws
Exception{
        //通过模块 ID 指定关联对象
        String kid = request.getParameter("kid");
        //获取模块列表
        List<KindQo> kindQos = (List<KindQo>)
request.getSession().getAttribute("kinds");
        for (KindQo kindQo : kindQos) {
            if (kindQo.getId().compareTo(new Long(kid)) == 0) {
                modelQo.setKind(kindQo);
                break;
            }
        }
```

```
        String ret = modelRestService.create(modelQo);
        logger.info("新增=" + ret);
        return ret;
    }
}
```

需要注意的是，这里使用了查询对象 ModelQo 来获取表单的参数。这与使用实体对象来获取参数略有不同，即使用查询对象不能得到所关联的对象，所以这里使用了 kid 这个参数来表示模块所关联的分类对象的 ID，然后从我们在会话中保存的对象列表中取得相关对象，而不是使用 kid 这样的参数直接取得所关联的分类对象。

在相关页面的视图设计上，也必须要有与之对应的设计。如下所示是一个新建模块菜单的视图 new.html 的设计：

```
<html xmlns:th="http://www.thymeleaf.org">
<script th:src="@{/scripts/merchantmodel/new.js}"></script>
<form id="saveForm" action="./save" method="post">
    <table class="addNewInfList">
        <tr>
            <th>名称</th>
            <td width="240">
                <input class="inp-list w-200 clear-mr f-left" type="text"
name="name" id="name" maxlength="32" />
                <span class="tipStar f-left">*</span>
            </td>
            <th>URL</th>
            <td width="240">
                <input class="inp-list w-200 clear-mr f-left" type="text"
id="host" name="host" maxlength="64" />
            </td>
        </tr>
        <tr>
            <th>日期</th>
            <td>
                <input  onfocus="WdatePicker({dateFmt:'yyyy-MM-dd HH:mm:ss'})"
type="text" class="inp-list w-200 clear-mr f-left" id="created"
name="created"/>
            </td>
            <th>分类</th>
            <td width="240">
                <div >
```

```
                    <select name="kid" id="kid">
                        <option th:each="kind:${kinds}" th:value="${kind.id}"

th:text="${#strings.length(kind.name)>20?#strings.substring(kind.name,0,20)+
'...':kind.name}"
                              ></option>
                    </select>
                    <span class="tipStar f-right">*</span>
                </div>
            </td>
        </tr>
    </table>
    <div class="bottomBtnBox">
        <a class="btn-93X38 saveBtn" href="javascript:void(0)">确定</a>
        <a class="btn-93X38 backBtn" href="javascript: closeDialog()">返回</a>
    </div>
</form>
```

其中，在模块菜单所关联的分类使用的 select 控件中，使用了 kid 这个参数来取得分类对象的 ID。

在完成设计后，模块菜单管理的显示效果如图 11-4 所示。

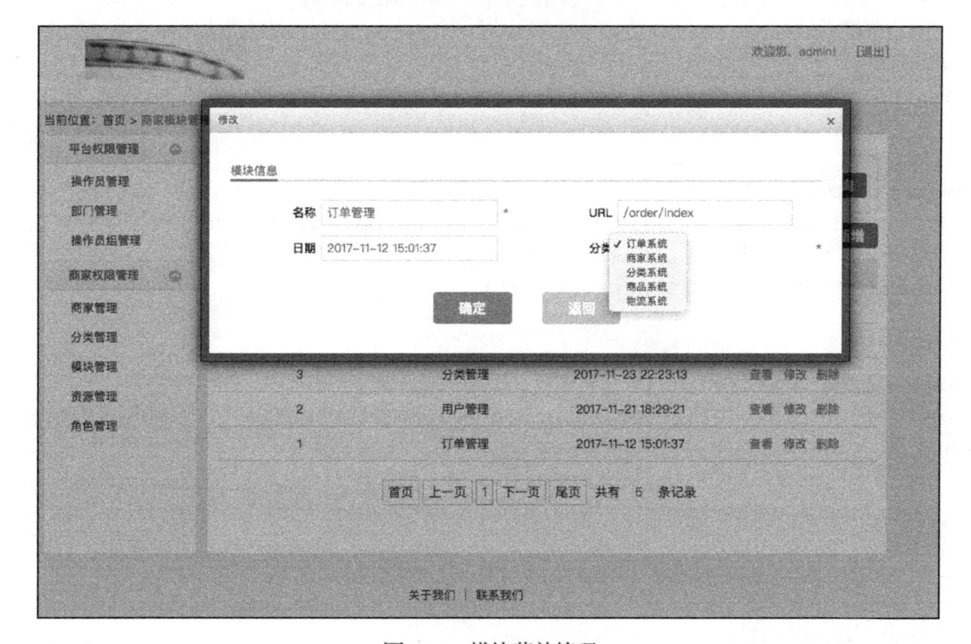

图 11-4　模块菜单管理

在图 11-4 中，URL 是进入订单管理主页的一个链接地址，菜单所关联的上级菜单为“订单系统”。从这个设计中可以看出，二级的链接地址是一个应用的主页。

11.4.3 资源菜单管理设计

资源菜单是商家管理后台的一个三级菜单，如对于模块菜单“订单管理”来说，它可以含有“订单修改”和“订单删除”等子菜单。资源菜单是最小的权限管理单元，在权限管理设计中它是角色所关联的访问对象。

在资源菜单中包括增删改查等操作内容，下面以资源编辑的设计为例进行说明。

资源编辑控制器 MerchantResourceController 的设计部分的代码如下所示：

```
@Controller
@RequestMapping("/merchantresource")
public class MerchantResourceController{
    private static Logger logger =
LoggerFactory.getLogger(MerchantResourceController.class);

    @Autowired
    private ResourceRestService resourceRestService;

    @Autowired
    private ModelRestService modelRestService;


    @RequestMapping("/index")
    public String index(ModelMap model, Principal user) throws Exception{
        model.addAttribute("user", user);
        return "merchantresource/index";
    }

    @RequestMapping("/edit/{id}")
    public String edit(@PathVariable Long id, ModelMap model, HttpServletRequest
request) {
        String json = resourceRestService.findById(id);
        ResourceQo resourceQo = new Gson().fromJson(json, ResourceQo.class);

        String models = modelRestService.findList();
        List<ModelQo> modelQoList = new Gson().fromJson(models, new
TypeToken<List<ModelQo>>() {}.getType());
```

```
        //缓存模块列表
        request.getSession().setAttribute("models", modelQoList);

        model.addAttribute("models", modelQoList);
        model.addAttribute("resource", resourceQo);

        return "merchantresource/edit";
    }


    @RequestMapping(method = RequestMethod.POST, value="/update")
    @ResponseBody
    public String update(ResourceQo resourceQo, HttpServletRequest request)
throws Exception{
        //通过模块 ID 指定关联对象
        String mid = request.getParameter("mid");
        //获取模块列表
        List<ModelQo> modelQos = (List<ModelQo>)
request.getSession().getAttribute("models");
        for (ModelQo modelQo : modelQos) {
            if (modelQo.getId().compareTo(new Long(mid)) == 0) {
                resourceQo.setModel(modelQo);
                break;
            }
        }

        String ret = resourceRestService.update(resourceQo);
        logger.info("修改=" + ret);
        return ret;
    }
}
```

在进行资源编辑之前，首先取出模块列表，并使用这个模块列表在页面中设计一个下拉框。然后在资源编辑时从这个下拉框中选择一个模块设置它的上级菜单。最后在数据保存时，通过模块 ID 取出相应的对象进行保存。

其对应的页面视图 edit.html 的设计如下所示：

```
<html xmlns:th="http://www.thymeleaf.org">
<script th:src="@{/scripts/merchantresource/edit.js}"></script>
<form id="saveForm" method="post">
    <input type="hidden" name="id" id="id" th:value="${resource.id}"/>
<div class="addInfBtn" >
    <h3 class="itemTit"><span>资源信息</span></h3>
    <table class="addNewInfList">
        <tr>
            <th>名称</th>
            <td width="240">
                <input class="inp-list w-200 clear-mr f-left" type="text"
th:value="${resource.name}" id="name" name="name" maxlength="32" />
                <span class="tipStar f-left">*</span>
            </td>
            <th>模块</th>
            <td width="240">
                <div >
                    <select name="mid" id="mid">
                        <option th:each="model:${models}" th:value="${model.id}"
                                th:text="${#strings.length(model.name)
>20?#strings.substring(model.name,0,20)+'...':model.name}"
                                th:selected="${resource.model !=null and
resource.model.id == model.id}"
                                ></option>
                    </select>
                    <span class="tipStar f-right">*</span>
                </div>
            </td>
        </tr>
        <tr>
            <th>URL</th>
            <td width="240">
                <input class="inp-list w-200 clear-mr f-left" type="text"
th:value="${resource.url}" id="url" name="url" maxlength="64" />
            </td>
            <th>日期</th>
            <td>
                <input  onfocus="WdatePicker({dateFmt:'yyyy-MM-dd HH:mm:ss'})"
type="text" class="inp-list w-200 clear-mr f-left"
```

```
th:value="${resource.created} ? ${#dates.format(resource.created,'yyyy-MM-dd
HH:mm:ss')} :''" id="created" name="created"/>
            </td>
        </tr>
    </table>
    <div class="bottomBtnBox">
        <a class="btn-93X38 saveBtn" href="javascript:void(0)">确定</a>
        <a class="btn-93X38 backBtn" href="javascript:closeDialog(0)">返回</a>
    </div>
</div>

</form>
```

这里对于模块下拉列表使用了 mid 的方式进行引用。完成设计后，资源管理的显示效果如图 11-5 所示。

图 11-5

从图 11-5 中可以看出，三级菜单是在一个应用中对某一个实体进行增删改查时的一项操作权限，URL 是一个执行订单修改的链接地址。在链接地址后面增加的几个符号“/**”是为了方便权限的检查，也可以省略不用，而所关联的模块菜单“订单管理”就是订单修改的上级菜单。

11.5 商家角色管理设计

商家的权限管理是通过角色管理实现的，角色与资源能够建立关联关系就表示该角色对该资源具有访问权限。一个用户拥有哪些角色，就表示这个用户对这些角色所关联的资源具有访问权限。

角色管理主要是通过 RoleRestService 等组件访问商家服务提供的接口，从而实现对角色的数据配置进行管理的。角色管理包括角色的增删改查等操作内容，下面以角色修改的设计为例进行说明。

在角色管理控制器 MerchantRoleController 中，有关角色修改部分的设计如下所示：

```
@Controller
@RequestMapping("/merchantrole")
public class MerchantRoleController {
    private static Logger logger = LoggerFactory.getLogger
(MerchantRoleController.class);

    @Autowired
    private ResourceRestService resourceRestService;

    @Autowired
    private RoleRestService roleRestService;

    @RequestMapping("/edit/{id}")
    public String edit(@PathVariable Long id, ModelMap model, HttpServletRequest
request) {
        String json = roleRestService.findById(id);
        RoleQo roleQo = new Gson().fromJson(json, RoleQo.class);

        String resources = resourceRestService.findList();
        List<ResourceQo> resourceVoList = new Gson().fromJson(resources, new
TypeToken<List<ResourceQo>>() {}.getType());

        //缓存资源列表
        request.getSession().setAttribute("resources", resourceVoList);
```

```
        List<Long> rids = new ArrayList<>();
        for(ResourceQo resource : roleQo.getResources()){
            rids.add(resource.getId());
        }

        model.addAttribute("resources", resourceVoList);
        model.addAttribute("role", roleQo);
        model.addAttribute("rids", rids);

        return "merchantrole/edit";
    }

    @RequestMapping(method = RequestMethod.POST, value="/update")
    @ResponseBody
    public String update(RoleQo roleQo, HttpServletRequest request) throws
Exception{
        //通过资源 ID 指定关联对象
        String[] rids = request.getParameterValues("rids");
        //获取资源列表
        List<ResourceQo> resourceQoList = (List<ResourceQo>)
request.getSession().getAttribute("resources");
        List<ResourceQo> resourceQos = new ArrayList<ResourceQo>();
        for (String rid : rids) {
            for (ResourceQo resourceVo : resourceQoList) {
                if (resourceVo.getId().compareTo(new Long(rid)) == 0) {
                    resourceQos.add(resourceVo);
                }
            }
        }
        roleQo.setResources(resourceQos);

        String ret = roleRestService.update(roleQo);
        logger.info("修改=" + ret);
        return ret;
    }
}
```

其中，对于角色已经关联的资源，可以使用一个由资源 ID 构成的列表 rids 在页面的多项选择下拉列表框中对已经选择的资源进行判断。如果是已经关联的角色，就设定为选中的样式。

对应的页面视图 edit.html 的实现代码如下所示：

```
<html xmlns:th="http://www.thymeleaf.org">
<script th:src="@{/scripts/merchantrole/edit.js}"></script>
<form id="saveForm" method="post">
    <input type="hidden" name="id" id="id" th:value="${role.id}"/>
    <div class="addInfBtn" >
        <h3 class="itemTit"><span>角色信息</span></h3>
        <table class="addNewInfList">
            <tr>
                <th>名称</th>
                <td width="240">
                    <input class="inp-list w-200 clear-mr f-left" type="text"
th:value="${role.name}" id="name" name="name" maxlength="32" />
                    <span class="tipStar f-left">*</span>
                </td>
                <th>资源</th>
                <td width="240">
                    <div >
                        <select name="rids" id="rids" multiple="multiple">
                            <option th:each="resource:${resources}"
th:value="${resource.id}"

th:text="${#strings.length(resource.name)>20?#strings.substring(resource.nam
e,0,20)+'...':resource.name}"
                                    th:selected="${#lists.contains(rids,
resource.id)}"
                                    ></option>
                        </select>
                    </div>
                </td>
            </tr>
            <tr>
                <th>日期</th>
                <td>
                    <input  onfocus="WdatePicker({dateFmt:'yyyy-MM-dd
HH:mm:ss'})" type="text" class="inp-list w-200 clear-mr f-left"
th:value="${role.created} ? ${#dates.format(role.created,'yyyy-MM-dd
HH:mm:ss')} :''" id="created" name="created"/>
```

```
                </td>
            </tr>
        </table>
        <div class="bottomBtnBox">
            <a class="btn-93X38 saveBtn" href="javascript:void(0)">确定</a>
            <a class="btn-93X38 backBtn" href="javascript:closeDialog(0)">返回
</a>
        </div>
    </div>

</form>
```

使用 lists 函数判断下拉列表框的资源是否已经被角色所关联，如果是，则将选中样式设置为 true。

完成设计后，显示的效果如图 11-6 所示。

图 11-6

商家信息和菜单资源管理功能的数据可以从第 10 章的项目 merchant-microservice 中获取，这样将更方便读者进行测试。

11.6 小结

本章主要实现了平台管理后台的访问控制设计、商家注册及其权限，以及菜单的配置和管理等方面的功能。其中，商家注册及其权限、菜单的配置和管理，都是通过调用商家服务的REST API 微服务实现的。实际上，在我们的微服务架构设计中，Web UI 微服务的开发都是通过调用 Rest API 微服务实现的，当需要在平台管理后台中对电商平台的各个服务功能进行管理时，都可以通过调用各种微服务接口来实现。

有关微服务的开发至此告一段落，从第 12 章开始，我们将从运维的角度探讨微服务的部署及微服务运行环境的构建等方面的内容。

第三部分　运维部署

本部分详细说明了使用以 Docker 为基础的工具发布微服务的方法，并以可扩展分布式数据库集群设计和高可用分布式文件系统组建等为实例，介绍了稳定可靠的服务器架构设计和实施的方法。最后，通过 Jenkins 的部署实例，介绍了在微服务发布中自动化构建的流程。

第12章 云服务环境与Docker部署工具

完成微服务的开发之后，必须为其提供一个合适的分布式环境进行最终的部署和发布，才能充分发挥微服务架构的优势。这个环境首先应该是安全可靠的，并且是可以进行任意扩展的分布式环境。其次，它的基础设施应该是配备齐全的，并且稳定可靠、可扩展。这些基础设施包括数据库管理系统、文件管理系统、消息服务系统等服务，以及自动化测试和持续交付等工具。

我们开发的每一个微服务都可以进行任意多副本的发布，能够持续保持高性能的服务状态，所以微服务应用的基础服务设施和构建环境也必须具有可持续扩展的特性。

为了给微服务提供一个可伸缩的环境，我们必须组建或租用云服务。既可以组建私有云，也可以租用公有云，或者两者兼而有之。

12.1 虚拟机与基于 Docker 创建的容器

在 Docker 出现之前，为了充分利用服务器资源，我们使用 VMware 等技术来构建虚拟机。那么，虚拟机与容器之间有什么不一样呢？有人对服务器、虚拟机和 Docker 这三者做了一个很形象的比喻，可以用来说明它们的区别：

◎ 服务器好比运输码头：拥有场地和各种设备（服务器硬件资源）。

◎ 虚拟机好比码头上的仓库：拥有独立的空间堆放各种货物或集装箱。

◎ Docker 好比集装箱：是各种货物的打包。

所以，使用 Docker 工具创建的容器可以存在于任何服务器或虚拟机中，它比虚拟机更加灵活、小巧，在处理一个服务的启动、关闭和更新等操作时更快、更便捷。

12.2 安全可靠的云服务环境

如图 12-1 所示是一个基于阿里云设计的安全云服务架构的网络拓扑图。从这个图中可以看出，任何外部对服务器的访问，包括运维管理人员的访问，都必须经过阿里云云盾和防火墙。在此基础上，我们可以构建各种集群体系，包括微服务、网关、注册中心、Nginx、各种基础资源和各种基础设施等。

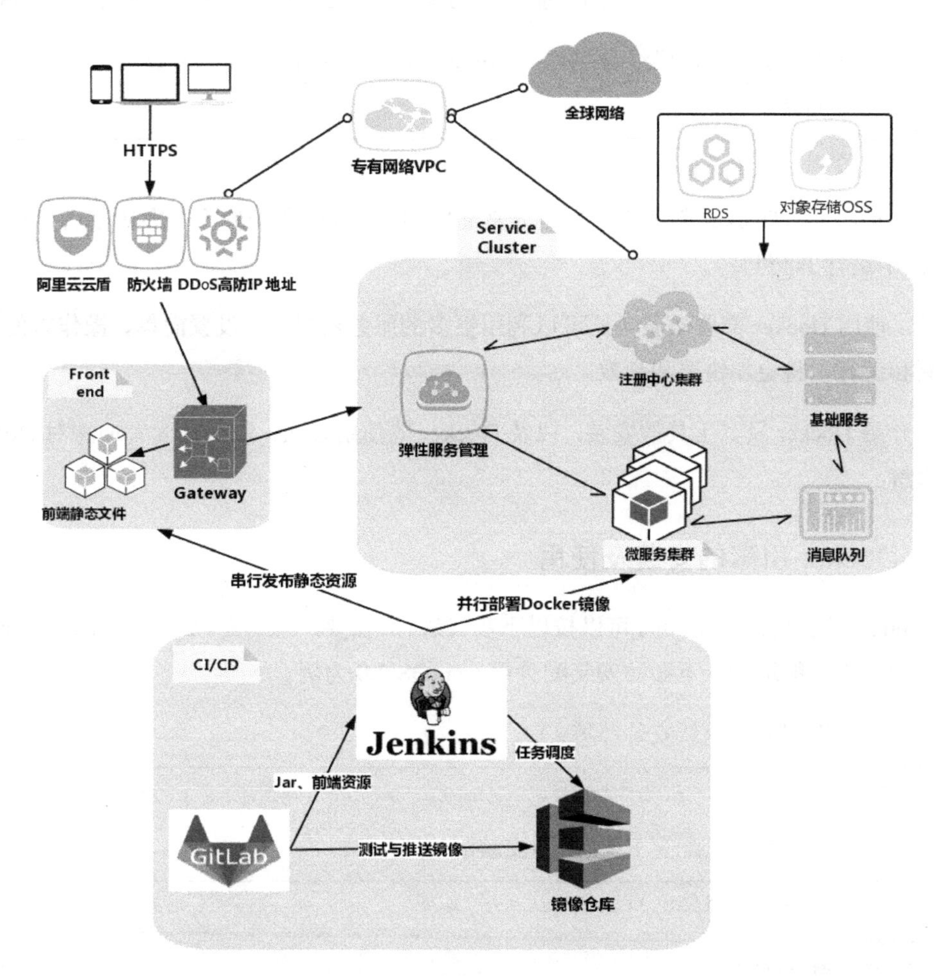

图 12-1

当然，我们也可以自己组建服务器，建立私有云，来搭建这些环境和基础设施。但是，从成本和便利性等综合条件考虑，建议还是选择云服务供应商提供的服务。

12.3 Docker 和 docker-compose 的下载与配置

Docker 是一个优秀的容器引擎，通过它可以为应用系统创建一个可移植的容器。容器运行于宿主系统上，其功能相当于一个虚拟主机。但是与虚拟主机相比，Docker 的性能更好。Docker 占用资源少，构建非常灵活、方便，且可以非常快速地启动和关闭。

正因为如此，对于整个电商平台的微服务应用来说，我们都将使用 Docker 进行部署和发布。

在我们开发的微服务中，已经自包含了 Tomcat 中间件和打包后的 Jar 文件，可以使用如下所示的 Java 命令直接运行：

```
Java -jar *.jar
```

由此可见，使用 Docker 部署微服务是非常简便的，只需使用类似于上面所示的命令就可以在 Docker 中运行 Jar 包。

另外，使用 Docker 部署微服务还可以利用更多的服务器资源，设置简单、操作方便。而服务的更新和运行，将更加快速和高效。

下面介绍 Docker 及其工具的安装，以及 Docker 的使用方法，以帮助读者加深对 Docker 的认识和理解。

12.3.1 Docker 引擎的安装及使用

在 Linux 环境中安装 Docker，可以按以下步骤进行。需要注意的是，Docker 需要在 Linux 7.0 或以上的版本中才能运行。下面的安装配置以 CentOS 7.0 为例。

首先，使用下列命令更新安装环境：

```
# yum update
```

然后，编辑下列命令，配置 Docker 的安装源：

```
# tee /etc/yum.repos.d/docker.repo <<-'EOF'
[dockerrepo]
name=Docker Repository
baseurl=https://yum.dockerproject.org/repo/main/centos/7/
enabled=1
gpgcheck=1
gpgkey=https://yum.dockerproject.org/gpg
```

```
EOF
```

最后，使用下列命令开始安装：

```
# yum install docker-engine
```

安装需要一定的时间，并且会通过网络下载一些安装文件。

安装完成后可以使用下列命令启动 Docker：

```
# service docker start
```

使用下列命令检查版本：

```
# docker --version
```

使用下列命令查看详细的版本信息：

```
# docker version
```

使用下列命令可以将 Docker 设置为开机启动：

```
# systemctl enable docker
```

更多有关 Docker 的信息，读者可以到其官方网站查看。

12.3.2　docker-compose 的下载及配置

docker-compose 是一个通过编排脚本来使用 Docker 引擎的工具组件，这一工具组件使得我们不必记住那么多的命令和配置参数，即可更加方便和快速地进行应用的部署和更新。

使用下列命令可以将已经编译的 docker-compose 下载到本地系统中：

```
curl -L https://github.com/docker/compose/releases/download/1.16.0-rc2/
docker-compose-`uname -s`-`uname -m` > /usr/local/bin/docker-compose
```

其中，“1.16.0-rc2”为版本号，可以先从 GitHub 上查看 docker-compose 的最新版本，然后更改上面命令中的版本号，即可下载最新的版本。

下载完成后执行下列命令，更改 docker-compose 的执行权限：

```
chmod +x /usr/local/bin/docker-compose
```

使用下列命令查看 docker-compose 的版本号：

```
docker-compose version
```

执行下列命令可以输出 docker-compose 的完整帮助信息：

```
# docker-compose -h
```

对于 docker-compose，我们常用的命令有 build、up、ps、start、stop、down 和 logs 等。如果要发布一个微服务，则只需使用一个 up 命令就足够了。

另外，还可以使用 help 命令查看每一个命令的详细帮助信息。例如，可以使用下列命令查看 down 命令的使用说明：

```
docker-compose help down
```

12.4 使用 Docker 方式发布微服务

在使用 Docker 运行一个服务时，首先必须创建这个服务的镜像，然后使用这个镜像创建容器并运行服务。在同一主机中，一个镜像可以创建多个容器副本，所以在一个主机中，也可以为所部署的服务做有限度的扩展部署。

12.4.1 镜像创建及其生成脚本

在创建镜像时，我们需要一个生成脚本，然后将脚本文件与 Jar 包一起上传到服务器的特定目录中，这样就可以用来生成应用的镜像了。创建镜像的脚本有一个固定的名字：Dockerfile。一般来说，脚本内容如下所示：

```
FROM java:8
VOLUME /tmp
ADD demo-1.0-SNAPSHOT.jar app.jar
RUN bash -c 'touch /app.jar'
RUN /bin/cp /usr/share/zoneinfo/Asia/Shanghai /etc/localtime \
   && echo 'Asia/Shanghai' >/etc/timezone
EXPOSE 8080
ENTRYPOINT
["java","-Djava.security.egd=file:/dev/./urandom","-jar","/app.jar"]
```

这个脚本表示，引用 Java 8 镜像将项目的 Jar 包生成一个由 JDK 1.8 支撑的镜像。其中，EXPOSE 指定了运行服务时设定的端口号，并且设定了 Shanghai 时区，目的是在容器运行时，其输出的日志能够显示正确的时间。

对于我们所开发的微服务应用来说，都可以参照这个脚本创建镜像，只需修改相关的发布包文件名和端口号即可。

12.4.2 服务的发布与更新

在部署服务时，可以创建一个目录（例如 demo）来放置上传的 Dockerfile 和打包文件，然后在其上一层目录中再创建一个 docker-compose.yml 文件，并使用这一文件编排部署脚本。对于这个例子来说，可以编排如下所示的脚本：

```
demo:
  build: ./demo
  ports:
   - "8080:8080"
```

然后，使用 docker-compose 的 up 命令部署应用，代码如下所示：

```
docker-compose up -d
```

这个命令已经包含了镜像的创建、容器的生成和启动等一系列操作。其中，参数-d 表示在后台中运行。

使用下列命令查看运行的容器：

```
docker-compose ps
```

使用下列命令查看容器的输出日志：

```
docker logs 容器 ID 或名称
```

当需要删除已经部署的容器和已经创建的镜像时，只需使用一个 down 命令即可完成所有的操作，代码如下所示：

```
docker-compose down --rmi all
```

运行这个命令将停止由编排脚本管理的所有容器，同时还将删除相关的容器和镜像。

从上面的演示可以看出，使用 docker-compose 来部署一个应用是非常方便的，我们只需使用一个简单的命令就可以完成所有操作。

12.5 使用 Docker 部署日志分析平台

我们可以使用一个统一的日志分析平台管理微服务应用生成的日志，这将给日志的查询和使用提供极大的方便。

日志分析平台 ELK 由三个服务组成，分别是 Elasticsearch、Logstash 和 Kibana。其中：

◎ Elasticsearch 是一个分布式搜索分析引擎，负责日志存储并提供搜索功能。
◎ Logstash 是一个开源数据处理管道，能提供数据收集、加工和传输管道的服务，负责日志收集。
◎ Kibana 是一个数据可视化平台，可以将数据分析结果转化为图表等形式，即提供了 Web 查询的操作界面。

因为日志分析平台 ELK 中的三个服务都是开源的，并且已经发布到公域的镜像仓库中，所以我们可以使用 docker-compose 工具编写脚本进行部署和安装。

首先，在服务器上创建一个目录，代码如下所示：

```
mkdir /logstash
```

进入这个目录之后，使用如下命令创建一个配置文件：

```
vi logstash.conf
```

文件的内容如下所示：

```
input {
 tcp {
 port => 5000
 codec => json
 }
 udp {
 port => 5000
 codec => json
 }
}

output {
 elasticsearch { hosts => [ "elasticsearch:9200" ] }
}
```

其次，使用如下命令创建一个编排脚本文件：

```
vi docker-compose.yml
```

在文件中编写如下所示内容：

```
logstash:
  image: logstash:5.4.0
  volumes:
     - ./logstash.conf:/etc/logstash.conf
  ports:
     - "5000:5000/tcp"
     - "5000:5000/udp"
  links:
     - elasticsearch
  command:
     -f /etc/logstash.conf

elasticsearch:
  image: elasticsearch:5.4.0

kibana:
  image: kibana:5.4.0
  links:
     - elasticsearch
  ports:
     - "5601:5601"
```

其中，三个服务的版本号必须统一。最后，使用如下命令启动服务：

```
docker-compose up -d
```

第一次启动时需要一定的时间，因为需要从镜像仓库中拉取相关的镜像。

在启动成功之后，就可以使用日志分析平台了。即可以使用 docker-compose 中的 start、stop 等命令执行平台的启动或关闭等操作。

在应用工程中，想要使用日志分析平台的日志收集功能，就必须通过日志配置文件 logback.xml 进行配置。一个完整的日志配置文件中的内容如下所示：

```
<?xml version="1.0" encoding="UTF-8"?>
<configuration>
    <property name="LOG_HOME" value="/logs" />
    <appender name="STDOUT" class="ch.qos.logback.core.ConsoleAppender">
        <encoder charset="UTF-8">
            <pattern>%d{yyyy-MM-dd HH:mm:ss.SSS} [%thread] %-5level %logger{50}
- %msg%n</pattern>
        </encoder>
    </appender>
```

```
    <appender name="stash" class="net.logstash.logback.appender.
LogstashTcpSocketAppender">
        <destination>10.10.10.32:5000</destination>
        <encoder charset="UTF-8"
class="net.logstash.logback.encoder.LogstashEncoder" />
    </appender>

    <appender name="async" class="ch.qos.logback.classic.AsyncAppender">
        <appender-ref ref="stash" />
    </appender>

    <!-- show parameters for hibernate sql 专为 Hibernate 定制 -->
    <logger name="org.hibernate.type.descriptor.sql.BasicBinder"
level="TRACE" />
    <logger name="org.hibernate.type.descriptor.sql.BasicExtractor"
level="DEBUG" />
    <logger name="org.hibernate.SQL" level="DEBUG" />
    <logger name="org.hibernate.engine.QueryParameters" level="DEBUG" />
    <logger name="org.hibernate.engine.query.HQLQueryPlan" level="DEBUG" />

    <!-- 设置日志级别 -->
    <root level="info">
        <appender-ref ref="STDOUT" />
        <appender-ref ref="stash" />
    </root>
</configuration>
```

其中，通过“10.10.10.32:5000”设置了日志收集平台的服务器 IP 地址和端口号，读者可以根据实际情况进行更改。

12.6 基于 Docker 的高级部署工具

我们可以在使用 Docker 引擎的基础上，使用更加高级的工具来管理，现在比较流行的工具有 Docker Swarm 和 Kubernetes 等。

12.6.1 私域镜像仓库

为了更好地配合高级工具的应用部署，应该创建一个私有的镜像仓库，将需要部署的镜像存放在镜像仓库中，这样在后面需要使用部署工具时，就可以从镜像仓库直接拉取镜像了。

假设私域镜像域名为 imags.demo.net，并且在镜像仓库中创建了一个项目 test，还为这个项目指定了相关用户及其读写权限，即可使用如下命令登录镜像仓库：

```
docker login imags.demo.net
```

根据提示，输入镜像仓库分配的用户名和密码。

这样，我们就可以上传 Jar 包和 Dockerfile 文件，然后在当前目录中使用下列命令来创建镜像了：

```
docker build -t imags.demo.net/test/example:1.0.0 .
```

在这个命令中，我们指定了镜像的名字和版本号，如果创建成功，则可以看到类似于如下所示的输出信息：

```
Successfully built 24d82a696eef
Successfully tagged imags.demo.net/test/example:1.0.0
```

镜像创建成功之后，即可使用如下命令将生成的本地镜像推送到镜像仓库：

```
docker push imags.demo.net/test/example:1.0.0
```

如果操作成功，则可以看到如下所示的输出信息：

```
The push refers to repository [imags.demo.net/test/example]
dd6bb0471434: Pushed
f07ed18457b0: Pushed
3929c58ac07b: Pushed
1.0.0: digest:
sha256:4c51a34a68054524ecd31b724047c232802c7c85334499d0b7119abcf329a634 size:
2631
```

当把需要发布的镜像都创建成功之后，就可以使用更加高级的工具直接从镜像仓库中拉取镜像，来创建各种服务了。

12.6.2 Docker Swarm

Docker Swarm 是 Docker 官方提供的一款 Docker 集群管理工具，它的架构如图 12-2 所示。Docker Swarm 可以通过集群方式管理多个安装有 Docker 引擎的主机。在 Docker Swarm 中，是通过管理节点 Swarm Manager 来管理集群中的所有工作节点 Swarm Node 的。应用部署必须在管理节点上进行，管理节点提供了集群中 Docker 主机的调度和服务发现等功能。

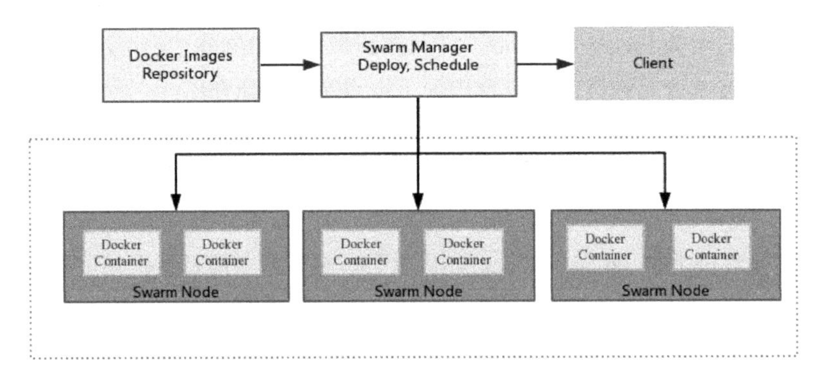

图 12-2

基于 12.6.1 节创建的镜像，我们可以创建一个脚本文件 example.yml，在 Docker Swarm 环境中发布服务，脚本内容如下所示：

```
version: '3'
services:
  example-app:
    image: imags.demo.net/test/example:1.0.0
    deploy:
      replicas: 2   #定义 replicated 模式服务的副本数量
      update_config:
        parallelism: 1    #每次更新副本数量
        delay: 2s       #每次更新间隔
      restart_policy:
        condition: on-failure    #定义服务的重启条件
    networks:
      - core
    ports:
      - "8080"

networks:
  core:
    external: true
```

使用如下命令发布服务：

```
docker stack up -c example.yml --with-registry-auth example-app
```

使用如下命令查看服务：

```
docker stack ps example-app
docker service list
```

12.6.3 Kubernetes

Kubernetes（简称 k8s），是 Google 开源的运维管理平台，是一个容器集群管理系统，可以非常便捷地实现容器集群的自动化部署和自动化扩容、缩容等功能。使用 k8s 可以最大限度地简化应用部署和管理的诸多操作，让复杂的应用运维管理工作变得简单、容易。

k8s 被业界誉为下一代分布式架构的王者，在服务平台的构建中，它提供了极好的性能优势，以及高度的稳定性和可靠性。

使用 k8s，不仅能快速地部署应用、快速地扩展应用、无缝对接新的应用，并且能够节省服务器等硬件资源，优化资源的配置和使用。

k8s 的特点如下：

- ◎ 可移植性：支持各种云端服务器和各种分布式服务器架构。
- ◎ 可扩展性：支持模块化、插件化，并且拥有可挂载、 可组合等功能。
- ◎ 自动化：可进行自动部署、自动重启、自动复制、自动伸缩和扩展管理。

为了更加深入地理解 Kubernetes，下面介绍几个核心概念。

1. Master

Master 是 Kubernetes 集群的管理节点，负责管理集群，提供集群的资源访问入口，拥有 Etcd 存储服务，可运行 API Server 进程、Controller Manager 服务进程和 Scheduler 调度服务进程等，并且还能起到关联工作节点（Node）的作用。

2. Node

Node 是 Kubernetes 集群架构中运行 Pod 的服务节点（是一个物理主机）。Node 是 Kubernetes 集群操作的单元，用来承载被分配 Pod 的运行，是 Pod 运行的宿主主机。

3. Pod

Pod 是运行于 Node 节点上的若干相关容器的组合。Pod 内包含的容器运行在同一宿主主机上，使用相同的网络命名空间和 IP 地址，共享端口资源，能够通过 localhost 进行通信。Pod 是 Kurbernetes 进行创建、调度和管理的最小单位，它提供了比容器更高层次的抽象，使得部署和管理更加灵活。

4. Replication Controller

Replication Controller 是用来管理 Pod 的副本，保证集群中存在指定数量的 Pod 副本。Replication Controller 是实现弹性伸缩、动态扩容和滚动升级的核心。

5. Service

Service 定义了 Pod 的逻辑集合和访问该集合的策略，是真实服务的抽象。Service 提供了一个统一的服务访问入口，以及服务代理和发现机制，关联多个相同 Label 的 Pod。

6. Label

Kubernetes 中的任意 API 对象都是通过 Label 进行标识的，Label 的本质是一系列的 Key/Value（键值）对，其中 key 和 value 由用户自己指定。

图 12-3 是 Kubernetes 的架构图，从这个图中可以看出 Kubernetes 主要由以下几个核心组件组成：

- etcd 保存了整个集群的状态。
- kube-apiserver 提供了资源操作的唯一入口，并提供认证、授权、访问控制、API 注册和发现等机制。
- controller-manager 负责维护集群的状态，比如故障检测、自动扩展和滚动更新等。
- kube-schedule 负责资源的调度，按照预定的调度策略将 Pod 调度到相应的机器上。
- kubelet 负责维护容器的生命周期，同时也负责 Volume（CVI）和网络（CNI）的管理。
- proxy 负责为 service-controller 提供 Cluster 内部的服务发现和负载均衡。

为了更加形象地认识 Kubernetes，下面我们用一个简单的实例说明 Kubernetes 的使用方法。

Deployment 为 Pod 和 ReplicaSet 提供了一个声明式定义（declarative）方法，用来替代以前的 Replication Controller，以更加方便的方式管理应用。典型的应用场景包括：

- 定义 Deployment 来创建 Pod 和 ReplicaSet。
- 滚动升级和回滚应用。
- 扩容和缩容。
- 暂停和继续 Deployment。

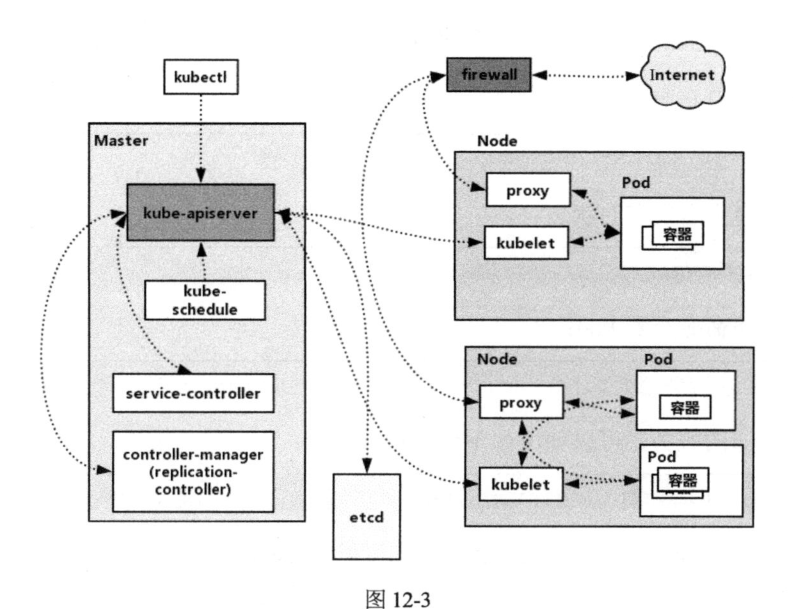

图 12-3

创建一个基于 Deployment 的编排脚本 nginx-test.yml，内容如下所示：

```
apiVersion: apps/v1
kind: Deployment
metadata:
 name: nginx
spec:
 replicas: 1
 selector:
  matchLabels:
    app: nginx
 template:
  metadata:
    labels:
      app: nginx
  spec:
    containers:
    - name: nginx
      image: nginx:1.16.1
      ports:
      - containerPort: 8060
```

这是只有一个实例的 Nginx 服务，它使用公共镜像 nginx:1.16.1，容器的名字为 nginx。

使用如下命令发布服务：

```
kubectl create -f nginx-test.yml
```

使用如下命令查看发布的状态：

```
kubectl get deployments
```

或者使用如下命令查看 Pod：

```
kubectl get pods
```

对于已经发布的服务，可以使用如下命令进行扩容：

```
kubectl scale deployment nginx --replicas 2
```

如果集群支持 horizontal pod autoscaling，则可以为 Deployment 设置自动扩容，即实现自动弹性伸缩控制：

```
kubectl autoscale deployment nginx --min=2 --max=8 --cpu-percent=80
```

更新镜像也比较简单:

```
kubectl set image deployment/nginx nginx = nginx:1.16.2
```

或者对已经部署的服务进行回滚：

```
kubectl rollout undo deployment/nginx
```

更多有关 Kubernetes 的信息，读者可直接访问官网查看。

上面的这些操作过程全部可以在控制台中通过操作界面来完成。

需要说明的是，Docker Swarm 和 Kubernetes 都有服务发现功能，当我们发布微服务应用时，是使用这些管理工具的服务发现功能，还是使用 Consul 的服务注册与发现功能呢？这里建议读者使用 Consul 的服务注册与发现功能，理由是：

（1）Consul 是一个专业的服务注册与发现管理工具，并且融合了远程配置管理功能。

（2）使用 Consul 的服务注册与发现功能，能够与开发环境的开发和调试保持一致，这样将更方便于问题的跟踪或者故障的分析处理。

（3）Consul 能够使用 Kubernetes 进行集群发布和管理。

近期，笔者在 GitChat 上发表了一篇基于腾讯云的 k8s 实战，有兴趣的读者可以打开 gitbook 官方网站，搜索“腾讯云 Kubernetes 容器服务实战”查看（注意：这个内容是另收费的）。

```
https://gitbook.cn/gitchat/activity/5dbf862f6fc22b460dea69c8
```

12.7　小结

本章介绍了微服务应用发布环境的组建，以及基于 Docker 管理工具的应用部署的管理方法。从云服务环境的组建和应用部署的方法来看，我们可以有很多选择，前提是必须保证微服务运行环境的安全可靠性，然后再根据系统平台的规模选择一种切合实际的部署工具。一般来说，对于一个小型系统，使用 docker-compose 工具就可以了；如果是一个大型系统平台，则建议使用 Kubernetes 管理工具。

第13章 可扩展分布式数据库集群的搭建

我们所设计的每个微服务应用都能适应高并发的调用，所以它所连接的数据库也必须具有这种特性，才能组成一个高性能的有机整体。不管是自己安装的数据库，还是使用云服务供应商提供的数据库，可扩展是前提条件。例如，MySQL、MongoDB 和 Redis 都能够进行分布式的集群设计。下面介绍 MySQL 的集群设计和安装，希望读者能够举一反三。

在 MySQL 的集群设计中，首先使用主从同步设计构建数据库集群，然后将这种集群以分组的形式通过主主同步实现高可用设计。而对数据库的访问，将使用 OneProxy 数据库代理中间件实现读写分离设计。最后，对 OneProxy 的调用，还将使用 LVS（Linux Virtual Server，Linux 虚拟服务器）技术构建一个双机热备的访问机制。LVS 将提供一个虚拟的广播 IP 地址，即以 VIP 地址的形式对外提供服务。这个高可用的数据库集群的架构设计如图 13-1 所示。

其中，最主要的组成部分就是数据库的集群分组设计。这种集群分组可以根据应用平台的发展情况进行持续扩展。在安装和实施的过程中，我们将建立两个集群分组，每个分组都由一个主机和两个从机组成。

需要指出的是，不管数据库的集群由多少分组组成，这种读写分离的高可用架构设计对于一个微服务应用来说是完全透明的。微服务调用数据库的方式还是像以前一样配置一个数据源进行访问，不同的是，只需将相应的连接地址改成这种高可用架构提供的 VIP 地址即可。

下面我们就从数据库的安装开始，按步骤讲解如何在分布式环境中实现高可用架构设计。

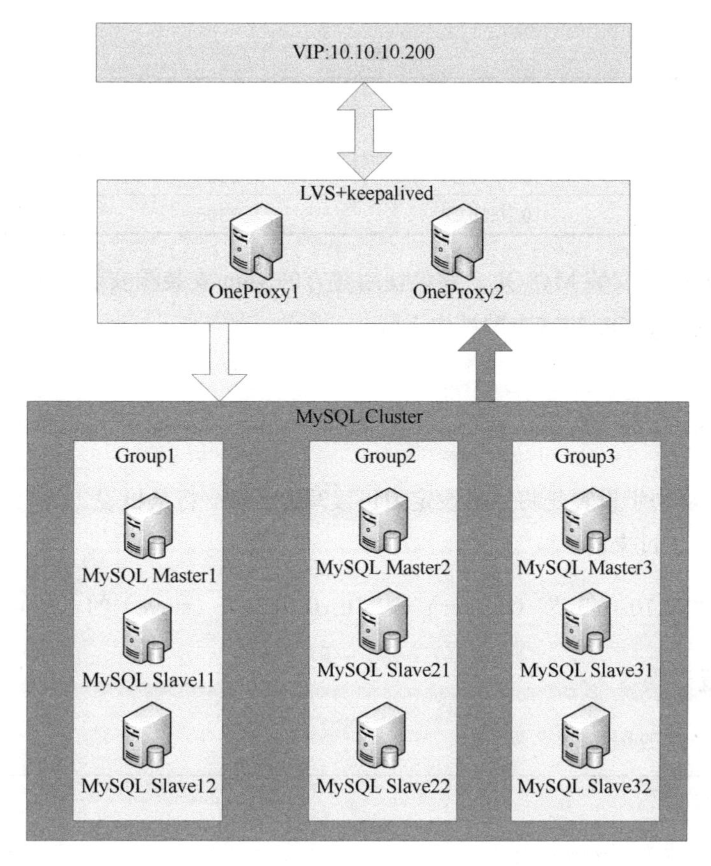

图 13-1

13.1 MySQL 集群主机分配

我们使用六台主机创建两个 MySQL 集群分组，其中，集群分组 1 的服务器资源分配如表 13-1 所示。

表 13-1

序号	IP 地址	端口	用途
1	10.10.10.35	3306	master
2	10.10.10.36	3306	slave
3	10.10.10.37	3306	slave

集群分组 2 的服务器资源分配如表 13-2 所示。

表 13-2

序号	IP 地址	端口	用途
1	10.10.10.25	3306	master
2	10.10.10.26	3306	slave
3	10.10.10.27	3306	slave

这六台主机都必须安装 MySQL。建议使用官方的 yum 安装源安装 MySQL 的最新稳定版。yum 安装源可以从 MySQL 的官方网站中下载。

13.2 主从同步设置

MySQL 的主从同步设置是将主机设定为可读写服务器，将从机设定为只读服务器，从机的数据是从主机中同步过来的。

下面以设置“10.10.10.35”（master）与“10.10.10.36”（slave）的主从同步为例进行说明。

1．主机设置

使用如下命令修改服务器名称：

```
vi /etc/hostname
```

将文件内容修改为“mysql-35”。

使用如下命令修改数据库服务器的配置：

```
vi /etc/my.cnf
```

在[mysqld]下面增加以下配置项：

```
[mysqld]
# 服务器的 ID，必须唯一
server_id=35
# 复制过滤：不需要备份的数据库
binlog-ignore-db=mysql
# 二进制日志名称
log-bin=demo-mysql-bin
# 为每个 session 分配的内存，在事务过程中用来存储二进制日志的缓存
binlog_cache_size=1M
# 主从复制格式(mixed,statement,row，默认格式是 statement)
binlog_format=mixed
```

```
# 二进制日志自动删除/过期的天数。默认值为 0，表示不自动删除
expire_logs_days=7
## 跳过主从复制中遇到的所有错误或指定类型的错误，避免从机复制中断
## 如 1062 错误是指一些主键重复，1032 错误是指主从数据库数据不一致
slave_skip_errors=1032
# 作为从机时的中继日志
relay_log=demo-mysql-relay-bin
# log_slave_updates=1 表示作为从机时也将复制事件写进自己的二进制日志中
log_slave_updates=1
# 主键自增规则，避免主主同步导致 ID 重复
# 自增因子（每次加 2）
auto_increment_increment=2
# 自增偏移（从 1 开始），单数
auto_increment_offset=1
```

设置完成后，保存配置，使用如下命令重启数据库服务器：

```
service mysqld restart
```

然后用 root 用户登录服务器，使用如下命令创建一个同步用户并授权：

```
mysql> grant replication slave, replication client on *.* to
'user36'@'10.10.10.36' identified by 'user123456';
```

其中，user36 为用户名，user123456 为密码。

使用如下命令更新权限，让前面的设置立即生效：

```
mysql> flush privileges;
```

使用如下命令查看主机状态：

```
mysql> show master status;
```

结果如下所示：

```
+-------------------------+----------+------------------+-------------
--------+-----------------------+
| File                    | Position | Binlog_Do_DB | Binlog_Ignore_DB |
Executed_Gtid_Set |
+-------------------------+----------+------------------+-------------
---------+-----------------------+
| demo-mysql-bin.000001 |   123 |              |     mysql      |          |
+-------------------------+----------+------------------+-------------
---------+-----------------------+
1 row in set (0.00 sec)
```

其中，File 为二进制日志文件名称，Position 为日志保存位置的偏移量。在后面的从机设置中将用到这两个参数。

2. 从机设置

下面以“10.10.10.36”这台服务器的从机设置为例进行说明。

使用如下命令，修改服务器名称：

```
vi /etc/hostname
```

将内容修改为“mysql-36”。

使用如下命令，修改数据库配置：

```
vi /etc/my.cnf
```

在[mysqld]下面增加以下配置项：

```
[mysqld]
server_id=36
binlog-ignore-db=mysql
log-bin=demo-mysql-bin
```

保存配置，重启数据库服务器。然后，用 root 用户登录数据库，使用如下所示的同步配置：

```
mysql>change master to master_host='10.10.10.35',master_user='user36',
master_password='user123456', master_port=3306,
master_log_file='demo-mysql-bin.000001', master_log_pos=123,
master_connect_retry=30;
```

其中，通过 master_log_file 设置了主机的日志文件，通过 master_log_pos 设置了主机的日志存储位置偏移量。这两个参数必须根据当前主机的状态进行配置。

使用如下命令启动从机，即可开始进行数据同步：

```
mysql>start slave;
```

使用如下命令查看从机的同步状态：

```
mysql>show slave status\G;
```

结果如下所示：

```
*************************** 1. row ***************************
Slave_IO_State: Waiting for master to send event
```

```
            Master_Host: 10.10.10.35
            Master_User: user36
            Master_Port: 3306
          Connect_Retry: 30
        Master_Log_File: demo-mysql-bin.000001
    Read_Master_Log_Pos: 123
         Relay_Log_File: demo-mysql-relay-bin.000002
          Relay_Log_Pos: 287
  Relay_Master_Log_File: demo-mysql-bin.000001
       Slave_IO_Running: Yes
      Slave_SQL_Running: Yes
        ...
```

在上面的结果中，如果 Slave_IO_Running 和 Slave_SQL_Running 都显示为“Yes”，则表示同步成功。

服务器“10.10.10.37”的从机设置可以参照上面的方法实现。

13.3 主主同步设置

将两个集群分组的主机互相进行主从同步设置，就可以实现主主同步。

参照 13.2 节的方法，在集群分组 2 中实现主从同步设置。

其中，集群分组 2 的主机“10.10.10.25”的数据库配置与集群分组 1 的数据库配置相似，只是主键的配置为了避免冲突略有不同，即使用双数作为主键，代码如下所示：

```
[mysqld]
server_id=25
binlog-ignore-db=mysql
log-bin=demo-mysql-bin
binlog_cache_size=1M
binlog_format=mixed
expire_logs_days=7
slave_skip_errors=1032
relay_log=demo-mysql-relay-bin
log_slave_updates=1
auto_increment_increment=2
#自增偏移（从 2 开始），双数
auto_increment_offset=2
```

当集群分组 2 的主从设置完成之后，即可对两个分组的主机实现主主同步设置。首先实现集群分组 1 的主机“10.10.10.35”与集群分组 2 的主机“10.10.10.25”的主从设置。

1. 集群分组 1 的主机配置

在“10.10.10.35”主机上创建同步用户并授权：

```
mysql> grant replication slave, replication client on *.* to
'user25'@'10.10.10.25' identified by 'user123456';
```

更新权限：

```
mysql> flush privileges;
```

查看主机状态：

```
mysql> show master status;
```

记下查看结果中的日志文件名称和存储位置偏移量。

2. 集群分组 2 的从机配置

使用如下所示的同步配置：

```
mysql>change master to master_host='10.10.10.35',master_user='user25',
master_password='user123456', master_port=3306,
master_log_file='demo-mysql-bin.000001', master_log_pos=123,
master_connect_retry=30;
```

其中，日志文件名称和存储位置偏移量按上面主机查询的结果填写。

启动从机并进行同步：

```
mysql>start slave;
```

查看同步状态：

```
mysql>show slave status\G;
```

如果查询结果中包含如下所示的两行信息则表示同步设置成功：

```
Slave_IO_Running: Yes
Slave_SQL_Running: Yes
```

上面配置完成之后，再反过来以“10.10.10.25”为主机，以“10.10.10.35”为从机，进行主从同步设置。具体可参照上面的方法实现。互为主从设置完成之后，就实现了主主同步设置。

为了对上面的同步设置进行验证，可以在各个主机上创建数据库，再执行一些插入或删除数据的操作，然后在各个从机中查看结果。如果各种操作都能同步，则说明主主同步和主从同步均设置成功。

如果出现同步失败的情况，则可以先停止失败的从机，视情况更改日志文件名称和偏移量，然后再启动从机继续进行同步。

停止从机可以使用如下命令：

```
mysql>stop slave;
```

需要说明的是，在生产环境中，推荐使用 UUID 作为数据库的主键，这样可避免主键冲突的情况发生，而且也便于在集群中创建更多的分组。

13.4　数据库代理中间件选择

在实现了数据库集群之后，就已经解决了数据库的单机服务器的性能瓶颈问题，并且也建立了高可用的分布式架构，对于应用程序和数据库客户端，应该如何使用数据库才能更好地使用这种高可用、高性能的分布式集群系统呢？这就要借助于数据库代理中间件来实现了。

MySQL 的数据库代理中间件有很多，而且大多数是开源的，如 MyCat、Proxy、Amoeba、OneProxy 等，其中比较优秀的是 MyCat 和 OneProxy。

MyCat 在大流量访问中有极佳的性能表现，它是用 Java 语言开发的，配置文件使用 XML 的形式，稍显复杂，特别是它的分区表的配置有点累赘。另外，一些用户对它的稳定性也颇有微词，所以这里推荐使用 OneProxy。

OneProxy 是一款基于 MySQL 官方的 Proxy 中间件的设计思想开发的，运行稳定性好，配置也较为简单，分区表的概念与 MySQL 分区表的设置在根本上是一致的。虽然是一个收费的商业软件，但也提供了免费的社区版可供使用。

13.5　使用 OneProxy 实现读写分离设计

OneProxy 可以非常方便地使用 MySQL 的集群体系架构，既可以按数据库的集群分组实现高可用设计，也可以按主从同步实现读写分离设计。使用两个集群分组的 OneProxy 调用设置的网络结构如图 13-2 所示。

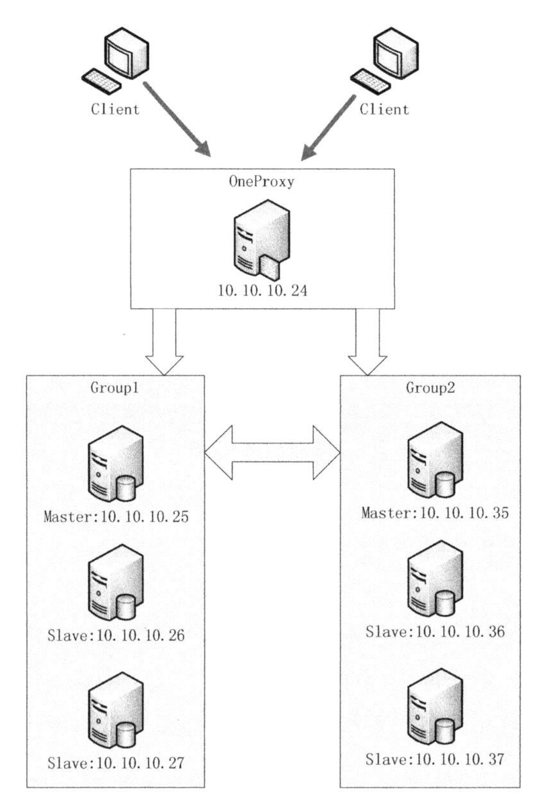

图 13-2

13.5.1 安装 OneProxy

下面以安装“6.0.0”的版本为例进行说明，我们将 OneProxy 安装在 IP 地址为“10.10.10.24”的机器上。

下载安装包后，解压缩：

```
tar xf oneproxy-rhel5-linux64-v6.0.0-ga.tar.gz
```

将程序文件移到/usr/local/目录中：

```
mv oneproxy /usr/local/oneproxy
```

切换到 oneproxy 目录：

```
cd /usr/local/oneproxy
```

创建启动程序：

```
cp oneproxy.service /etc/init.d/oneproxy
```

修改启动程序配置：

```
vi /etc/init.d/oneproxy
```

将其中的工作目录修改成如下所示：

```
ONEPROXY_HOME=/usr/local/oneproxy
```

保存修改后，设置启动程序的执行权限：

```
chmod a+x /etc/init.d/oneproxy
```

使用如下命令启动 OneProxy：

```
service oneproxy start
```

使用如下命令设置开机启动 OneProxy：

```
chkconfig --add oneproxy
chkconfig oneproxy on
```

13.5.2　高可用读写分离配置

在使用 OneProxy 时，必须为每个数据库都创建一个具有完全权限的独立用户。在创建用户时，必须在数据库集群的主机中进行。

例如，对于订单服务数据库“orderdb”，可以使用如下命令创建用户并授权：

```
mysql> grant all privileges on orderdb.* to 'orderuser'@'%'  identified by
'12345678' with grant option;
```

即创建一个具有完全权限的用户，其用户名为 orderuser，密码为 12345678，并设置在任何地方都可以访问，这里指在安全的局域网中。

需要注意的是，上面授权的用户将保存在数据库 mysql 的 user 表中，虽然我们已经在主从设置中忽略了数据库 mysql 的同步，但是在创建用户时，并没有使用 use 指令切换过数据库，所以上面创建的用户还会在各个从机上进行同步。如果要禁止这种同步，则可以在主从设置中对主机的数据库配置增加一个忽略对 user 表进行同步的配置。这样操作之后，给数据库授权的命令就必须在每个服务器上都执行一遍。

在 OneProxy 服务器中，假设还在目录“/usr/local/oneproxy”中，使用如下命令为密码生成加密字符串：

```
./bin/mysqlpwd 12345678
```

执行后将生成如下所示的已经加密的密码字符串：

```
40739ED24B5DC118DC16397AB14E64C680637C0D
```

使用如下命令编辑 OneProxy 配置：

```
vi ./conf/porxy.conf
```

如下所示是使用两个集群分组的读写分离配置：

```
[oneproxy]
keepalive = 1
event-threads = 4
log-file = log/oneproxy.log
pid-file = log/oneproxy.pid
lck-file = log/oneproxy.lck
mysql-version = 5.7.19
proxy-address = :3306
proxy-master-addresses.1 = 10.10.10.35:3306@group1
proxy-master-addresses.2 = 10.10.10.25:3306@group2
proxy-slave-addresses.1 = 10.10.10.36:3306@group1
proxy-slave-addresses.2 = 10.10.10.37:3306@group1
proxy-slave-addresses.3 = 10.10.10.26:3306@group2
proxy-slave-addresses.4 = 10.10.10.27:3306@group2
proxy-user-list.1 =
orderuser/40739ED24B5DC118DC16397AB14E64C680637C0D@orderdb
proxy-user-list.2 =
merchantuser/40739ED24B5DC118DC16397AB14E64C680637C0D@merchantdb
proxy-part-tables.1 = /usr/local/oneproxy/conf/part1.txt
proxy-charset = utf8_bin
proxy-group-policy.1 = group1:read_balance
proxy-group-policy.2 = group2:read_balance
proxy-group-security.1 = group1:0
proxy-group-security.2 = group2:0
proxy-security-level = 0
proxy-sequence.1 = default
#监控端口
proxy-httpserver = :8080
#自动剔除节点
proxy-replication-check = 1
```

```
proxy-httptitle = OneProxy Monitor
```

其中，只配置了订单服务的数据库“orderdb”的访问用户 orderuser，和商家服务的数据库“merchantdb”的访问用户 merchantuser，其他数据库中的访问用户可以参照上面的方法增加进来。

在保存配置后，必须使用如下命令设定配置文件的读取权限：

```
chmod 660 conf/proxy.conf
```

然后，重启 OneProxy，让前面的配置生效。

前面各项配置参数的含义如表 13-3 所示。

表 13-3

参数名	含　义
proxy-address	Proxy Server 自身监听地址
proxy-master-addresses	Master 节点地址（可写入节点）
proxy-slave-addresses	Slave 节点地址（可读取节点）
proxy-user-list	Proxy 用户列表（用户名：口令）
proxy-table-map	为某张表指定“Server Group”
proxy-sql-review	为某张表指定 Where 条件中必需的列
proxy-database	Proxy 对应的后端数据库，默认：test
proxy-charset	Proxy 字符集，默认：utf8_general_ci
proxy-lua-script	Proxy 功能脚本（非常重要）
proxy-group-policy	预定义策略， 0 代表由 Lua Script 决定，默认为 Master Only； 1 代表 Read Failover； 2 代表 Read/Write Split（Master 节点不参与读操作）； 3 代表双 Master 结构，或者是 XtraDB Cluster 结构，即多组对等的方式； 4 代表 Read/Write Split（Master 节点共同参与读操作）； 5 代表读写随机
proxy-security-level	安全级别。0：默认值。1：禁止 DDL。2：禁止不带条件的查询语句。3：只允许 SELECT
proxy-group-security	为特定 Server Group 设置安全级别。 0：默认值。1：禁止 DDL。2：禁止不带条件的查询语句。3：只允许 SELECT
event-threads	并发线程数，最大允许 48 个线程

OneProxy 还有一个管理后台，在 OneProxy 启动之后，可以通过 MySQL 客户端进行登录。管理后台的默认端口是 4041，用户名为 admin，密码为 OneProxy。

例如，可以在安装了 MySQL 的机器上使用如下命令登录：

```
mysql -u admin -h 10.10.10.24 -P4041 -pOneProxy
```

登录管理后台之后，即可执行如表 13-4 所示的一些命令。

表 13-4

命　　令	描　　述	例　　子
LIST HELP	列出所有命令	list help
LIST BACKEND	列出所有后端数据库	list backend
LIST GROUP	列出所有的 Server Group	list group
LIST POOL	列出 OneProxy 与每个后端数据库建立的连接池大小与连接池配置	list pool
LIST QUEUE	列出每个队列里到达的请求数与已处理完成的请求数	list queue
LIST THREADS	列出每个线程处理过的请求数	list threads
LIST TABLEMAP	列出 table 与 Server Group 的对应关系	list tablemap
LIST USERS	列出用户	list users
LIST SQLSTATS	列出执行过的 SQL 统计	list sqlstats [hash]
LIST SQLTEXT	列出执行过的 SQL 与 hashcode 的对应关系	list sqltext [hash]
SET MASTER	指定某后端 DB 为写库	set master '192.168.1.119:3306'
SET SLAVE	指定某后端 DB 为读库	set slave '192.168.1.119:3306'
SET OFFLINE	下线指定的后端数据库	set offline '192.168.1.119:3306'
SET ONLINE	上线指定的后端数据库	set online '192.168.1.119:3306'
SET GPOLICY	指定 server group 的策略； 预定义策略，0 代表由 Lua Script 决定，默认为 Master Only； 1 代表 Read Failover； 2 代表 Read/Write Split（Master 节点不参与读操作）； 3 代表双 Master 结构，或者是 XtraDB Cluster 结构，即多主对等的方式； 4 代表 Read/Write Split（Master 节点共同参与读操作）； 5 代表读写随机	set gpolicy default 1
SET GMASTER	针对 XtraDB Cluster，指定某个编号的数据库为写库	set gmaster default 1
SET GACCESS	指定 Server Group 允许的 SQL 类型。0 无任何限制，默认值； 1 禁止 DDL 操作； 2 禁止不带 Where 条件的 Select、Update 或 Delete	set gaccess default 1

（续表）

命　令	描　述	例　子
SET POOLMIN	设置 OneProxy 与后端数据库连接池的最小连接数	set poolmin '192.168.1.119:3306' 5
SET POOLMAX	设置 OneProxy 与后端数据库连接池的最大连接数，实际的连接数可以超过这个数值	set poolmax '192.168.1.119:3306' 300
SET SQLSTATS	打开、关闭或者清空 SQL 统计	set sqlstats {on|off|clear}
MAP	把某个表归属给某个 Server Group	map my_test1_0 default
UNMAP	删除表与 Server Group 的映射关系	unmap my_test1_0
SUSPEND	让 Event Process 停止指定秒数	suspend 10
SHUTDOWN	关闭 Proxy	shutdown force

注意：在使用斜体部分命令之前，需要了解命令对系统的含义，否则可能导致数据不一致或者系统不可用。

另外，还可以通过监控端口，在浏览器上查看各个数据库服务器的连接情况，使用如下所示的链接可以打开监控的控制台：

```
http://10.10.10.24:8080
```

其他有关 OneProxy 配置的详细说明还可以参考友哥（OneProxy 的开发者）的博客，读者可自行上网查找。

13.6　OneProxy 分库分区设计

对于超大容量的表存储来说，MySQL 支持分区表设计，可以按某一字段进行按范围（Range）、按值列表（List）或按散列算法（Hash）等方法进行分区。

OneProxy 将分区表的概念从数据库层抽象到了 SQL 的转发器层，通过对通信协议进行分析，可以根据 SQL 查询语句的表名及传入参数对上层应用进行透明的智能路由，从而实现虚拟分区效果，这种分区对应用来说是完全透明的。

在 OneProxy 中同样支持按范围、按值列表或按散列算法进行虚拟分库分表设计，从内容上看，与 MySQL 创建分区表的关键信息非常类似。

下面分别对这三种分区方法的分库分表配置进行说明。

13.6.1 按范围分库分表

当按范围分库分表时，必须有一个针对应用的虚拟表名（Table），并指定一个用于分区的字段（PKey）、字段的类型（Type），以及分区的方法（Method）。同时针对每一个分区，都可以使用增加后缀（Suffix）的方式设置独立的表名，并且指定分区所在的集群分组（Group），以及分区字段取值的上限（Value）等。

例如，一个订单表按范围进行分区的设计如下所示：

```
[
   {
      "table"   : "t_order",
      "pkey"    : "id",
      "type"    : "int",
      "method"  : "range",
      "partitions":
         [
            { "suffix" : "_0", "group": "group1", "value" : "100000" },
            { "suffix" : "_1", "group": "group1", "value" : "200000" },
            { "suffix" : "_2", "group": "group2", "value" : "300000" },
            { "suffix" : "_3", "group": "group2", "value" : null     }
         ]
  }
]
```

这样，当访问虚拟表名 t_order 时，就将按其 ID“value”的范围导向真实表名，如“t_order_0”、“t_order_1”等分表中进行数据的存取操作。

13.6.2 按值列表分库分表

当按值列表分库分表时，其实就是在虚拟表名中指定一个用于分区的字段、字段的类型、以及分区的方法。同时，针对每一个分区，都可使用增加后缀（Suffix）的方式设置独立的表名，并且指定分区所在的集群分组，以及分区字段能取得的值列表等配置。当一个分区没有指定任何分区值列表时，表示所有其他的值都落入这个分区中。

例如，一个订单表按值列表进行分区的设计如下所示：

```
[
   {
      "table"   : "t_order",
      "pkey"    : "id",
```

```
      "type"    : "int",
      "method"  : "list",
      "partitions":
        [
          { "suffix" : "_0", "group": "group1", "value" : ["1","2","3"] },
          { "suffix" : "_1", "group": "group1", "value" : ["4","5","6"] },
          { "suffix" : "_2", "group": "group2", "value" : ["7","8","9"] },
          { "suffix" : "_3", "group": "group2", "value" : ["10","11","12"] },
          { "suffix" : "_4", "group": "group2", "value" : [] }
        ]
  }
]
```

其中，真实表名由虚拟表名及其后缀组成，例如“t_order_0”，并且数据的存取将在分到的指定集群分组中进行。

13.6.3 按散列算法分库分表

当按散列算法分库分表时，必须有一个针对应用的虚拟表名（Table），并指定一个用于分区的字段、字段的类型，以及分区的方法。同时，针对每一个分区，都可以使用增加后缀的方式设置独立的表名，并且指定分区所在的集群分组。需要注意的是，按散列算法分区并不需要为每个分区指定值范围或值列表，它们是由 OneProxy 里的散列算法根据分区数自动计算得来的。当按散列算法分区时，分区数量不能随便调整。

例如，一个订单表按散列算法进行分区的设计如下所示：

```
[
  {
    "table" : "t_order",
    "pkey" : "id",
    "type" : "int",
    "method" : "hash",
    "partitions" :
      [
        { "suffix" : "_0", "group": "group1" },
        { "suffix" : "_1", "group": "group2" },
        { "suffix" : "_2", "group": "group1" },
        { "suffix" : "_3", "group": "group2"}
      ]
  }
]
```

其中，真实表名由虚拟表名及其后缀组成，并且分别存储在指定的不同集群分组中。例如“t_order_0”将存储于分组“group1”中，“t_order_1”将存储于分组“group2”中。

针对上面三种分区方法，读者可以根据实际情况进行选用。一般建议使用散列算法进行分区，这样数据分布会比较合理。

分区的配置都是使用文本文件实现的，如果想在一个文件中使用多个分区配置，则可以使用如下所示的格式进行配置：

```
[
  {
    "table" : "t_goods",
    "pkey" : "id",
    "type" : "int",
    "method" : "hash",
    "partitions" :
      [
        { "suffix" : "_0", "group": "group1" },
        { "suffix" : "_1", "group": "group2" },
        { "suffix" : "_2", "group": "group1" },
        { "suffix" : "_3", "group": "group2"}
      ]
  },
  {
    "table" : "t_order",
    "pkey" : "id",
    "type" : "char",
    "method" : "hash",
    "partitions" :
      [
        { "suffix" : "_0", "group": "group1" },
        { "suffix" : "_1", "group": "group2" },
        { "suffix" : "_2", "group": "group1" },
        { "suffix" : "_3", "group": "group2"}
      ]
  }
]
```

在文件配置完成之后（例如将配置文件保存为 part1.txt），可以使用如下所示的方式把它加到 OneProxy 的配置之中：

```
proxy-part-tables.1 = /usr/local/oneproxy/conf/part1.txt
```

13.7 双机热备设计

在使用了数据库的代理中间件之后，我们就实现了高性能的读写分离配置，但是，对于代理服务器本身，还存在一个单点故障问题。

想要解决单点故障问题，就需要使用 LVS 和 Keepalived 实现双机热备设计。

LVS 是 Linux 虚拟服务器的简称。Linux 内核已经完全内置了 LVS 的各个功能模块，它工作在 OSI（Open System Interconnect）模型的网络层中，可以进行负载均衡和服务器集群设计。

Keepalived 是一个交换机软件，工作在 OSI 模型的网络层、传输层和应用层中，主要提供负载均衡和高可用等功能。负载均衡的实现需要依赖 LVS 内核的 IPVS 模块，而高可用是通过 VRRP（Virtual Router Redundancy Protocol，虚拟路由冗余协议）实现多台机器之间的故障转移服务的。

使用 LVS+Keepalived 可以在 OnePoxy 的服务器之上构建一个双机热备设计，如图 13-3 所示。

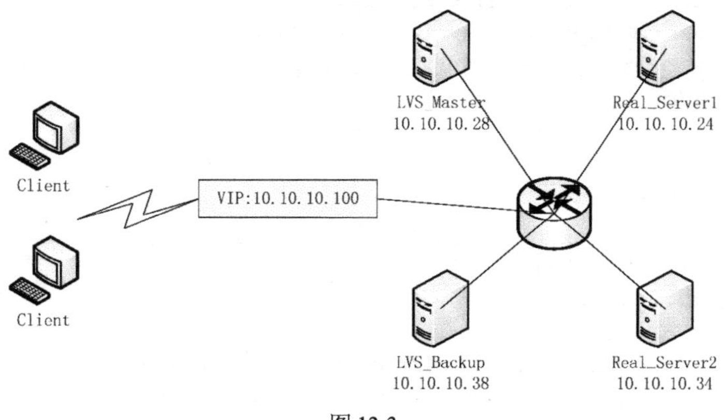

图 13-3

在这个架构设计中，包含一个广播 IP 地址和四个服务器，如下所示：

```
VIP: 10.10.10.100
LVS_Master: 10.10.10.28
LVS_Back: 10.10.10.38
Real_Server1: 10.10.10.24
Real_Server2: 10.10.10.34
```

其中，VIP 是一个虚拟的广播 IP 地址，LVS_Master 和 LVS_Back 是双机热备的主机服务器和备机服务器，Real_Server 是真实服务器，即已经安装了 OneProxy 的数据库代理服务器。下面详细说明各个服务器的设置。

13.7.1 Real Server 配置

参照 13.6 节 OneProxy 的安装和配置方法，在另一台服务器（假如 IP 地址为 10.10.10.34）上安装一个配置相同的 OneProxy 代理服务器，然后在这两台机器上配置 Real_Server。

使用如下命令创建一个启动文件：

```
vi /etc/init.d/realserver
```

输入如下内容：

```
SNS_VIP=10.10.10.100
/etc/rc.d/init.d/functions
case "$1" in
start)
      ifconfig lo:0 $SNS_VIP netmask 255.255.255.255 broadcast $SNS_VIP
      /sbin/route add -host $SNS_VIP dev lo:0
      echo "1" >/proc/sys/net/ipv4/conf/lo/arp_ignore
      echo "2" >/proc/sys/net/ipv4/conf/lo/arp_announce
      echo "1" >/proc/sys/net/ipv4/conf/all/arp_ignore
      echo "2" >/proc/sys/net/ipv4/conf/all/arp_announce
      sysctl -p >/dev/null 2>&1
      echo "RealServer Start OK"
      ;;
stop)
      ifconfig lo:0 down
      route del $SNS_VIP >/dev/null 2>&1
      echo "0" >/proc/sys/net/ipv4/conf/lo/arp_ignore
      echo "0" >/proc/sys/net/ipv4/conf/lo/arp_announce
      echo "0" >/proc/sys/net/ipv4/conf/all/arp_ignore
      echo "0" >/proc/sys/net/ipv4/conf/all/arp_announce
      echo "RealServer Stoped"
      ;;
*)
      echo "Usage: $0 {start|stop}"
      exit 1
esac
exit 0
```

保存并退出编辑状态。

将文件设为可执行：

```
chmod 755 /etc/init.d/realserver
```

使用下列命令启动服务：

```
service realserver start
```

13.7.2　LVS 主机配置

使用如下命令，安装 Keepalived：

```
yum install -y keepalived
```

进入安装目录：

```
cd /etc/keepalived
```

清除原来的配置：

```
> keepalived.conf
```

重新编辑配置：

```
vi keepalived.conf
```

设置如下所示内容：

```
global_defs {
  notification_email {
       demo@com.cn
  }
  notification_email_from demo@com.cn
  smtp_server 10.10.10.1
  smtp_connection_timeout 30
  router_id LVS_DEVEL  # LVS 的 ID，在一个网络内应该是唯一的
}
vrrp_instance VI_1 {
   state MASTER   #指定 Keepalived 的角色，MASTER 为主机，BACKUP 为备用机
   interface ens192  #本机网卡名称，可使用 ifconfig 命令查看
   virtual_router_id 51  #虚拟路由编号，主机和备用机要一致
   priority 100  #定义优先级，数字越大，优先级越高，主机 DR 必须大于备用机 DR
   advert_int 1  #检查间隔，默认为 1s
```

```
    authentication {
        auth_type PASS
        auth_pass 1111
    }
    virtual_ipaddress {
        10.10.10.100  #定义 VIP 地址，可设置多个，每行一个
    }
}
# 定义对外提供服务的 LVS 的 VIP 地址及 port
virtual_server 10.10.10.100 3306 {
    delay_loop 6 # 设置健康检查时间，单位是秒
    lb_algo wrr # 设置负载调度的算法为 WRR
    lb_kind DR # 设置 LVS 实现负载的机制，有 NAT、TUN 和 DR 三个模式
    nat_mask 255.255.255.0
    persistence_timeout 0
    protocol TCP
    real_server 10.10.10.26 3306 {  # 指定 Real_Server1 的 IP 地址
        weight 3  # 配置节点权重，数字越大，权重越高
        TCP_CHECK {
        connect_timeout 10
        nb_get_retry 3
        delay_before_retry 3
        connect_port 3306
        }
    }
    real_server 10.10.10.36 3306 {  # 指定 Real_Server2 的 IP 地址
        weight 3  # 配置节点权值重，数字越大，权重越高
        TCP_CHECK {
        connect_timeout 10
        nb_get_retry 3
        delay_before_retry 3
        connect_port 3306
        }
     }
}
```

启动 Keepalived：

```
service keepalived start
```

启动 VIP 地址：

```
ifconfig ens192:0 10.10.10.100 broadcast 10.10.10.100 netmask 255.255.255.255
up
```

使用如下命令查看 VIP 地址的启动结果：

```
ip addr
```

如果在输出结果中能看到 VIP 地址为“10.10.10.100”，则表示启动成功，代码如下所示：

```
1: lo: <LOOPBACK,UP,LOWER_UP> mtu 65536 qdisc noqueue state UNKNOWN
    link/loopback 00:00:00:00:00:00 brd 00:00:00:00:00:00
    inet 127.0.0.1/8 scope host lo
       valid_lft forever preferred_lft forever
    inet6 ::1/128 scope host
       valid_lft forever preferred_lft forever
2: ens192: <BROADCAST,MULTICAST,UP,LOWER_UP> mtu 1500 qdisc pfifo_fast state UP
qlen 1000
    link/ether 00:0c:29:81:6a:85 brd ff:ff:ff:ff:ff:ff
    inet 10.10.10.26/24 brd 10.10.10.255 scope global ens192
       valid_lft forever preferred_lft forever
    inet 10.10.10.100/32 brd 10.10.10.100 scope global ens192:0
       valid_lft forever preferred_lft forever
    inet6 fe80::20c:29ff:fe81:6a85/64 scope link
       valid_lft forever preferred_lft forever
```

如果要关闭 VIP 地址，则可以使用如下命令：

```
ifconfig ens192:0 down
```

13.7.3 LVS 备用机配置

备用机的安装方法和过程与主机基本相同，只有“keepalived.conf”的配置内容略有不同，代码如下所示：

```
global_defs {
   notification_email {
        demo@com.cn
   }
   notification_email_from demo@com.cn
   smtp_server 10.10.10.1
   smtp_connection_timeout 30
   router_id LVS_DEVEL  # LVS 的 ID，在一个网络内应该是唯一的
}
vrrp_instance VI_1 {
    state BACKUP   #指定 Keepalived 的角色，MASTER 为主机，BACKUP 为备用机
    interface ens192  #本机网卡名称，可使用 ifconfig 命令查看
    virtual_router_id 51  #虚拟路由编号，主机和备用机要一致
```

```
    priority 99  #定义优先级，数字越大，优先级越高，主机 DR 必须大于备用机 DR
    advert_int 1  #检查间隔，默认为 1s
    authentication {
        auth_type PASS
        auth_pass 1111
    }
    virtual_ipaddress {
        10.10.10.100  #定义 VIP 地址，可设置多个，每行一个
    }
}
# 定义对外提供服务的 LVS 的 VIP 地址及 port
virtual_server 10.10.10.100 3306 {
    delay_loop 6 # 设置健康检查时间，单位是秒
    lb_algo wrr # 设置负载调度的算法为 WRR
    lb_kind DR # 设置 LVS 实现负载的机制，有 NAT、TUN 和 DR 三个模式
    nat_mask 255.255.255.0
    persistence_timeout 0
    protocol TCP
    real_server 10.10.10.26 3306 {  # 指定 Real_Server1 的 IP 地址
        weight 3   # 配置节点权重，数字越大，权重越高
        TCP_CHECK {
        connect_timeout 10
        nb_get_retry 3
        delay_before_retry 3
        connect_port 3306
        }
    }
    real_server 10.10.10.36 3306 {  # 指定 Real_Server2 的 IP 地址
        weight 3  # 配置节点权重，数字越大，权重越高
        TCP_CHECK {
        connect_timeout 10
        nb_get_retry 3
        delay_before_retry 3
        connect_port 3306
        }
     }
}
```

其中，在“vrrp_instance”配置中，把“state”改为“BACKUP”，把“priority”改为“99”，其他各项配置基本相同。

在启动了双机热备的数据库代理服务之后，在微服务应用中，即可将数据源中连接服务器

的地址改为 VIP 地址。

13.8　小结

本章介绍了在 CentOS 7 中安装 MySQL 的简易方法，并使用主从设计构建了分布式的数据库集群，搭建了一个高性能、可扩展的数据库集群体系，同时，使用分组的方式实现了高可用集群的设计。在数据库访问设计中，使用 OneProxy 中间件实现了可配置的读写分离调用方法，并结合分库分表功能提高了数据库的访问效率。最后，使用双机热备设计，为数据库代理中间件及其集群的使用提供更加安全可靠的有力保障。

通过本章对数据库集群设计的介绍，读者可深入地理解数据库集群的工作原理。如果使用云服务的数据库，则建议使用云服务供应商提供的分布式数据库，这样可以使性价比更高。

第 14 章
高可用分布式文件系统的组建

传统的单机版 Web 应用的文件管理方式，例如图片和视频文件的上传和使用等，大多是将文件存储在服务器本地，但这种管理方式无法应用在微服务应用中。一方面，微服务应用发布在分布式环境中，随时随地都可以进行多副本的部署，所以它的媒体文件必须存放在一个统一的地方。另一方面，建立一个独立而高效的文件系统，也是高可用、高性能应用平台的一个有机组成部分。

如果我们租用云服务，就可以使用云服务商提供的分布式文件系统，例如，阿里云或腾讯云的对象存储 OSS。

下面，为了加深读者对分布式文件系统的理解，我们使用开源的 FastDFS 构建一个高可用的分布式文件系统。

14.1 FastDFS 架构

FastDFS 是一个轻量级的分布式文件系统，使用 FastDFS 可以搭建一个高可用且可持续扩展的分布式文件系统。

FastDFS 由跟踪器（Tracker）和存储节点（Storage）两部分组成。跟踪器用来调度来自客户端的请求，并记录存储服务器的信息。存储节点用来保存文件及其属性，同时进行文件同步处理工作。文件的存储还使用分组（或分卷）的方式进行组织。搭建两个以上的跟踪器就可以组成一个高可用的分布式文件系统，如图 14-1 所示。

基于图 14-1 所示的架构设计，我们将使用四台服务器搭建一个高可用的分布式文件系统，代码如下所示。

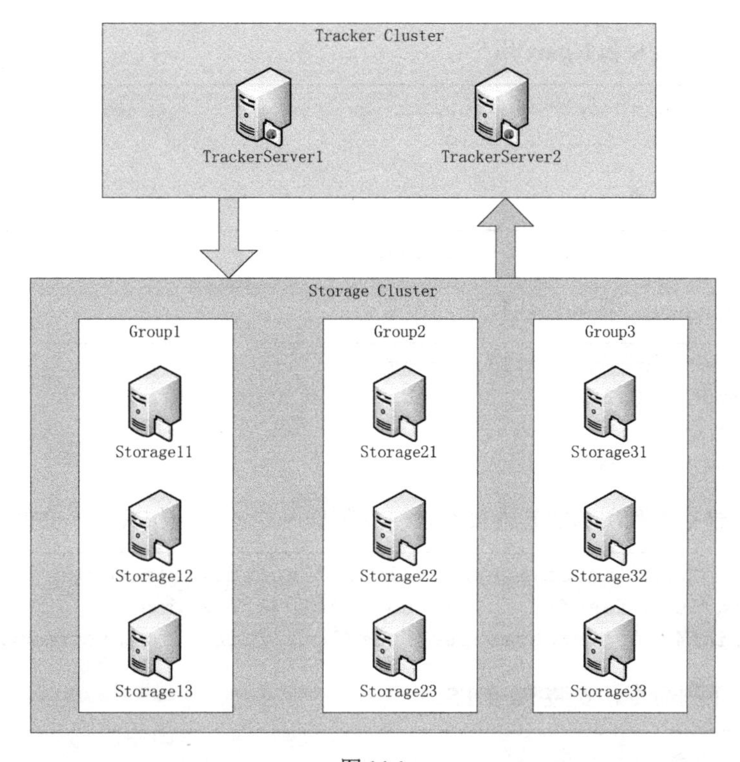

图 14-1

```
Tracker Server1: 10.10.10.22
Tracker Server2: 10.10.10.32
Storage1: 10.10.10.23
Storage2: 10.10.10.33
```

在这种架构设计中，增加存储节点即可提高和扩展文件的存取性能。在安装了分布式文件系统之后，即可使用 Nginx 为 Web 端的文件访问搭建一个负载均衡服务。

本章会用到下列所示的安装包，读者可自行从网上下载。

```
libfastcommon-1.0.35.tar.gz
fastdfs-5.10.tar.gz
pcre-8.40.tar.gz
nginx-1.10.3.tar.gz
```

14.2　FastDFS 的安装

下列安装过程在四个服务器中都要完成。假设把下载的安装包都放在目录/opt 中。

首先，创建 FastDFS 和 Nginx 用户：

```
useradd fastdfs -M -s /sbin/nologin
useradd nginx -M -s /sbin/nologin
```

然后，安装编译环境：

```
yum -y install gcc gcc+ gcc-c++ openssl openssl-devel pcre pcre-deve
```

安装 libfastcommon，按顺序执行下列命令：

```
tar -zxvf libfastcommon-1.0.35.tar.gz
cd libfastcommon-1.0.35
./make.sh
./make.sh install
```

完成之后，建立下列所示的软链接，以便安装程序能够找到相关的库文件：

```
ln -sv /usr/include/fastcommon /usr/local/include/fastcommon
ln -sv /usr/include/fastdfs /usr/local/include/fastdfs
ln -sv /usr/lib64/libfastcommon.so /usr/local/lib/libfastcommon.so
```

按顺序执行下列命令，安装 FastDFS：

```
tar -zxvf fastdfs-5.10.tar.gz
cd fastdfs-5.10
./make.sh
./make.sh install
```

安装结束后将输出成功标志，接下来配置各个服务。

14.3 跟踪服务器配置

在 Tracker Server 机器上，创建数据存储目录：

```
mkdir -p /data/fastdfs/tracker
```

按顺序执行下列命令，编辑 tracker.conf 配置：

```
cd /etc/fdfs
cp tracker.conf.sample tracker.conf
vi /etc/fdfs/tracker.conf
```

在配置文件中编辑下列各项配置：

```
#绑定 IP 地址，如果为空，则表示使用本机 IP 地址
bind_addr=
#端口
port=22122
#连接超时时间
connect_timeout=30
#日志数据路径
base_path=/data/fastdfs/tracker
#上传文件时选择 group 的方法
#0:轮询，1:指定组，2:选择剩余空间最大
store_lookup=2
#如果上面的配置是 1，那么这里必须指定组名
store_group=group2
#上传文件时选择 server 的方法
#0:轮询，1:按 IP 地址排序，2:按权重排序
store_server=0
#storage 上预留的空间
reserved_storage_space = 10%
http.server_port=8080
```

保存并退出，然后使用下列命令启动 Tracker Server：

```
service fdfs_trackerd start
```

使用下列命令查看 Tracker Server 监听的端口：

```
netstat -unltp|grep fdfs
```

14.4　存储节点配置

在 Storage 服务器上，创建如下所示的数据存储目录：

```
mkdir -p /data/fdfs_storage/base
mkdir -p /data/fdfs_storage/storage0
mkdir -p /data/fdfs_storage/storage1
```

按顺序执行下列命令，编辑存储节点配置：

```
cd /etc/fdfs
cp storage.conf.sample storage.conf
vi storage.conf
```

按下列命令编辑各项内容：

```
#storage server 所属组名
group_name=group1
#绑定 IP 地址
bind_addr=
#storage server 的端口
port=23000
#连接超时时间
connect_timeout=30
#日志数据路径
base_path=/data/fdfs_storage/base
#storage path 的个数
store_path_count=2
store_path0=/data/fdfs_storage/storage0
store_path1=/data/fdfs_storage/storage1
#跟踪服务器
tracker_server=10.10.10.22:22122
tracker_server=10.10.10.32:22122
```

保存编辑后，使用下列命令启动存储节点：

```
service fdfs_storaged start
```

使用下列命令检查服务运行状态：

```
/usr/bin/fdfs_monitor /etc/fdfs/storage.conf
```

14.5 上传文件测试

现在回到 Tracker Server 机器上（如 IP 地址为 10.10.10.22），使用下列方法进行上传文件测试。

按顺序执行如下命令，编辑客户端配置：

```
cd /etc/fdfs
cp client.conf.sample client.conf
vi /etc/fdfs/client.conf
```

修改下列各项内容：

```
base_path=/data/fastdfs/tracker #Tracker 服务器上的文件路径
tracker_server=10.10.10.22:22122 #Tracker 服务器的 IP 地址和端口号
http.tracker_server_port=8080 # Tracker 服务器上的 HTTP 端口号，必须和 Tracker 的
                              # 设置一样
```

假如在/opt 中存在一个图片文件为 1.png，则可以使用如下命令上传文件：

```
/usr/bin/fdfs_upload_file  /etc/fdfs/client.conf  /opt/1.png
```

若上传成功，则返回如下所示的文件信息：

```
group1/M00/00/00/wKgBGFk3kUqACu9JAAGmMprynZs674.png
```

14.6　Nginx 的安装及负载均衡配置

在安装完分布式文件系统之后，就可以在应用程序中进行调用了。注意需要在 Web 端的页面上进行访问，还必须借助 Nginx 提供访问服务。使用 Nginx 不仅可以构建负载均衡服务，还能使用缓存设置。在跟踪器和存储节点上都必须安装 Nginx，下面分别进行说明。

14.6.1　在跟踪器上安装 Nginx

在两台 Tracker Server 机器上，按如下方法安装和配置 Nginx。

安装 pcre 支持库，按顺序执行下列命令：

```
tar xf pcre-8.40.tar.gz
cd pcre-8.40
./configure --prefix=/usr/local/pcre
make && make install
```

完成后，返回安装包存放路径/opt，按顺序执行下列命令，安装 Nginx：

```
tar xf nginx-1.10.3.tar.gz

cd nginx-1.10.3

./configure --prefix=/data/nginx \
--with-pcre=/opt/pcre-8.40 \
--user=nginx \
--group=nginx \
--with-http_ssl_module \
--with-http_realip_module \
--with-http_stub_status_module

make && make install
```

编辑 Nginx 的配置文件 nginx.conf，内容如下所示：

```
user  nginx nginx;
worker_processes 2;
#pid /usr/local/nginx/nginx.pid;
worker_rlimit_nofile 51200;
events
{
 use epoll;
 worker_connections 20480;
}

http
{
    include       mime.types;
    default_type  application/octet-stream;
    log_format  main  '$remote_addr - $remote_user [$time_local] "$request"'
            '$status $body_bytes_sent "$http_referer"'
            '"$http_user_agent" "$http_x_forwarded_for" "$request_time"';

    access_log /data/nginx/logs/access.log main;

    upstream server_group1{
        server 192.168.1.23;
        server 192.168.1.33;
    }

    server {
        listen 80;
        server_name localhost;
        location /group1 {
            #include proxy.conf;
            proxy_pass http://server_group1;
        }
    }
}
```

这个配置的原理是对两个存储节点上 HTTP 服务的访问，将由跟踪服务器进行负载均衡调度。例如，14.5 节测试生成的图片文件，可以通过跟踪服务器使用如下所示的链接进行访问：

```
http://192.168.1.22/group1/M00/00/00/wKgBGFk3kUqACu9JAAGmMprynZs674.png
```

使用如下命令启动 Nginx：

```
/data/nginx/sbin/nginx
```

14.6.2　在存储节点上安装 Nginx

在两台 Storage 机器上，进入存放安装包的路径/opt，按顺序执行下列命令，安装 pcre 支持库：

```
tar xf fastdfs-nginx-module_v1.16.tar.gz

tar xf pcre-8.40.tar.gz
cd pcre-8.40

./configure --prefix=/data/pcre

make && make install
```

完成后，返回存放安装包的路径/opt，按顺序执行下列命令，安装 Nginx：

```
tar xf nginx-1.10.3.tar.gz

cd nginx-1.10.3

./configure --prefix=/data/nginx \
--with-pcre=/opt/pcre-8.40 \
--user=nginx \
--group=nginx \
--with-http_ssl_module \
--with-http_realip_module \
--with-http_stub_status_module \
--add-module=/opt/fastdfs-nginx-module/src

make && make install
```

完成后，按下列命令复制相关文件：

```
cp /opt/fastdfs-nginx-module/src/mod_fastdfs.conf /etc/fdfs/
cd /opt/fastdfs-5.10/conf
cp anti-steal.jpg http.conf mime.types /etc/fdfs/
```

完成后，使用如下命令编辑配置文件 mod_fastdfs.conf：

```
vi /etc/fdfs/mod_fastdfs.conf
```

编辑下列各项内容：

```
#日志目录
base_path=/tmp
```

```
#跟踪服务器
tracker_server=10.10.10.22:22122
tracker_server=10.10.10.32:22122
#URL 中是否有 group 名称
url_have_group_name = true
#storage path 的个数
store_path_count=2
store_path0=/data/fdfs_storage/storage0
store_path1=/data/fdfs_storage/storage1
```

使用如下命令编辑 Nginx 配置文件：

```
vi /data/nginx/conf/nginx.conf
```

文件的内容如下所示：

```
user nginx nginx;
worker_processes 2;
#pid /usr/local/nginx/logs/nginx.pid;
worker_rlimit_nofile 1024;

events {
   use epoll;
   worker_connections 1024;
}

http {

   include mime.types;
   server_names_hash_bucket_size 128;
   client_header_buffer_size 32k;
   large_client_header_buffers 4 32k;
   client_max_body_size 20m;
   limit_rate  1024k;

   default_type application/octet-stream;

   log_format main '$remote_addr - $remote_user [$time_local] "$request" '
   '$status $body_bytes_sent "$http_referer" '
   '"$http_user_agent" "$http_x_forwarded_for"';

   access_log /data/nginx/logs/access.log main;

   server {
      listen 80;
```

```
        server_name localhost;

        location ~ /group[0-9]/M00{
            #root /data/fdfs_storage;
            ngx_fastdfs_module;
        }
    }
}
```

保存文件后，使用如下命令创建两个软链接：

```
ln -s /data/fdfs_storage/storage0 /data/fdfs_storage/storage0/M00
ln -s /data/fdfs_storage/storage1 /data/fdfs_storage/storage1/M00
```

使用如下命令启动 Nginx：

```
/data/nginx/sbin/nginx
```

14.7　开机启动

为了方便运维管理，前面安装的各个服务都可以设置为开机启动。

14.7.1　开机启动 Tracker

在两台 Tracker Server 机器上，创建服务启动文件：

```
vi /etc/rc.d/init.d/fdfs_trackerd
```

输入如下内容：

```
#!/bin/bash
#
# fdfs_trackerd Starts fdfs_trackerd
#
#
# chkconfig: 2345 99 01
# description: FastDFS tracker server
### BEGIN INIT INFO
# Provides: $fdfs_trackerd
### END INIT INFO

# Source function library.
. /etc/init.d/functions
```

```
PRG=/usr/bin/fdfs_trackerd
CONF=/etc/fdfs/tracker.conf

if [ ! -f $PRG ]; then
  echo "file $PRG does not exist!"
  exit 2
fi

if [ ! -f $CONF ]; then
  echo "file $CONF does not exist!"
  exit 2
fi

CMD="$PRG $CONF"
RETVAL=0

start() {
     echo -n $"Starting FastDFS tracker server: "
    $CMD &
    RETVAL=$?
    echo
    return $RETVAL
}
stop() {
    $CMD stop
    RETVAL=$?
    return $RETVAL
}
rhstatus() {
    status fdfs_trackerd
}
restart() {
        $CMD restart &
}

case "$1" in
  start)
      start
    ;;
  stop)
      stop
    ;;
  status)
      rhstatus
```

```
    ;;
  restart|reload)
      restart
    ;;
  condrestart)
      restart
    ;;
  *)
    echo $"Usage: $0 {start|stop|status|restart|condrestart}"
    exit 1
esac

exit $?
```

按顺序执行下列命令，把 Tracker 设置为开机启动：

```
chmod 755 /etc/rc.d/init.d/fdfs_trackerd
chkconfig --add fdfs_trackerd
chkconfig fdfs_trackerd on
```

14.7.2 开机启动 Storage

在两台 Storage 机器上，创建服务启动文件：

```
vi /etc/init.d/fdfs_storaged
```

输入如下内容：

```
#!/bin/bash
#
# fdfs_storaged Starts fdfs_storaged
#
#
# chkconfig: 2345 99 01
# description: FastDFS storage server
### BEGIN INIT INFO
# Provides: $fdfs_storaged
### END INIT INFO

# Source function library.
. /etc/init.d/functions

PRG=/usr/bin/fdfs_storaged
CONF=/etc/fdfs/storage.conf
```

```
if [ ! -f $PRG ]; then
  echo "file $PRG does not exist!"
  exit 2
fi

if [ ! -f $CONF ]; then
  echo "file $CONF does not exist!"
  exit 2
fi

CMD="$PRG $CONF"
RETVAL=0

start() {
     echo -n "Starting FastDFS storage server: "
    $CMD &
    RETVAL=$?
    echo
    return $RETVAL
}
stop() {
    $CMD stop
    RETVAL=$?
    return $RETVAL
}
rhstatus() {
    status fdfs_storaged
}
restart() {
        $CMD restart &
}

case "$1" in
  start)
      start
    ;;
  stop)
      stop
    ;;
  status)
      rhstatus
```

```
    ;;
  restart|reload)
      restart
    ;;
  condrestart)
      restart
    ;;
  *)
    echo "Usage: $0 {start|stop|status|restart|condrestart}"
    exit 1
esac

exit $?
```

按顺序执行下列命令，把 Storage 设置为开机启动：

```
chmod 755 /etc/rc.d/init.d/fdfs_storaged
chkconfig --add fdfs_storaged
chkconfig fdfs_storaged on
```

14.7.3　开机启动 Nginx

在四台机器中各创建一个 Nginx 启动文件：

```
vi /etc/init.d/nginx
```

输入如下内容：

```
#! /bin/bash
# chkconfig: - 85 15
PATH=/data/nginx
DESC="nginx daemon"
NAME=nginx
DAEMON=$PATH/sbin/$NAME
CONFIGFILE=$PATH/conf/$NAME.conf
PIDFILE=$PATH/logs/$NAME.pid
SCRIPTNAME=/etc/init.d/$NAME
set -e
[ -x "$DAEMON" ] || exit 0
do_start() {
$DAEMON -c $CONFIGFILE || echo -n "nginx already running"
}
do_stop() {
```

```
$DAEMON -s stop || echo -n "nginx not running"
}
do_reload() {
$DAEMON -s reload || echo -n "nginx can't reload"
}
case "$1" in
start)
echo -n "Starting $DESC: $NAME"
do_start
echo "."
;;
stop)
echo -n "Stopping $DESC: $NAME"
do_stop
echo "."
;;
reload|graceful)
echo -n "Reloading $DESC configuration..."
do_reload
echo "."
;;
restart)
echo -n "Restarting $DESC: $NAME"
do_stop
do_start
echo "."
;;
*)
echo "Usage: $SCRIPTNAME {start|stop|reload|restart}" >&2
exit 3
;;
esac
exit 0
```

按顺序执行下列命令，把 Nginx 设置为开机启动：

```
chmod 755 /etc/rc.d/init.d/nginx
chkconfig --add nginx
chkconfig nginx on
```

上述脚本文件可从本书源代码中获取。

14.8　小结

本章使用开源的 FastDFS 搭建了一个高可用的分布式文件系统，并通过 Nginx 为文件的访问设置了负载均衡服务，从而为微服务应用提供一个高性能的文件服务器。

在完成安装并测试正常之后，即可在库存管理项目中配置分布式文件系统的链接地址，使用微服务与分布式文件系统进行联调。

第 15 章 使用Jenkins实现自动化构建

一个大型平台的微服务架构设计通常会产生很多项目工程，因此会有很多服务和应用需要部署，并且需要不断地迭代和更新，这是一个庞大的工程，所以我们需要借助自动化工具，实现各个微服务工程的 CI/CD 工作流程。

CI/CD 是持续集成（Continuous Integration）和持续部署（Continuous Deployment）的总称，是指通过自动化的构建、测试和部署，实现软件产品可循环使用的快速交付流程。

Jenkins 是一个基于 Java 开发的功能强大的自动化构建工具，并且有一个非常丰富的插件仓库，可以很好地扩充和丰富其本身的功能。因此，Jenkins 是实现自动化构建的一个很不错的工具。

单击 Jenkins 首页上的 Plugins 选项，可以查看各种插件的介绍，如图 15-1 所示。

图 15-1

本章我们使用 Jenkins，结合 Maven、Docker、Selenium 和 JMeter 等工具，建立一个可持续交付的自动化设施。

15.1　持续交付工作流程

从代码提交开始，建立一个包括自动测试和自动部署的持续交付工作流程如图 15-2 所示。

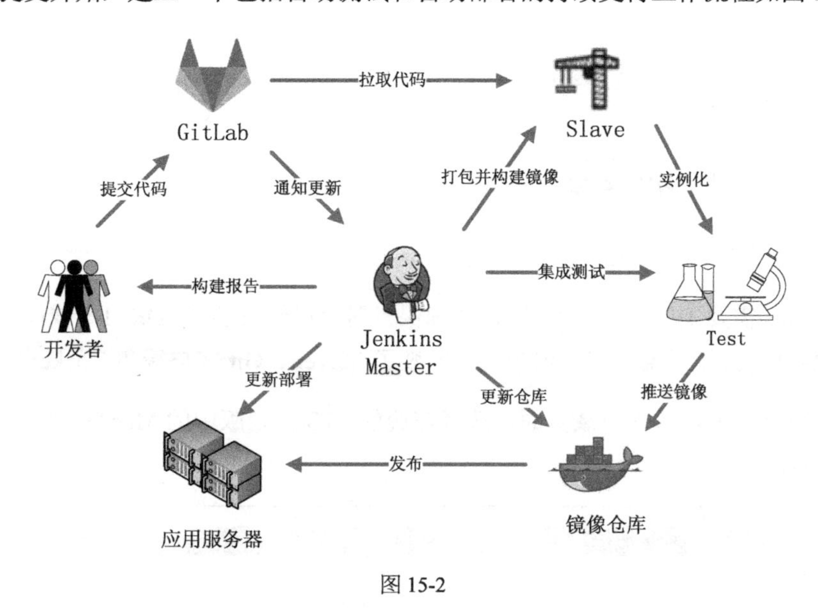

图 15-2

这个工作流程的步骤如下所示：

（1）开发者向 GitLab 提交代码。

（2）GitLab 使用 WebHook 通知 Jenkins 有代码更新。

（3）Jenkins 从节点（Slave）拉取代码，打包并构建镜像。

（4）Jenkins 使用从节点上构建的镜像运行测试用例。

（5）如果测试（Test）通过，则将镜像推送到镜像仓库。

（6）Jenkins 在应用服务器上进行更新部署。

（7）Jenkins 将构建报告以邮件方式通知开发者。

在开发者向代码库提交代码之后，整个流程都是自动进行的。如果中间某个环节出现错误，则中止流程的执行，并将结果通知相关人员。提交的代码不仅包括应用程序，还包括构建镜像的脚本、测试用例的脚本和部署的编排脚本等。

其中，各个步骤的操作可以使用插件或直接在命令行中使用各种工具来完成。

例如，拉取项目代码会用到 Git 插件；打包项目会用到 Maven；构建镜像和应用部署可直接通过命令行使用 Docker 或 docker-compose；集成测试可通过命令行执行由 Selenium、JMeter 等生成的脚本。

下面，我们通过一个简单的案例，演示和说明 Jenkins 的使用方法。

15.2 Jenkins 的安装

下面的安装过程以 MacOS 为例进行说明。

因为 Jenkins 需要 JVM 的支持，所以请确保机器上已经安装了 JDK 1.8 或以上版本。为了完成后面的自动化演示，请确保机器中已经安装了 Maven、Git 客户端和 Docker 等。

打开 Jenkins 官网，进入下载页面，选择左边的 LTS 稳定版中的 Mac OS X 版本进行下载，如图 15-3 所示。

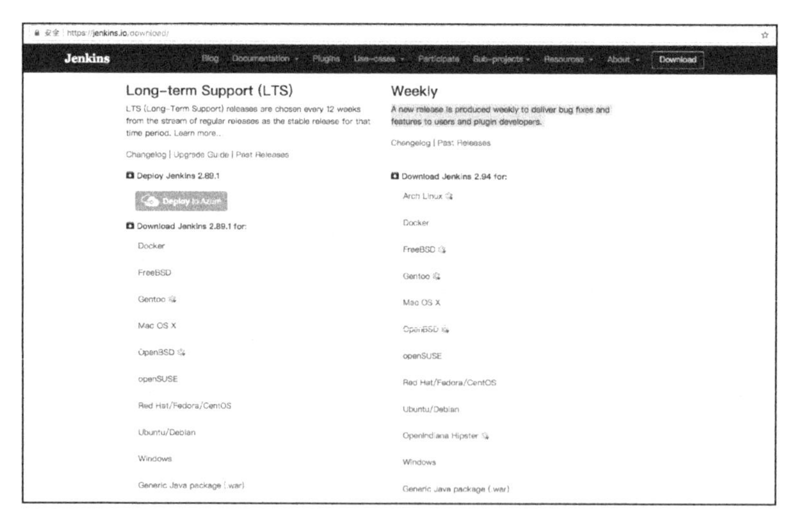

图 15-3

下载完成后，单击安装包“jenkins-2.89.1.pkg”开始安装。

安装过程比较简单，直接单击“继续”按钮，按提示使用系统推荐使用的插件即可。安装完成后，通过下列网址打开本地的 Jenkins 控制台：

```
http://localhost:8080
```

第一次打开后会看到如图 15-4 所示页面。

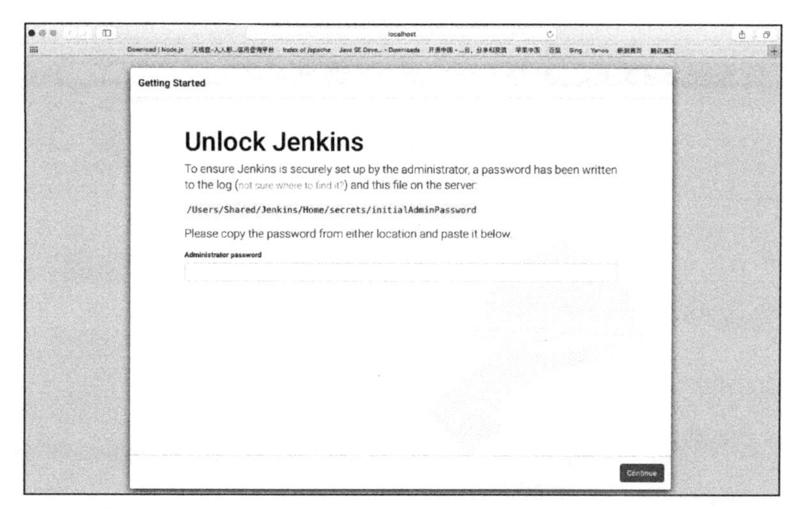

图 15-4

按图 15-4 的提示打开管理员密码文件，把密码复制并粘贴到密码输入框中，单击右下角的 Continue 按钮。如果密码验证成功，则会提示读者创建一个操作员用户。在创建用户之后，即可登录 Jenkins 控制台。新用户登录的欢迎界面如图 15-5 所示。

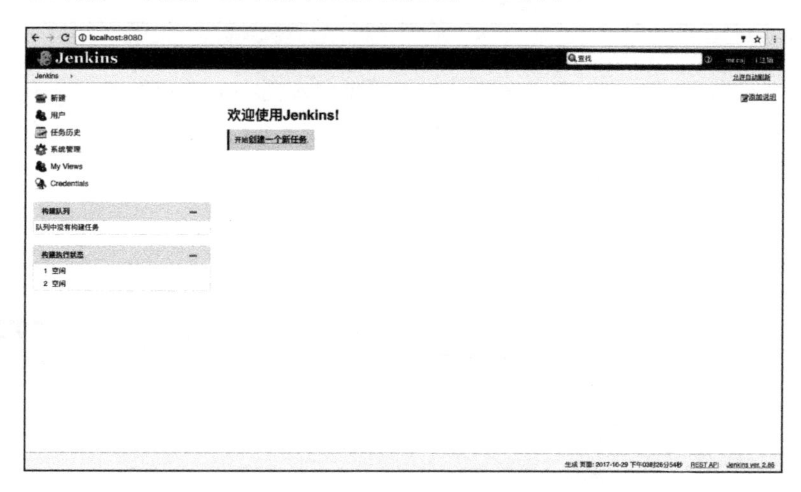

图 15-5

15.3 Jenkins 的基本配置

由于要用到 Maven 编译和打包，所以单击欢迎界面的“系统管理”→“全局工具配置”选项，如图 15-6 所示，打开“全局工具配置”对话框。

图 15-6

在“全局工具配置”对话框中单击“Maven 安装”选项，配置一个名字，并设置 Maven 的安装路径，如图 15-7 所示。

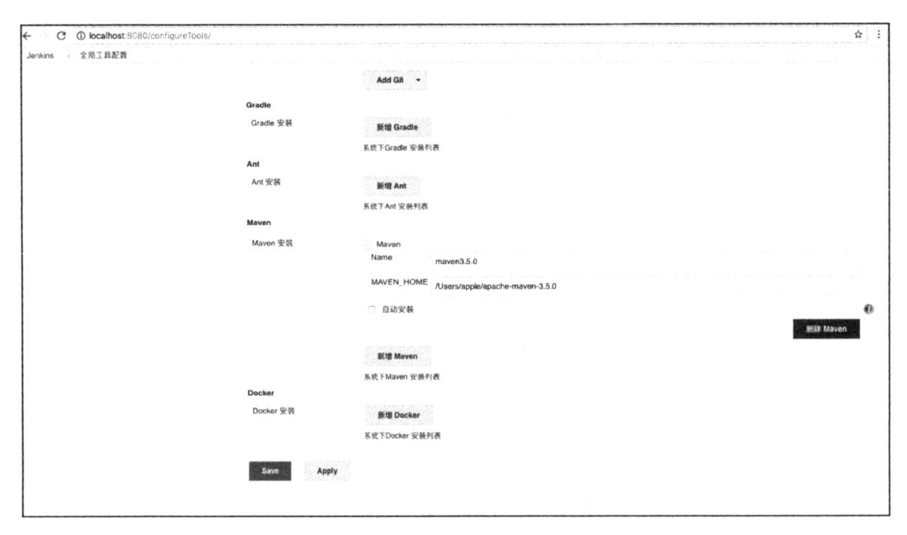

图 15-7

单击图 15-6 中的“管理插件”选项，从弹出的对话框中单击“可选插件”选项，找到“Maven Invoker plugin”插件，勾选后单击“直接安装”按钮，如图 15-8 所示。

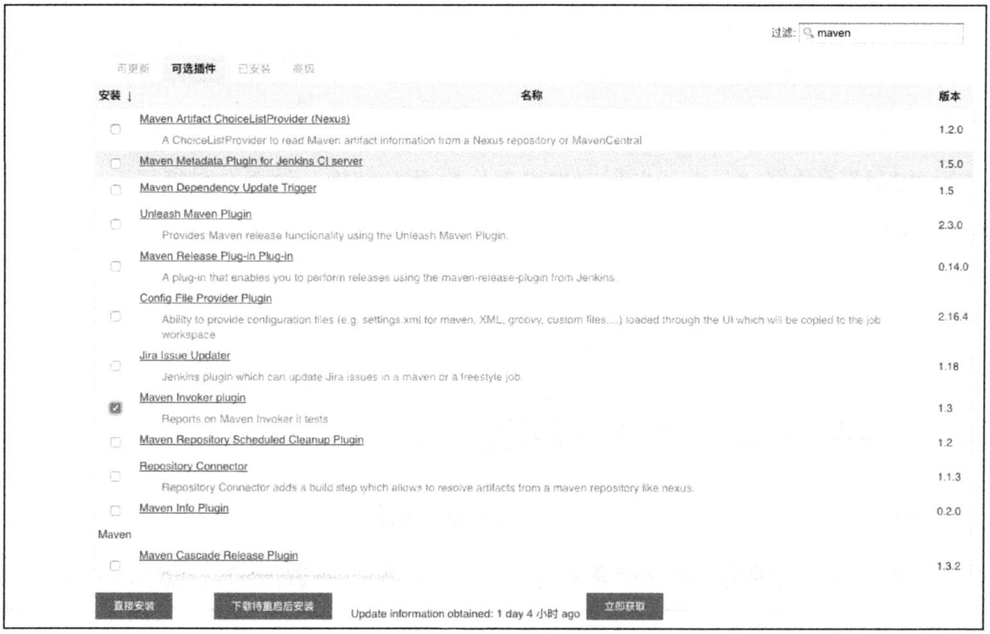

图 15-8

注意，在设置 settings.xml 配置中的 repositys 路径时，如果是在本机测试，则最好与 IDEA 的配置相同，这样打包时将不用再重新下载一次依赖包。

在 Jenkins 的命令行配置中，为了能够正常使用 Docker 和 docker-compose，我们需要对 Jenkins 的系统权限进行设置。因为 Jenkins 使用默认用户“jenkins”开启服务，所以权限设置就是为这个用户进行授权。

通过如下操作步骤，为“jenkins”用户设置一个免密码配置，这样，在 Jenkins 的命令行配置中，就可以使用超级管理员的命令“sudo”了。

在 MacOS 的终端中，执行下列命令，切换到超级管理员 root，输入 root 的密码：

```
appledeMacBook-Air:/ apple$ su
Password:
```

编辑“sudoers”，并找到如下所示信息：

```
sh-3.2# vi /etc/sudoers
```

```
# root and users in group wheel can run anything on any machine as any user
root            ALL = (ALL) ALL
%admin          ALL = (ALL) ALL
```

在上面信息的后面，参照 root 的权限设置，添加如下所示的配置并保存：

```
jenkins  ALL=(ALL) NOPASSWD: ALL
%admin   ALL=(ALL) NOPASSWD: ALL
```

使用“dscl”命令把“jenkins”用户加进 admin 用户组中，这个命令等同于 Linux 操作系统中的“usermod”命令：

```
sh-3.2# dscl . -append /Groups/admin GroupMembership jenkins
```

至此，就完成了 Jenkins 的权限设置。

15.4 Jenkins 的自动部署实例

为了演示 Jenkins 的使用，下面创建一个自动部署实例。

在这个实例中使用的是一个功能非常简单的项目，项目中只有一个主程序，代码如下所示：

```
@SpringBootApplication
@RestController
public class DemoApplication {

   public static void main(String[] args) {
      SpringApplication.run(DemoApplication.class, args);
   }

   @RequestMapping(value = "/")
   public String index(){
      return "Hello World!";
   }
}
```

应用启动后，打开首页将输出“Hello World!”。

下面介绍这个自动部署项目的实现过程。

15.4.1 创建任务

在 Jenkins 首页中单击“新建”选项，打开创建任务页，如图 15-9 所示。

图 15-9

输入任务名称“demo”，并选择“构建一个自由风格的软件项目”选项，单击“确定”按钮，即可创建一个空任务，如图 15-10 所示。

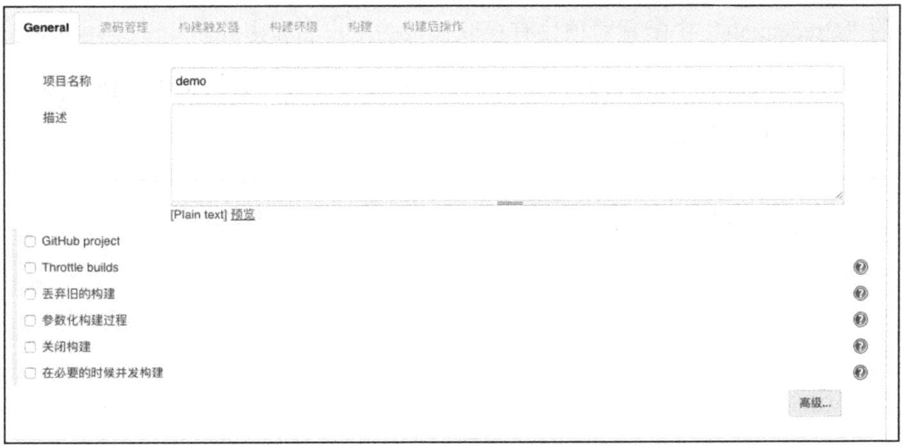

General　源码管理　构建触发器　构建环境　构建　构建后操作

项目名称　demo

描述

[Plain text] 预览

GitHub project
Throttle builds
丢弃旧的构建
参数化构建过程
关闭构建
在必要的时候并发构建

高级...

图 15-10

15.4.2　配置任务

在图 15-10 中，单击“源码管理”选项，显示如图 15-11 所示对话框。在图 15-11 中勾选“Git”

选项，在代码库的地址栏中输入“demo”项目的存放地址。

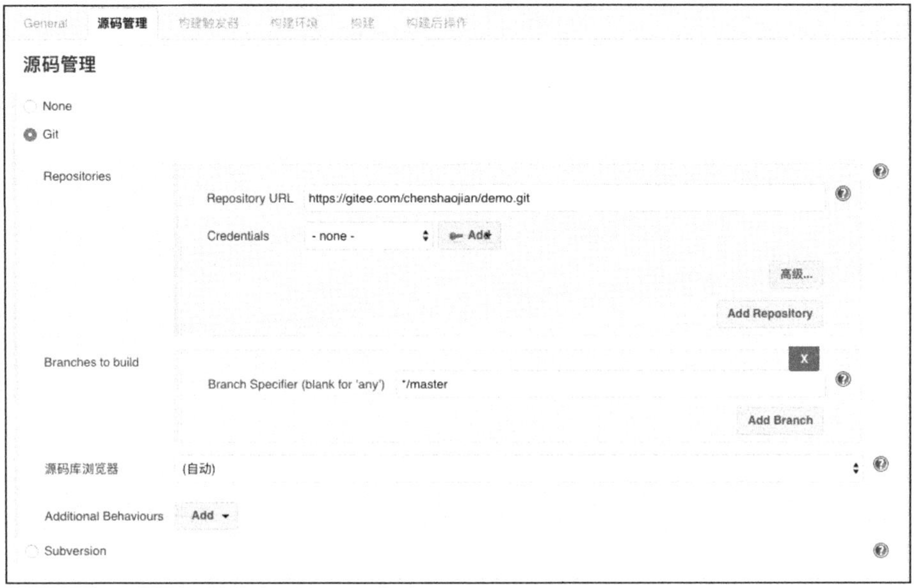

图 15-11

因为这是一个公开项目，所以不用设置访问项目的权限。如果是一个私有项目，则必须在图 15-11 的“Credentials”中配置对项目有存取权限的用户名和密码。

单击图 15-11 中的“构建触发器”选项，在“构建触发器”对话框中勾选“Poll SCM”选项，配置一个定时任务的日程表，如图 15-12 所示。

图 15-12

图 15-12 中的日程表“00 20 * * *”，表示在每天的 20:00 点整执行任务构建。

在本实例中不使用定时任务。

接下来，使用 Maven 配置项目的打包。单击“构建”选项，在“增加构建步骤”下拉列表中选择“Invoke top-level Maven targets”选项，如图 15-13 所示。

图 15-13

其中，在“Maven Version”中选择前面安装的 Maven，在“Goals”中输入如下所示的打包命令：

```
clean package
```

配置创建镜像和部署的操作命令，这里会用到 Dockerfile 和 docker-compose.yml，这两个文件已经包含在项目工程的 docker 目录中。

Dockerfile 中的内容如下所示：

```
FROM java:8
VOLUME /tmp
ADD demo-0.0.1-SNAPSHOT.jar app.jar
```

```
RUN bash -c 'touch /app.jar'
EXPOSE 8080
ENTRYPOINT
["java","-Djava.security.egd=file:/dev/./urandom","-jar","/app.jar"]
```

docker-compose.yml 中的部署脚本如下所示：

```
demo:
  build: .
  ports:
   - "8888:8080"
```

单击“构建”选项，在“增加构建步骤”下拉列表中选择“Execute shell”选项，在“Command”中输入如下所示命令：

```
cd /Users/Shared/Jenkins/Home/workspace/demo/docker
cp -f ../target/demo-0.0.1-SNAPSHOT.jar .
sudo /usr/local/bin/docker-compose down --rmi all
sudo /usr/local/bin/docker-compose up -d
```

这些命令与我们在主机上直接使用 Docker 等工具部署应用的命令相同，即先停止正在运行的容器，再删除容器和镜像，最后重新进行部署，如图 15-14 所示。

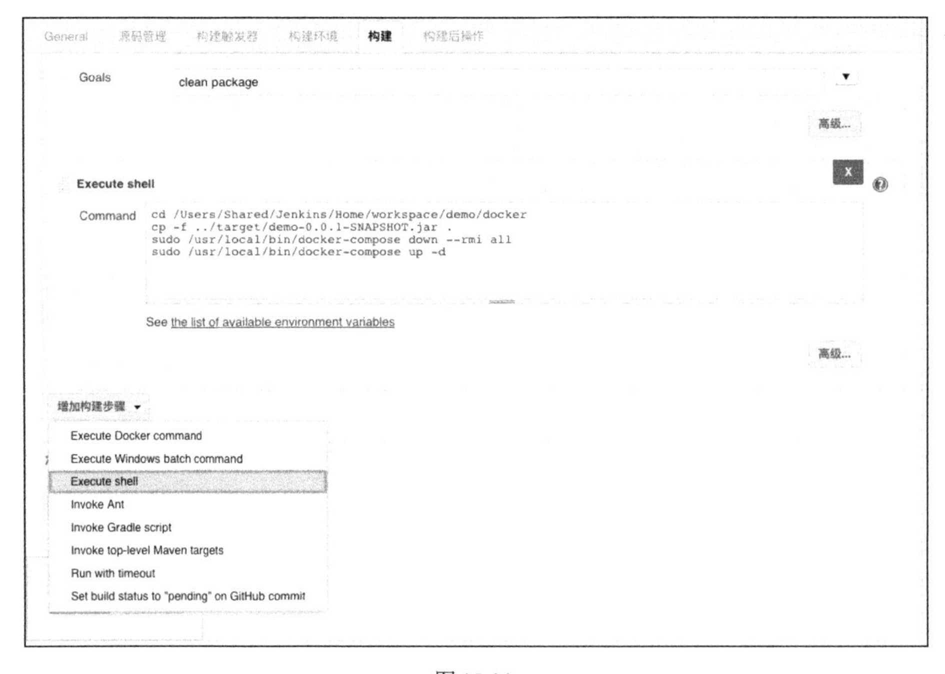

图 15-14

15.4.3 执行任务

当手动执行任务时，首先单击任务的名称，返回任务首页。然后在任务首页中单击左侧菜单中的“立即构建”选项即可，如图 15-15 所示。

图 15-15

在任务执行过程中，会在控制台中输出信息，一个完整的执行过程的输出日志如下所示：

```
Started by user mr.csj
Building in workspace /Users/Shared/Jenkins/Home/workspace/demo
 > git rev-parse --is-inside-work-tree # timeout=10
Fetching changes from the remote Git repository
 > git config remote.origin.url https://gitee.com/chenshaojian/demo.git #
timeout=10
Fetching upstream changes from https://gitee.com/chenshaojian/demo.git
 > git --version # timeout=10
 > git fetch --tags --progress https://gitee.com/chenshaojian/demo.git
+refs/heads/*:refs/remotes/origin/*
 > git rev-parse refs/remotes/origin/master^{commit} # timeout=10
 > git rev-parse refs/remotes/origin/origin/master^{commit} # timeout=10
Checking out Revision 1b0348a999cee3a1920b1b2c576b54e58a50abf2
(refs/remotes/origin/master)
 > git config core.sparsecheckout # timeout=10
 > git checkout -f 1b0348a999cee3a1920b1b2c576b54e58a50abf2
Commit message: "add docker-compose"
 > git rev-list 8791f0a371ab67a83d1005197744475de5f177df # timeout=10
[demo] $ /Users/apple/apache-maven-3.5.0/bin/mvn clean package
[INFO] Scanning for projects...
[INFO]
[INFO] ------------------------------------------------------------------------
[INFO] Building demo 0.0.1-SNAPSHOT
[INFO] ------------------------------------------------------------------------
[INFO]
```

```
[INFO] --- maven-clean-plugin:2.6.1:clean (default-clean) @ demo ---
[INFO] Deleting /Users/Shared/Jenkins/Home/workspace/demo/target
[INFO]
[INFO] --- maven-resources-plugin:2.6:resources (default-resources) @ demo ---
[INFO] Using 'UTF-8' encoding to copy filtered resources.
[INFO] Copying 1 resource
[INFO] Copying 0 resource
[INFO]
[INFO] --- maven-compiler-plugin:3.1:compile (default-compile) @ demo ---
[INFO] Changes detected - recompiling the module!
[INFO] Compiling 1 source file to
/Users/Shared/Jenkins/Home/workspace/demo/target/classes
[INFO]
[INFO] --- maven-resources-plugin:2.6:testResources (default-testResources) @
demo ---
[INFO] Using 'UTF-8' encoding to copy filtered resources.
[INFO] skip non existing resourceDirectory
/Users/Shared/Jenkins/Home/workspace/demo/src/test/resources
[INFO]
[INFO] --- maven-compiler-plugin:3.1:testCompile (default-testCompile) @ demo
---
[INFO] Changes detected - recompiling the module!
[INFO] Compiling 1 source file to
/Users/Shared/Jenkins/Home/workspace/demo/target/test-classes
[INFO]
[INFO] --- maven-surefire-plugin:2.20:test (default-test) @ demo ---
[INFO] Tests are skipped.
[INFO]
[INFO] --- maven-jar-plugin:2.6:jar (default-jar) @ demo ---
[INFO] Building jar:
/Users/Shared/Jenkins/Home/workspace/demo/target/demo-0.0.1-SNAPSHOT.jar
[INFO]
[INFO] --- spring-boot-maven-plugin:1.5.8.RELEASE:repackage (default) @ demo
---
[INFO] ------------------------------------------------------------------------
[INFO] BUILD SUCCESS
[INFO] ------------------------------------------------------------------------
[INFO] Total time: 5.095 s
[INFO] Finished at: 2017-10-30T16:18:18+08:00
[INFO] Final Memory: 29M/182M
[INFO] ------------------------------------------------------------------------
[demo] $ /bin/sh -xe /Users/Shared/Jenkins/tmp/jenkins4696633078670494346.sh
```

```
+ cd /Users/Shared/Jenkins/Home/workspace/demo/docker
+ cp -f ../target/demo-0.0.1-SNAPSHOT.jar .
+ sudo /usr/local/bin/docker-compose down --rmi all
Removing image docker_demo
Failed to remove image for service demo: 404 Client Error: Not Found ("No such
image: docker_demo:latest")
+ sudo /usr/local/bin/docker-compose up -d
Building demo
Step 1/6 : FROM java:8
 ---> d23bdf5b1b1b
Step 2/6 : VOLUME /tmp
 ---> Using cache
 ---> 64c36a425bbf
Step 3/6 : ADD demo-0.0.1-SNAPSHOT.jar app.jar
 ---> 1788813d23d2
Step 4/6 : RUN bash -c 'touch /app.jar'
 ---> Running in e4cfd4447b78
 ---> 2c44a754963b
Removing intermediate container e4cfd4447b78
Step 5/6 : EXPOSE 8080
 ---> Running in 95b96954618e
 ---> 8bc53f642637
Removing intermediate container 95b96954618e
Step 6/6 : ENTRYPOINT java -Djava.security.egd=file:/dev/./urandom -jar /app.jar
 ---> Running in a192a418f4f1
 ---> 3a27629ceba9
Removing intermediate container a192a418f4f1
Successfully built 3a27629ceba9
Successfully tagged docker_demo:latest
Image for service demo was built because it did not already exist. To rebuild
this image you must use `docker-compose build` or `docker-compose up --build`.
Creating docker_demo_1 ...
Creating docker_demo_1
←[1A←[2K
Creating docker_demo_1 ... ←[32mdone←[0m
←[1BFinished: SUCCESS
```

从控制台的输出日志中可以看到构建已经成功完成。这时，我们可以通过下面的网址打开应用运行的首页：

```
http://localhost:8888
```

从中可以看到我们预期的结果，即输出“Hello World!”，如图 15-16 所示。

图 15-16

在本节的输出日志中，有一个如下所示的错误提示：

```
+ sudo /usr/local/bin/docker-compose down --rmi all
Removing image docker_demo
Failed to remove image for service demo: 404 Client Error: Not Found ("No such
image: docker_demo:latest")
```

出现这个错误提示的原因是在第一次构建时，并不存在可以移除的镜像，但这并不影响整个构建过程的执行。

现在验证一下项目更新的自动化部署效果。首先将项目主程序的输出结果“Hello World！”改为“Hello Jerkins！”，然后提交代码。完成之后，再在 Jenkins 中单击“立即构建”选项，构建完成后，刷新访问应用的浏览器，即可看到如图 15-17 所示的效果。

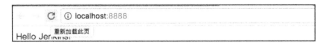

图 15-17

再次查看控制台的输出日志，现在，移除镜像的命令已经不再显示错误，而是输出了如下所示的结果，表示已经停止了运行的容器，并移除了原来的容器和镜像：

```
+ sudo /usr/local/bin/docker-compose down --rmi all
Stopping docker_demo_1 ...
←[1A←[2K
Stopping docker_demo_1 ... ←[32mdone←[0m
←[1BRemoving docker_demo_1 ...
←[1A←[2K
Removing docker_demo_1 ... ←[32mdone←[0m
←[1BRemoving image docker_demo
```

这里只是一个简单的自动部署的演示，在实际使用中，可以通过定时任务，或结合使用 WebHook 的代码提交通知，实现自动部署。另外，还可以通过 Selenium、JMeter 等工具生成测试脚本，增加自动测试的功能。

15.5 小结

本章介绍了如何使用自动化构建工具 Jenkins 设计持续交付的工作流程，并以一个简单的实例演示了自动部署的实现过程。在该实例中，我们使用 Git 进行代码拉取、使用 Maven 进行程序打包、使用 Docker 进行镜像的创建和应用的更新与部署。从这个实例中可以看出 Jenkins 的强大的可扩展性。

通过对本章的学习，相信读者能够根据实际情况，建立一个完善的自动化基础设施，从而实现在微服务发布中集成测试和持续部署的自动化构建流程。

后　记

我们从微服务架构设计开始，通过一个电商平台实例，一起经历了微服务架构设计、微服务应用开发和微服务部署的整个流程。不管读者之前有没有从事过相关微服务架构的设计和开发，有没有搭建过高可用的服务器，有没有进行过自动化设施的建设，笔者都衷心希望，本书能给读者带来一些帮助。因为本书的涵盖面较广，所以对某些方面的介绍和探讨可能不够深入和细致，但笔者希望本书可以帮助读者入门，或者能够激发读者对某方面的兴趣，这样，再经过不断地探索和实践，就一定会有更大的成就。

微服务架构的设计理念已经深入人心，并且四处落地开花，硕果累累，而微服务的开发工具也在日新月异的推陈出新中，除 Spring Cloud 生态外，还有很多其他优秀的团队也在进行着微服务架构的设计和开发。例如，华为推出的开源的 Service Comb，是一个提供了一套包含代码框架生成、服务注册与发现、负载均衡，以及服务可靠性（容错熔断、限流降级、调用链追踪）等功能的微服务开发框架。据说 Service Comb 还支持多语言开发，即不仅支持 Java，还支持 Go 等开发语言。具体信息读者可通过官网进行了解。

另外一个基于基础设施层的微服务设计框架也正在悄然兴起，它的名字叫作 Service Mesh，中文翻译为服务网格。Service Mesh 是一个在服务间通信的专用基础设施层，其功能是提供安全、快速、可靠的服务通信。具体信息读者可通过中文社区进行了解。

我们一直期待着新技术的发展，能够为微服务架构设计的实施提供更好的支持，同时也希望，每个微服务的开发都可以方便地使用任何一种开发语言来完成。

参考文献

[1] 陈韶健. Spring Cloud 与 Docker 高并发微服务架构设计实施[M]. 北京:电子工业出版社, 2018.

[2] James Lewis, Martin Fowler. Microservices[EB/OL]. https://martinfowler.com/articles/microservices.html.

[3] Spring Cloud[EB/OL]. http://projects.spring.io/spring-cloud/.

[4] Docker Documentation[EB/OL]. https://docs.docker.com/.

[5] Kubernetes[EB/OL]. https://www.kubernetes.org.cn/docs.

[6] Jenkins[EB/OL]. https://jenkins.io/doc/.

反侵权盗版声明